高等学校省级质量工程一流教材

生物工程综合实验与实训

主　编　孙传伯　赵　群

副主编　何燕飞　陈存武

合肥工业大学出版社

图书在版编目(CIP)数据

生物工程综合实验与实训/孙传伯,赵群主编．--合肥:合肥工业大学出版社,2024.7
ISBN 978-7-5650-2616-4

Ⅰ.①生…　Ⅱ.①孙…　②赵…　Ⅲ.①生物工程-实验　Ⅳ.①Q81-33

中国版本图书馆 CIP 数据核字(2016)第 002714 号

生物工程综合实验与实训

孙传伯　赵　群　主编　　　　责任编辑　马成勋

出　版	合肥工业大学出版社	版　次	2024 年 7 月第 1 版
地　址	合肥市屯溪路 193 号	印　次	2024 年 7 月第 1 次印刷
邮　编	230009	开　本	787 毫米×1092 毫米　1/16
电　话	理工图书出版中心:15555129192	印　张	16
	营销与储运管理中心:0551-62903198	字　数	380 千字
网　址	press.hfut.edu.cn	印　刷	安徽省瑞隆印务有限公司
E-mail	hfutpress@163.com	发　行	全国新华书店

ISBN 978-7-5650-2616-4　　　　定价:48.00 元

前　言

生物工程专业主要研究现代生物工程技术及其产业化的原理、工艺过程和工程设计等方面的基本知识和技能，在制药、农林、食品等领域进行产品研发、生产、质量检测等。

21世纪被称为生物的世纪，尤其是进入新世纪以来的20余年，生物医药产业飞速发展，对生物工程专业人才的需求量快速增长，同时对生物工程专业人才的实践操作能力的要求更高，而各院校对此类人才的培养及相应的教学、教材均处于紧缺状态。皖西学院基于产业发展、服务地方、创办应用型高水平大学的办学理念，通过多年探索，紧密联系生物医药产业发展，开设培养高素质，能从事生物医药、酿酒、发酵系列岗位工作的高端技能型专门人才为主的生物工程专业。

为适应生物工程专业实践实训教学的需要，团队经过多方调研，认真研究教学实际需要，经过反复调整和修改，不断完善本书。同时，与相关企业、合作单位专家、技术骨干通力合作，提炼重点理论知识，形成了独特的理论知识体系。编写出这本具有鲜明特色的实验实训教材，作为中高等院校生物工程相关实践操作的实训指导。本书为基础实验教材，使学生在了解生物工程与技术领域发展概貌的同时，掌握生物工程和生物技术专业基础实验的基本技能，加强学生创新思维、创新能力和实践能力的培养。提高学生生物技术实验基本技能、科学素养和创新能力，创建实验教学平台，旨在培养同现代化建设和市场经济体制要求相适应的生物工程产业高素质综合型人才。

本书是与高校生物工程和生物技术专业基础课程相配套的综合性实验指导用书，包括生物质能源、生物化学、分子生物学、微生物学和细胞生物学等实验课的实验原理与技术，这些实验课是生物工程和生物技术专业必修的专业基础实验课程。本书具有知识体系完整、内容全面、编排循序渐进、实用性强等特色。全书分2篇共9章：第1篇包括微生物发酵工程、生物质能源工程、植物生物技术、蛋白质与酶工程、天然产物提取、分子生药学；第2篇包括生物工程综合实训、生物制剂综合实训、细胞工程综合实训等。

本书由皖西学院孙传伯、赵群担任主编，何燕飞、陈存武担任副主编。编写分工如下：孙传伯编写第1篇的第1章、第2章和第2篇的第2章，赵群编写第1篇的第3章、第6章和第2篇的第3章，何燕飞编写第1篇的第4章、第5章和第2篇的第1章，陈存武对书的编写提供了指导，孙传伯、赵群负责提纲拟定、统稿、定稿。本书得到了安徽省一流教材项目(2020yljc132)、安徽省校企合作实践基地项目(2021xqhzsjjd088)、省级“六卓越、一拔尖”卓越人才培养创新项目(2020zyrc160)、安徽省课程思政示范课程项目(2020szsfkc0949，2020szsfkc0970)、一流本科人才引领示范基地项目(2019rcsfjd068)联合资助，以及生物工程相关企业专家和技术骨干的指导，在此一并表示诚挚感谢。同时，在编写本书的过程中，参考了许多专家、学者的论著及网络资源，汲取了多方面的研究成果，向他们表示最诚挚的谢意。因受篇幅所限，未在文中进行一一标注，在此对这些作者表示深深的歉意。

此外，因编者水平有限，书中难免存在不足之处，恳请广大读者批评指正。

皖西学院《生物工程综合实验与实训》编写组

2024年5月

目　录

第1篇　生物工程综合实验

第2篇　发酵工程篇

第 1 篇

生物工程综合实验

第 1 章　微生物发酵工程

实验 1　菌种的制备与保藏

一、实验目的

(1)学习和掌握微生物菌种的活化及扩大培养方法。
(2)掌握微生物菌种的常用保藏方法。

二、实验原理

菌种的制备是指将保存的菌种进行活化,再经摇瓶或种子罐等逐级扩大的过程。将种子扩大培养可以增加菌体的数量,满足工业化生产对大量菌种的需求。菌体达到一定浓度不仅是高效率和高质量生产的保证,还是缩短发酵周期、降低生产成本的必然要求。扩大培养种子可以提升其生产性能。首先,营养物质的充分供应和适宜环境的控制,可激发菌体的新陈代谢活力,让菌体生长代谢旺盛;其次,在扩大培养过程中,通过调节培养基组成、发酵温度、pH 等因素逐步向生产阶段的真实环境逼近,调理菌体的代谢,让菌体在快速增殖的同时,使菌体的各项生理性能向最适宜生产需要的方向趋近。菌种经过扩大培养后,以优势菌进行生产,可以降低杂菌污染的概率,减少“倒罐”现象,这是成功生产的保障。

菌种是从事微生物学及生命科学研究的基本资料,因此,菌种保藏是一项重要的基础性工作。菌种保藏主要是根据微生物的生理生化特点,人工创造条件,使孢子或菌体的生长代谢活动尽量降低,以减少其变异。

三、实验器材与试剂

1. 器材

恒温培养箱、恒温摇床、250 mL 锥形瓶、无菌移液器、接种环、无菌甘油、无菌离心管(5 mL)等。

2. 试剂

菌种:酵母(*Candida* sp.)。

培养基:葡萄糖 20.0 g/L,酵母膏 6.0 g/L,磷酸二氢钾 5.0 g/L,硫酸镁 0.25 g/L,pH=5,固体培养基另加琼脂 20 g/L。

四、实验内容

1. 菌种的活化

将冰箱保藏的斜面菌种用接种环转接入新鲜的斜面培养基后，28 ℃恒温培养 48 h。如果冰箱保藏菌种活力较低，可以重复上述操作进行多次传代培养，以恢复菌种的活力。

2. 菌种的扩大培养

将活化好的酵母菌转接入装有液体培养基的锥形瓶中，250 mL 锥形瓶中的装液量为 30～50 mL，接种量为一环；28 ℃恒温振荡培养 48 h，摇床转速为 170～200 r/min。

3. 菌种的保藏

(1)斜面保藏：将恢复生长活力的斜面菌种放入冰箱中进行低温保藏。要求在 30 天左右进行传代复活培养，如图 1-1-1 所示。

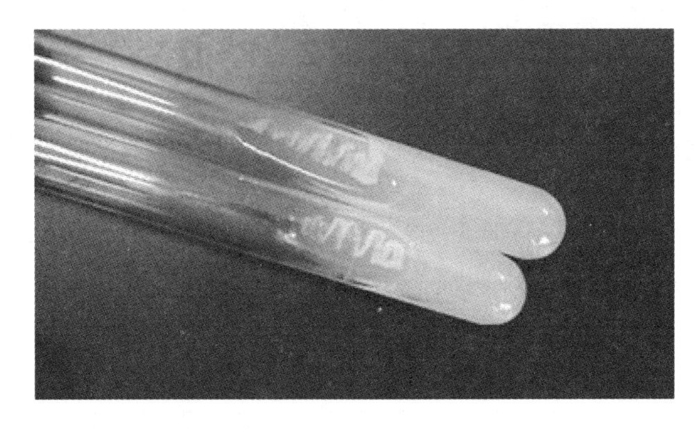

图 1-1-1　斜面保藏

(2)甘油保藏：用无菌移液器取 2 mL 生长良好的发酵液，于超净工作台上转入无菌离心管中，然后加入 1 mL 无菌甘油，盖紧顶盖后于振动器上将甘油和发酵液混合均匀，迅速置于−20 ℃或−80 ℃冷冻保藏。

五、思考题

(1)菌种活化与扩大培养的目的是什么？

(2)常用的酵母菌种保藏方法有哪些？各有何特点？

实验 2　活性干酵母的制备

一、实验目的

学习和掌握酵母的冻干操作技术。

二、实验原理

冷冻干燥是指把含有大量水分的物质预先冻结成固体，然后在真空条件下适当加热，使水蒸气直接从固体中升华出来，而物质本身留在冻结时的冰架子中，因此干燥后的产品体积几乎不变。整个干燥过程是在较低的温度下进行的。

冷冻干燥的优点：①低温冷冻干燥对许多热敏性物质特别适用，如蛋白质、微生物等不会发生变性或失活，被广泛地应用于医药工业；②低温冷冻干燥时，产品挥发性成分损失小，因而被应用于食品、药品和化工产品等；③在低温冷冻干燥过程中，可以有效抑制微生物的生长和酶的作用；④低温冷冻干燥基本保证了产品的原有结构，不会发生浓缩现象；⑤干燥后的产品疏松多孔呈海绵状，加水后溶解，可迅速恢复原来的形状；⑥真空干燥时基本不含氧气，使一些易氧化的物质得到保护；⑦低温冷冻干燥可排除 95%以上的水分，干燥后的产品能长期保存不变质。

三、实验仪器

冻干机、干燥箱、酵母菌液，如图 1－1－2～图 1－1－4 所示。

图 1－1－2　冻干机

图 1－1－3　干燥箱

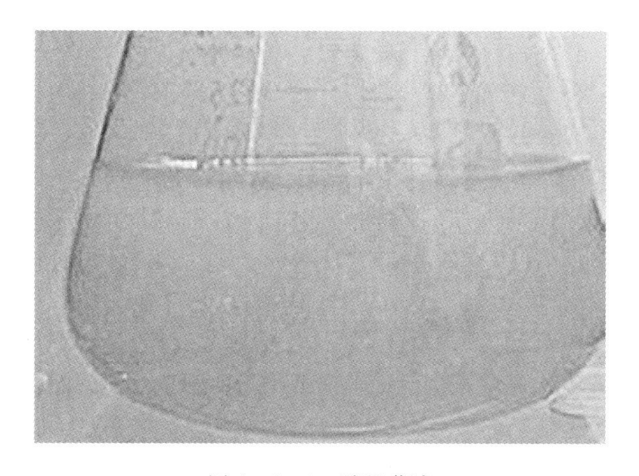

图 1－1－4　酵母菌液

四、实验内容

1. 产品的预冻

(1)配制液体

需要冻干的产品要配制成一定浓度的液体，一般以 4%～25%为宜。

(2)产品的分装

① 散装和瓶装：散装可采用金属盘、饭盒或玻璃器皿；瓶装采用玻璃瓶(如血浆瓶、疫苗瓶和青霉素小瓶等)和安瓿(如平底安瓿、长安瓿和圆安瓿等)，各容器在分装之前要求清洗干净并进行灭菌处理。

② 产品的分装要求：一般厚度不大于 15 cm，表面积尽可能大，这样有利于升华。

(3)预冻的方法

① 箱内预冻法。直接把产品放置在冻干机冻干箱内的多层隔板上进行冷冻。

② 箱外预冻法。一种方法是利用低温冰箱或酒精加干冰来进行预冻；另一种方法是用专用的旋冻器，把大瓶的产品边旋转边冷冻成壳状结构，再将其放入冻干箱。

③ 特殊预冻法，即离心式预冻法，利用在真空下液体迅速蒸发并吸收本身的热量而冻结，一般 800 r/min。

(4)预冻时要注意的问题

① 预冻速率，应根据产品选择最优速率。

② 预冻的最低温度，应低于共熔点温度。

③ 预冻时间，应恰好在抽真空之前(因此要提前使冷凝器工作，达到－40 ℃时，真空度达到 0.1 mmHg)溶剂均已冻实。(经验值：一般预冻达到规定的温度后，再保存 1～2 h 就可以抽真空升华)

2. 产品第一阶段的干燥

升华干燥阶段加热的温度应接近共熔点的温度，但又不能超过共熔点的温度。第一阶段使溶剂内冻结冰大部分升华，因此该过程也被称为升华干燥阶段。升华是一个吸热的过程，因此必须对产品低温加热，但绝不能超过共熔点的温度。如果加热的温度低于共熔点的温度过多，则会导致升华的速率降低而延长升华阶段的时间。影响升华干燥阶段的因素：①产品本身，如共熔点较高的产品易干燥，升华时间短；②产品的分装厚度，正常的升华速率为大约每小时产品下降 1 mm 的厚度；③冻干机的性能，如真空性能、冷凝器的温度和效能。

3. 维持阶段

冻干箱加热隔板的温度接近产品共熔点的温度，维持 12 h 左右，使产品中大部分冻结冰升华。(实验室常用的方法即过夜处理，因此实验前要预计实验进程)

4. 产品第二阶段的干燥

一旦产品内冻结的冰大部分(约 90%冰已升华)升华完毕，产品的干燥就进入第二阶段，即解吸干燥阶段。在解吸干燥阶段，可以迅速使产品的温度上升到该产品的最高容许温度(25～40 ℃)，并在该温度下一直维持到冻干结束。

5. 最后维持阶段，即冻干结束

冻干结束后，要把产品放入无菌干燥箱，然后尽快加塞封口，以防止重新吸收空气中的水分。

6. 冻干操作的注意事项

生物制品的冷冻干燥产品常需要一定的物理形态，如均匀的颜色、符合要求的含水量、良好的溶解性、高的存活率和较长的保存期。因此，要优化各干燥步骤的参数，冻干曲线和时序就是进行冷冻干燥过程控制的基本依据。冻干曲线是冻干箱隔板层的温度(干燥中产品温度受隔板层温度控制)和时间的关系曲线。冻干时序是在冻干过程中，各设备起闭运行的情况。确定冻干曲线和时间需要根据下列参数。

(1)预冻速率：实验室常用预冻温度和装箱时间来决定预冻速率。要求预冻速率快，则冻干箱先降至较低温度，然后将产品装箱；要求预冻速率慢，则产品装箱之后再让冻干箱降温。

(2)预冻的最低温度：预冻的最低温度低于产品共熔点的温度。

(3)预冻时间：一般要求在样品温度到达预定温度之后再保持 1～2 h。注意：一般不要把溶剂直接放在冷冻箱的隔板层上干燥。

(4)冷凝器降温的时间：要求在预冻结束抽真空的时候，冷凝器的温度要达到－40 ℃以下。冷凝器的降温通常从开始一直持续到冻干结束为止，温度应始终在－40 ℃以下。

(5)预冻结束时间：预冻结束就是停止冻干箱隔板层的降温，通常在抽真空时(或真空度达到一定值时)停止隔板层的降温。

(6)抽真空时间：预冻结束即开始抽真空，直至干燥结束。

(7)真空控制时间：真空控制目的是改进冻干箱的热量传递，通常在第二阶段干燥时使用，待产品温度达到最高许可温度后停止使用，继续恢复高真空状态。

(8)产品加热的最高许可温度：在升华过程中，加热温度可以略超过产品的最高许可温度，但在最后阶段隔板层温度应与产品最高许可温度一致。

(9)冻干的时间：18～24 h。

五、结果与记录

记录冷冻干燥过程的操作步骤及具体参数，并对冷干酵母粉进行描述(成品如图 1－1－5 所示)。

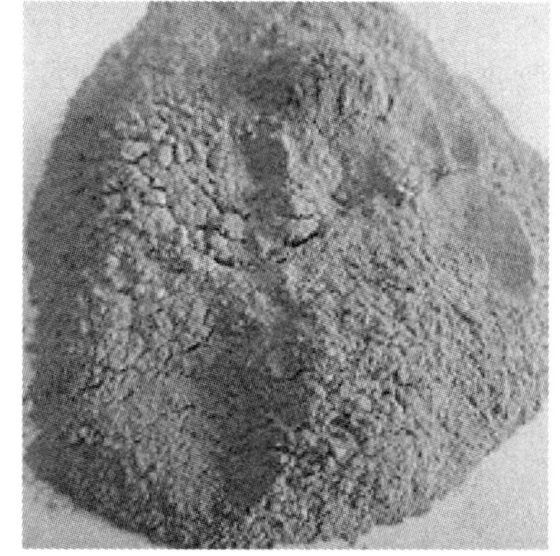

图 1－1－5　冻干酵母粉

六、思考题

在冷冻干燥过程中，不同阶段温度控制的原理是什么？

实验 3　固定化酵母细胞的制备

一、实验目的

(1)了解固定化酵母细胞的原理。

(2)掌握制备固定化酵母细胞的 3 种方法。

二、实验原理

固定化酵母细胞是指固定在水不溶性载体上，在一定的空间内进行生命活动（生长、繁殖和新陈代谢等）的酵母细胞。它是用于获得细胞的酶和代谢产物的一种方法，由于固定化细胞能进行正常的生长、繁殖和新陈代谢，所以又称固定化活细胞或固定化增殖细胞。细胞固定化的方法有多种，如吸附法、载体偶联法和包埋法等。工业上常用包埋法固定微生物细胞。根据包埋剂的特性，如在海藻酸钠呈溶液状时，将细胞加入混匀，然后在氯化钙中凝固形成海藻酸钙，凝胶颗粒中的微小空格将细胞固定。

三、实验材料、试剂、用具和仪器

（1）市售活性干酵母粉（6 袋）。

（2）海藻酸钠、琼脂。

（3）一次性医用 20 mL 注射器（20 个）、纱布。

（4）电炉、培养箱、分析天平、250 mL 三角瓶、250 mL 烧杯、1 cm 高的培养皿（20 个）、玻璃棒若干。

四、实验步骤

1. 酵母菌细胞的海藻酸钠固定化

（1）称取 1.5 g 海藻酸钠于 250 mL 烧杯中，加蒸馏水至 100 mL 处，加热搅拌溶解，冷却后加入 1 g 市售活性干酵母粉，搅拌均匀。

（2）将海藻酸钠酵母混合液装入 20 mL 注射器中，逐滴加入 1 L 的 0.2 mol/L 氯化钙溶液中，搅拌成珠，充分反应后下沉。

2. 酵母菌细胞的琼脂固定化

（1）称取 1.5 g 琼脂于 250 mL 烧杯中，加蒸馏水 50 mL，沸水加热融化琼脂，保温在 50 ℃防止凝固，待溶液温度冷却到 50 ℃时，加入 1 g 市售酵母粉，搅拌均匀。

（2）将上述溶液倒入培养皿中，0.3 cm 高，室温冷却。

（3）将固定化的溶液切成 0.3 cm×0.3 cm×0.3 cm 小块。

五、结果与分析

镜检切片观察固定化酵母细胞表面细胞的密度和形态，拍照保存。

六、思考题

（1）固定化的方法有哪些？各有何特点？

（2）固定化细胞和固定化酶的区别是什么？

（3）固定化技术的优势和应用是什么？

（4）在固定化操作过程中，为什么要排除海藻酸钠溶液中的气泡？

实验 4　固定化酵母细胞发酵制酒及其影响因素(pH)分析

预习思考题

决定微生物发酵酒精的条件有哪些？这些条件如何影响酒精发酵进程和结果？

一、实验目的

(1)了解固定化酵母细胞发酵的原理。

(2)掌握固定化酵母细胞发酵制酒的方法。

二、实验原理

(1)酵母菌将糖转化为酒精。

(2)乙醇测定原理：在硫酸介质中，乙醇可定量被重铬酸钾氧化，生成棕色的三价铬。最大吸收波长 λ_{max} 为 600 nm，其吸光值与乙醇浓度成正比。

三、材料、试剂和仪器

(1)比色皿、紫外可见分光光度计、恒温水浴箱、移液器、分析天平、显微镜、250 mL 三角烧瓶，15 mL 试管。

(2)乙醇标准溶液：取无水乙醇 250 μL 于 100 mL(2 mg/mL)容量瓶中，加水至刻度，作为乙醇标准溶液。

(3)1 moL/L NaOH、青霉素。固定化酵母细胞。

(4)沙保培养基：蛋白胨 1 g，葡萄糖 4 g，蒸馏水 100 mL。共配制 5 份，115 ℃灭菌 20 min。用 1 moL/L HCl、1 moL/L NaOH 调整 pH 为 6.0、6.5、7.0、7.5、8.0。

(5)质量分数为 5%的重铬酸钾溶液：称取 5 g 重铬酸钾溶于 50 mL 水中，加入 10 mL 浓硫酸，放冷，加水至 100 mL。

四、实验步骤

1. 固定化酵母细胞的发酵

取 250 mL 三角烧瓶，加入沙保培养基 100 mL，在无菌操作台上，加入固定化酵母细胞 3 g，再加入青霉素(20 μg/mL)160 万单位 960 mg，28 ℃静置培养 2 天后观察发酵现象和气味。

2. 制作乙醇浓度测定标准曲线

取 15 mL 试管 5 支，分别用上述标准溶液加入 0～8 mL，补水至 10 mL，再分别加入重铬酸钾溶液 2.0 mL。在 100 ℃水浴中加热 10 min，取出用流水冷却 5 min，以零管作参比，用 1 cm 比色皿，于波长 600 nm 处测定吸光度。$Y=0.3074X$。乙醇浓度测定标准如表 1-1-1所示。

表 1-1-1 乙醇浓度测定标准

试齐 \ 管号	1#	2#	3#	4#	5#	6#
乙醇标准溶液/mL	0	1	2	4	6	8
补水/mL	10	9	8	6	4	2
乙醇含量/(mg/mL)	0	0.2	0.4	0.8	1.2	1.6
吸光值(A)	0.000	0.034	0.126	0.274	0.360	0.487

3. 测定各种发酵液中乙醇的含量

以发酵液(10 000 r/min 离心,2 min)替代乙醇标准液,取 10 mL,再分别加入重铬酸钾溶液 2.0 mL。在 100 ℃水浴中加热 10 min,取出用流水冷却 5 min,以零管作参比,测定吸光度,计算不同发酵液的乙醇含量。如果吸光度过大(>0.9),则稀释发酵液浓度。

4. 制作柱状图

分析两种固定化酵母细胞发酵效果的关系,制作柱状图。Y 轴为乙醇含量(mg/mL),X 轴为 pH。

实验 5 土壤中产蛋白酶菌株的筛选

在哪些环境中可以获得产蛋白酶的菌株?主要来源微生物种类有哪些?蛋白酶的酶学特性有何特点?

一、实验目的

(1)学习用选择平板从自然界中分离胞外蛋白酶产生菌的方法。

(2)学习并掌握细菌菌株的药瓶液体发酵技术。

(3)掌握蛋白酶活力测定的原理与基本方法。

二、实验原理

蛋白酶在轻工、食品、医药工业中的用途非常广泛,微生物来源的蛋白酶是胞外酶,具有产酶量高、适合大规模工业生产等优点,被认为是最重要的一类营业性酶类,从自然界筛选并获取有用的微生物资源一直是生物工程的一项重要工作,也是学习生物工程的学生应该掌握的基本技能。能够产生胞外蛋白酶的菌株在牛奶平板上生长后,其菌落周围可形成明显的蛋白水解圈。水解圈与菌落直径的比值常被作为判断该菌株蛋白酶产生能力的初筛依据。

三、实验材料、试剂和仪器

(1)玉米粉、黄豆饼粉。

(2)蛋白胨、酵母粉、脱脂奶粉、琼脂、干酪素、三氯醋酸、NaOH、Na_2CO_3、FoLin 试剂、硼砂、酪氨酸、KH_2PO_4、Na_2HPO_4。

(3)三角烧瓶、培养皿、吸管、试管、涂布棒、玻璃搅拌棒、水浴锅、分光光度计、培养摇床、高压灭菌锅、直尺、玻璃小漏斗和滤纸。

(4)牛奶平板培养基：蛋白胨 1.5 g、牛肉膏 0.75 g、氯化钠 0.75 g、奶粉 2.25 g、琼脂 3 g、蒸馏水加至 150 mL，pH 调节至 7.6，121 ℃高压灭菌 15 min。

(5)发酵培养基：玉米粉 4%，黄豆饼粉 3%，Na_2HPO_4 0.4%，KH_2PO_4 0.03%，3 mol/L NaOH 调节 pH 到 9.0，0.1 MPa 灭菌 20 min，250 mL 三角烧瓶的装瓶量为 50 mL。

(6)肉汤琼脂培养基：蛋白胨 2 g、牛肉粉 0.5 g、氯化钠 0.5 g，加水 100 mL 煮沸，再加入 2 g 琼脂，小火继续加热至琼脂融化，121 ℃高压灭菌 15 min。

四、操作步骤

1. 用选择平板分离产蛋白酶产生菌株

取 1 g 土样混于无菌水中，充分摇匀，制备成 10 mL 的土壤悬浮液，37 ℃静置培养 30 min，从中取出 1 mL 土样同时取出 9 mL 无菌水加入另一个试管中，开始制作的土壤溶液的浓度定为 10%，第二次稀释的土壤溶液为 10^{-2}。采用同样方法可以制作 10^{-6} 的土壤溶液，取 10^{-6} 的土壤溶液 1 mL，涂布到牛奶平板上，37 ℃培养 30 h 左右观察。

2. 产蛋白酶菌株的观察

观察牛奶平板的菌落是否具有透明圈，如果有则是产蛋白酶菌株；如果菌落周围没有透明圈，则不是产蛋白酶菌株。测量与记录菌落总数、产蛋白酶的菌落数、透明圈直径。

3. 产蛋白酶菌株的转接

在无菌操作台上，将牛奶平板上透明圈最大的菌落，转接到肉汤琼脂斜面上，转接不少于 5 份，37 ℃培养过夜。

4. 产蛋白酶菌株的发酵

将上述转接获得的蛋白酶菌株接种到发酵培养基中，37 ℃、200 r/min 摇床培养 48 h。

实验 6　土壤中产淀粉酶菌株的筛选

预习思考题

在哪些环境可以获得产淀粉酶的菌株？主要微生物种类有哪些？蛋白酶的酶学特性有何特点？

一、实验目的

(1)掌握从环境中采集样品并从中分离纯化某种微生物的完整步骤。

(2)学习淀粉酶活性的测定方法。

二、实验原理

α-淀粉酶是一种液化型淀粉酶，它的产生菌芽孢杆菌广泛分布于自然界，尤其分布在含有淀粉类物质的土壤等样品中。从自然界筛选菌种的具体做法大致可以分成 4 个步骤，即采集土样、样品稀释、分离、检查。

三、实验材料、试剂和仪器

(1)小铁铲和无菌纸或袋。

(2)无菌水三角瓶(300 mL 的瓶装水至 99 mL，内有玻璃珠若干)、无菌吸管若干(1 mL、5 mL 等)、无菌水试管(每支 4.5mL 水，6 个/组)、无菌培养皿(9 个/组)。

(3)菌种分离培养基：蛋白胨 1%；NaCl 0.5%；牛肉膏 0.5%；可溶性淀粉 0.2%；琼脂 1.5%；pH 为 7.2；水定容。(注：先将可溶性淀粉加入少量蒸馏水调成糊状，再将其加到溶化好的培养基中，调匀。)总体积 100 mL，分别倒入直径 10 cm 的培养皿中，高压灭菌 15 min。

(4)菌种纯化保藏培养基：培养基组成同菌种分离培养基，倒入 10 mL 试管中制成斜面培养基。

(5)Lugol 氏碘液：碘 1 g，碘化钾 2 g，水 300 mL。配制时先将碘化钾溶于 5～10 mL 水中，再加入碘，溶解后定容。

(6)麸曲培养基(发酵培养基)：麸皮 7 g；玉米面 1 g；$(NH_4)_2SO_4$ 0.04 克[4%$(NH_4)_2SO_4$加 1 mL]；NaOH 0.08 g(8%NaOH 加 1 mL)；水 100 mL，混合均匀，装入 250 mL 三角瓶中，6.795 kg 灭菌 30 min。

(7)碘原液：碘 2.2%；碘化钾 0.4%；加水定容。

(8)标准稀碘液：取碘原液 15 mL，加碘化钾 8 g，水定容 200 mL。

(9)比色稀碘液：取原碘液 2 mL，加碘化钾 20 mg，定容 500 mL。

(10)质量分数为 0.2%的可溶性淀粉液：称取 0.2 g 可溶性淀粉，先与少许蒸馏水混合，再徐徐倾入煮沸蒸馏水中，继续煮沸 2 min，冷却，加水至 100 mL。(当天配制)

(11)磷酸氢二钠-柠檬酸缓冲液 pH＝6.0：称取 $Na_2HPO_4 \cdot 12H_2O$ 11.31 g，柠檬酸 2.02 g，加水定容至 250 mL。

四、实验方法

1. 分离纯化

(1)采集土样。

(2)样品稀释：在无菌纸上称取样品 1 g，放入 100 mL 无菌水三角瓶中，手摇 10 min，80 ℃水浴 15 min，冷却用 1 mL 无菌吸管吸取 0.5 mL 注入 4.5 mL 无菌水中，连续 5 次，梯度稀释至 10^{-6}。

(3)分离：从 10^{-6}、10^{-5}、10^{-4} 样品稀释液中，分别吸取 0.2 mL，涂布到不同的固体培养基(菌种分离培养基)中，倒置于 35 ℃温箱中培养 48 h。每份样品涂布 3 份。

(4)检查：培养 48 h 后，取出平板，向培养皿中注入少量 LugoL 氏碘液，因淀粉遇碘变蓝色，如果菌落周围有无色圈，则说明该菌能分解淀粉。

(5)纯化：从平板上选取淀粉水解圈直径与菌落直径中比较大的菌落，用接种环蘸取少量培养物至斜面培养基上，37 ℃培养 2 天后观察菌苔生长情况并镜检验证为纯培养。

2. 麸曲培养发酵

取纯化菌落斜面中加入5 mL无菌水制成菌悬液，取2 mL接种至100 mL麸曲培养基中，搅匀后，37 ℃培养24 h。

3. 酶活测定

(1)制备酶液。在已成熟的麸曲三角瓶中，加水100 mL，搅匀，置于80 ℃水浴30 min，6 000 r/min离心10 min，上清液即细菌淀粉粗酶液，待测。

(2)在三角瓶中，加入0.2%可溶性淀粉溶液2 mL、缓冲液0.5 mL，在60 ℃水浴中10 min平衡温度，加入3 mL酶液，充分混匀，即刻计时，定时取出一滴反应液于比色板穴中，穴中先盛有比色稀碘液，当由紫色逐渐变为棕橙色，与标准比色管颜色相同，即反应终点，记录时间(t)，单位为min。

(3)计算：淀粉酶活力单位=$(60/t)\times 2\times 0.2\%\times f/3(f/t)$。式中$f$表示酶的稀释倍数。1 g或1 mL酶制剂或酶液于60 ℃，在1 h内液化可溶性淀粉的克数表示淀粉酶的活力单位[g/g(或mL)·h]。

注意：①淀粉液应当天配制使用，不能久贮；②测定液化时间应控制在2～3 min。

实验7　淀粉酶生产菌的筛选

一、实验目的

学习淀粉酶产生菌的筛选方法。

二、实验原理

淀粉酶在酿造、纺织、食品加工、医药等领域有广泛的用途。淀粉酶是一类淀粉水解酶的统称，它能将淀粉水解成糊精等小分子物质并进一步水解成麦芽糖或葡萄糖。淀粉被水解后，遇碘不再变为蓝色，因此可根据淀粉培养基上透明圈的大小来判断所选菌株的淀粉酶活力。

三、实验材料

1. 样品

淀粉含量丰富的土样。

2. 培养基

(1)肉汤培养基：牛肉膏3 g，蛋白胨10 g，NaCl 5 g，加水至1 000 mL，pH=7.0，121 ℃灭菌20 min。

(2)初筛平板培养基：牛肉膏3 g，蛋白胨10 g，NaCl 5 g，可溶性淀粉2 g，琼脂18 g，加水至1 000 mL，pH=7.4，121 ℃灭菌20 min。

(3)Lugol碘液：碘1 g，碘化钾2 g，蒸馏水300 mL。先将碘化钾溶解在少量水中，再将碘溶解于碘化钾溶液中，待碘全部溶解后，加足水即可。

3. 器材

高压蒸汽灭菌锅、超净工作台、电子天平、电炉、恒温振荡器、恒温培养箱、烧杯、量筒、三角瓶、培养皿、移液管、洗耳球、试管、试管架、接种针、涂布棒。

四、实验步骤

1. 培养基制备

配制肉汤培养基 45 mL,分装于 250 mL 三角瓶中,以纱布封口,灭菌。配制初筛平板培养基 350 mL,分装于 500 mL 三角瓶中,以封口膜封口,灭菌。

2. 倒平板

将融化的初筛平板培养基冷却至 50～60 ℃,以无菌操作法倒入已灭菌的培养皿中,至盖满底部。冷却凝固待用。

3. 样品预处理

取 5 g 土样到入 45 mL 肉汤培养基中,30 ℃摇床振荡 15 min 制成土壤悬液,此时的稀释度为 10^{-1}。另取 4 支试管,分别记作 10^{-2}、10^{-3}、10^{-4}、10^{-5},共 5 个梯度,在每支试管内加入 9 mL 无菌水。用无菌移液管从三角瓶中吸取 1 mL 土壤悬液,加入 10^{-2} 试管中混匀;再从此试管中吸取 1mL 加入 10^{-3} 试管中,依次类推直至 10^{-5} 试管。

4. 平板涂布分离

分别从不同稀释度的试管中吸取 0.1 mL 悬液,均匀涂布于初筛平板培养基平板上,于 30 ℃培养 24～48 h。

5. 菌株检测

待初筛平板长出菌落后,根据菌落不同挑取菌落进行保存并编号。同时,将检测试剂(Lugol 碘液)加入平板中,涂布均匀,菌落周围形成水解圈的菌株即产淀粉酶的菌株,记住其编号,以便进行下一步实验。

6. 保存菌种

将得到的菌株转接至斜面培养基上,30 ℃培养 48～72 h,待菌苔长好后,4 ℃保存。

五、思考题

微生物菌种的分离筛选通常包括哪几个部分?

实验 8　蛋白酶产生菌发酵菌株的初筛

一、实验目的

从已分离到的细菌或真菌中筛选出能产生生理活性物质的菌株。

二、实验要求

(1)复习微生物学及实验过程中所学到的微生物培养的方法,了解影响微生物生长的各种条件因素。

(2)独立查阅相关资料,设计实验方案,并对实验所需的各种药品、玻璃仪器及分析设备列出清单,写出详尽的实验过程及需要。

(3)3 人一组,互相配合,开展实验,动手完成实验,记录并分析实验中的实验现象、数据,必要时及时修改实验计划。

(4)总结实验数据,经教师认定后,撰写实验报告。

三、实验原理

蛋白酶是水解蛋白质肽链的一类酶的总称。按其降解多肽的方式,蛋白酶分成内肽酶和端肽酶两类。内肽酶可把大分子量的多肽链从中间切断,形成分子量较小的朊和胨;端肽酶又可分为羧肽酶和氨肽酶,它们分别从多肽的游离羧基末端或游离氨基末端逐一将肽链水解生成氨基酸。蛋白酶还是一类重要的工业用酶制剂,它能将蛋白质分解成短肽甚至氨基酸。根据三氯乙酸能将酪蛋白变性从而产生沉淀这一原理,可在平板培养基上直接筛选蛋白酶产生菌株。产酶菌株能将酪蛋白水解成小分子物质,菌落周围不形成沉淀蛋白而出现透明圈,根据透明圈大小判断产酶活力。

本实验以蛋白酶产生菌株的筛选为例,介绍发酵菌种的初步筛选方法。

四、实验材料

1. 菌株

在自然界中分离到的目的菌株。

2. 蛋白酶产生菌筛选培养基

葡萄糖 0.05%,氯化钠 0.5%,磷酸氢二钾 0.05%,磷酸二氢钾 0.05%,酪蛋白 1%,琼脂 2%,pH=7.5。

3. 器材

培养皿、吸管、250 mL 三角瓶、无菌水(含灭菌玻璃珠)、标签纸、三氯乙酸、碘液、玻璃刮铲、吸管、电炉、天平等。

五、实验步骤

(1)配制蛋白酶产生菌的筛选培养基,装于三角瓶中,121 ℃灭菌 30 min,冷却至 60 ℃时倒入平板中,每皿约 20 mL。

(2)配制指示菌悬液,以无菌操作法挑取 3 环细菌或酵母指示菌菌苔装到有 3 mL 无菌水的试管中,制成菌悬液,吸取 0.1 mL 涂布在相应培养基的平板上。

(3)将平板放在培养箱中培养 1～2 天,观察菌落的生长情况。

(4)蛋白酶产生菌筛选培养基上形成菌落后,可在平板上滴加质量分数为 2.5%的三氯乙酸溶液,以刚铺满平皿为度,菌落周围如果有无色透明圈出现,则说明该菌产蛋白酶。

六、作业

查阅资料，设计一个实验来筛选脂肪酶或其他酶的产生菌。

试验 9　淀粉酶的活力测定

一、实验目的

掌握采用分光光度法测定液化型淀粉酶活力的基本原理和方法。

二、实验原理

淀粉酶是指能催化分解淀粉分子中糖苷键的一类酶，包括 α-淀粉酶、淀粉 1,4-麦芽糖苷酶(β-淀粉酶)、淀粉 1,4-葡萄糖苷酶(糖化酶)和淀粉 1,6-葡萄糖苷酶(异淀粉酶)。α-淀粉酶可以从淀粉分子内部切断淀粉的 α-1,4-糖苷键，形成麦芽糖、含 6 个葡萄糖单位的寡糖和带有支链的寡糖，使淀粉的黏度下降，因此又称液化型淀粉酶。

淀粉遇碘呈蓝色。这种淀粉碘复合物在 660 nm 波长处有较大的吸收峰，可以用分光光度计测定。随着酶的不断作用，淀粉长链被切断，生成小分子糊精，使其对碘的蓝色反应逐渐消失，因此可以以一定时间内蓝色消失的程度为指标来测定 α-淀粉酶的活力。

三、实验材料

1. 粗酶液

将上述试验筛选的菌种进行摇瓶发酵，发酵液离心后可作为粗酶液。

2. 试剂

(1)碘原液：称取碘化钾 22 g，加入少量蒸馏水溶解，加入碘 11 g，溶解后定容至 500 mL，贮于棕色瓶中。比色用稀释碘液：取碘原液 2 mL，加入碘化钾 20 g，用蒸馏水定容至 500 mL，贮于棕色瓶中。

(2)质量分数为 2% 的可溶性淀粉：称取可溶性淀粉(干燥至恒重)2 g，用少量蒸馏水混合调匀，徐徐倾入煮沸的蒸馏水中，边加边搅拌，煮沸 2 min 后冷却，加水定容至 100 mL。此淀粉需要当天配制。

(3)pH=6.0 的磷酸氢二钠柠檬酸缓冲液：称取 $Na_2HPO_4 \cdot 12H_2O$ 4.523g、柠檬酸 0.807 g，用水溶解并定容至 100 mL。

(4)0.5 mol/L 乙酸溶液。

3. 器材

离心机、分光光度计、恒温水浴锅、试管架、秒表、试管、移液管、烧杯、心管。

四、实验步骤

1. 标准曲线的绘制

表 1-1-2　可溶性淀粉稀释液吸光度的检测

试剂＼试管号	试管号					
	1	2	3	4	5	6
淀粉稀释液浓度/%	0	0.2	0.5	1.0	1.5	2.0
淀粉稀释液/mL	2	2	2	2	2	2
缓冲液/mL	1	1	1	1	1	1
40 ℃水浴保温 15 min						
蒸馏水/mL	1	1	1	1	1	1
40 ℃水浴中保温 30 min,加入 0.5 mol/L 乙酸 10 mL,混匀后吸取反应液 1 mL						
稀释碘液/mL	10	10	10	10	10	10
吸光值(A_{660})						

(1)将可溶性淀粉稀释成质量分数为 0.2%、0.5%、1.0%、1.5%、2.0%的稀释液。

(2)吸取淀粉稀释液 2 mL 加至试管中,加入磷酸氢二钠柠檬酸缓冲液 1 mL,40 ℃水浴中保温 15 min。

(3)加蒸馏水 1 mL,40 ℃水浴中保温 30 min 后,加入 0.5 mol/L 乙酸 10 mL。

(4)吸取反应液 1 mL,加入稀释碘液 10 mL,混匀,在 660 nm 下测吸光值 A。

以淀粉浓度为横坐标、吸光度为纵坐标,绘制标准曲线。

2. 酶液的制备

将发酵液离心(5 000 r/min,10 min),取上清液作为粗酶液,以 pH=6.0 缓冲液稀释至适当浓度,作为待测酶液。

3. 淀粉酶活力测定

按下列程序操作:

试管 A(空白)
↓
加 2%淀粉稀释液 2.0 mL
↓
加缓冲液 1.0 mL(摇匀)
↓(40±0.2) ℃,5 min
加蒸馏水 1.00mL(摇匀)
↓(40±0.2) ℃,30 min
加乙酸 10.0 mL
↓混匀
取反应液 1.0 mL

试管 B(酶试样,须做三个平行试样)
↓
加 2%淀粉稀释液 2.0 mL
↓
加缓冲液 1.0 mL(摇匀)
↓(40±0.2) ℃,5 min
加粗酶液 1.0 mL(摇匀)
↓(40±0.2) ℃,30 min
加乙酸 10.0 mL
↓混匀
取反应液 1.0 mL

↓　　　　　　　　　　　　　　　　↓
加稀碘液 10.0 mL　　　　　　　　加稀碘液 10.0 mL
↓混匀　　　　　　　　　　　　　↓混匀
测定 A_{660}　　　　　　　　　　测定 A_{660}

注意事项：

(1)一定要用少量冷水调匀淀粉后，再将其倒入热水中溶解。因为，若直接加到热水中，淀粉则会溶解不均匀，甚至结块。淀粉液应当天配制，配制好的淀粉液应是透明澄清的，不能有颗粒状物质存在。

(2)酶液应该进行适当稀释。

五、实验报告

(1)绘制标准曲线。

(2)记录各样品的 A_{660}，并计算其酶活力。

酶活力单位的定义：1 mL 酶液在 40 ℃、pH＝6.0 的条件下，每小时分解的淀粉的质量(mg)。单位表示为 U/mL。

六、思考题

(1)测定酶活力时，在具体操作上应注意哪些问题？

(2)为什么测定酶活力的试剂要在 40 ℃水浴锅中预热？

实验 10　淀粉酶发酵培养过程

一、实验目的

了解淀粉酶生产菌的生长规律和产淀粉酶的代谢规律。配制培养基，灭菌、接种、培养，定时取样测定吸光度 *OD* 值，绘制生长曲线，计算发酵参数。

二、实验原理

淀粉酶广泛分布于动物、植物和微生物中，能水解淀粉产生糊精、麦芽糖、低聚糖和葡萄糖等，是工业生产中应用较广泛的酶制剂。目前，淀粉酶已被广泛应用于变性淀粉及淀粉糖、焙烤工业、啤酒酿造、酒精工业、发酵及纺织等许多行业。本次设计的淀粉酶发酵，分别以玉米粉为碳源，以豆饼为淀粉酶作为产生菌的代谢产物，与菌体的生长有关联作用。

三、实验材料

1. 培养基

高产淀粉酶菌株斜面或培养液。

2. 器材

高压锅、恒温摇床、振荡培养箱、显微镜、分光光度计、吸水纸、计数器、滴管、擦镜纸、超净工作台。

四、实验步骤

1. 配制

每组配制 1 000 mL 培养液。每组以 4 人计，每人做 2～3 瓶，共 10 瓶，每瓶装液体培养基 100 mL，计 1 000 mL。称样后加入容器中，加少量水，搅拌并适当加热加水溶解。用量筒分装在培养瓶中，每瓶装 95 mL 培养液。用 8 层纱布或棉塞或聚丙烯薄膜封口。

2. 灭菌

121 ℃，0.1 MPa，20 min。冷却后出锅，取出，放入超净工作台中风冷，用紫外线照射 20 min。

3. 接种

用无菌的 5 mL 或 10 mL 小量筒或移液管接种，每瓶等量接入 5 mL 菌种。

4. 培养

接种后的培养瓶放在振荡培养箱或恒温摇床上培养，温度为 30 ℃，150 r/min。

5. 测定

定时测定培养瓶中培养液的 *OD* 值。每次重复测定 3 次以上。计算平均值。

6. 绘制

绘制生长曲线，计算生长曲线方程(表 1－1－3)。

表 1－1－3　生长曲线

时间/h	菌悬液 *OD* 值	平均 *OD* 值	淀粉酶活力	备注
0				
2				
4				
6				
8				
10				
12				
14				
18				
20				
22				
24				
36				

（续表）

时间/h	菌悬液 OD 值	平均 OD 值	淀粉酶活力	备注
48				
60				
72				
96				
120				
148				

五、实验结果

(1)绘制淀粉酶活力曲线。
(2)绘制生长曲线。
(3)比较淀粉酶活力曲线和生长曲线，说明两者之间的关系。

实验 11　淀粉酶生产菌发酵培养基的优化

一、实验目的

掌握发酵培养基的配制原则，熟悉用正交试验优化发酵培养基的方法。

二、实验原理

发酵条件对产物的形成有着非常重要的影响，其中培养基 pH、培养温度和通气状况是最主要的发酵条件。培养基 pH 一般指灭菌前的 pH，可用酸碱溶液调节控制，因为发酵过程中 pH 会不断改变，所以最好用缓冲溶液来调节；通气状况可用培养基装量和摇床转速来衡量，封口纱布的厚度也会影响氧气的传递，一般以 6～8 层为好。

发酵培养基是指大生产时所用的培养基，一般碳源含量较高。工业发酵培养基与菌种筛选时所用培养基不同，以经济节约为主，一般选用廉价的农副产品作为原料。由于天然原料的组分复杂，不同批次的原料成分各不相同，所以发酵前必须进行培养基的优化实验。

本实验将对菌株的培养基配方进行优化。

三、实验材料

1. 菌种

之前试验筛选得到的淀粉酶生产菌。

2. 器材

摇床、高压灭菌锅、三角瓶、烧杯、移液管、试管。

四、实验步骤

1. 培养基制备

以黄豆粉、玉米粉、可溶性淀粉、酵母膏为培养基的主要影响因素，每个因素设定3个水平，按表1-1-4配制培养基，另加入Na_2HPO_4 0.8%、$(NH_4)_2SO_4$ 0.4%、NH_4Cl 0.15%，分装于250 mL三角瓶，每瓶50 mL，以6层纱布封口，灭菌。取5 mL蒸馏水加入试管中，灭菌。

2. 接种

挑取斜面菌苔5环接入5 mL无菌水中，摇匀后用无菌移液管吸取0.5 mL菌悬液，接到每组培养基中。30 ℃，150 r/min摇床培养36 h左右。

3. 结果测定

参照实验9的方法测定菌株在各培养基中培养的淀粉酶活力。

表1-1-4　发酵培养基优化正交试验

组别	因素A 黄豆粉		因素B 玉米粉		因素C 可溶性淀粉		因素D 酵母膏		酶活力/ (U/mL)
1	1	3%	1	1%	1	3%	1	0.4%	
2	1	3%	2	2%	2	5%	2	0.6%	
3	1	3%	3	3%	3	7%	3	0.8%	
4	2	5%	1	1%	2	5%	3	0.8%	
5	2	5%	2	2%	3	7%	1	0.4%	
6	2	5%	3	3%	1	3%	2	0.6%	
7	3	7%	1	1%	3	7%	2	0.6%	
8	3	7%	2	2%	1	3%	3	0.8%	
9	3	7%	3	3%	2	5%	1	0.4%	

五、作业

(1)将酶活力测定结果填入表1-1-4中，通过正交分析，确定4个因素对酶活力影响的主次顺序，并确定最适培养基配方。

(2)简述正交试验原理。

(3)进行直观分析得出最佳条件。

(4)进行方差分析得出最佳条件。

拓展

1. 实验设计

在工业化发酵生产中，发酵培养基的设计是十分重要的，因为培养基的成分对产物浓度、菌体生长都有重要的影响。实验设计方法发展至今可供人们根据实验需要来选择的地方有常用的几种：

（1）单因素方法。单因素方法的基本原理是保持培养基中其他所有组分的浓度不变，每次只研究一个组分的不同水平对发酵性能的影响。这种策略的优点是简单、容易，结果明了，培养基组分的个体效应从图表上很明显地看出来，而不需要统计分析。这种策略的主要缺点是，忽略了组分间的交互作用，可能会完全丢失最适宜的条件；不能考察因素的主次关系；当考察的实验因素较多时，需要大量的实验和较长的实验周期。但由于它的容易和方便，单因素方法一直以来都是培养基组分优化的主要选择之一。

（2）正交试验设计。正交试验设计从“均匀分散、整齐可比”的角度出发，以拉丁方理论和群论为基础，用正交表来安排少量的试验，从多个因素中分析出哪些是主要的，哪些是次要的，以及它们对试验的影响规律，从而找出较优的工艺条件。石炳兴等利用正交试验设计优化了新型抗生素 AGPM 的发酵培养基，结果在优化后的培养基上单位发酵液的活性比初始培养基提高了 18.9 倍。正交试验不能在给出的整个区域上找到因素和响应值之间的一个明确的函数表达式，即回归方程，从而无法找到整个区域上因素的最佳组合和响应值的最优值，而且对于多因素、多水平试验，仍需要做大量的试验，实施起来比较困难。

发酵过程涉及数个工艺参数，每个参数有多个水平，每个因素之间还存在交互作用。采用正交试验设计方法进行多因素、多水平的试验，可以大大减少试验的次数，并确定各因素之间的交互作用。试验次数可以减少为水平数的平方次。

在多因素试验中，随着试验因素增多，处理数据呈几何级数增长。例如，2 个因素各取 3 个水平的试验（简称 32 试验），有 $3^2=9$ 个处理；3 个因素各取 3 个水平的试验（简称 33 试验），有 $3^3=27$ 个处理；4 个因素各取 3 个水平的试验（简称 34 试验），有 $3^4=81$ 个处理……处理数太多，试验规模变大，会给试验带来许多困难。采用正交试验设计，可以大大减少试验次数。

正交试验设计是利用一套规格化的表格（正交表）来安排试验，适用于多因素、多水平、试验误差大、周期长等的试验，是效率较高的一种试验设计方法。分组进行多个因素、多个水平的多因素试验，测定试验结果。根据试验设备条件，表 1-1-5 和表 1-1-6 为 3 个因素 3 个水平的试验，正交试验次数为 9 次，采用 $L_9(3^4)$ 正交设计表。另外附加一个对照试验 CK，共 10 个试验处理。

表 1-1-5　试验因素水平试验设计与结果记录

序号	试验因素	水平 1	水平 2	水平 3
1	接种量/%	1	5	10
2	装瓶体积/mL	25	50	150
3	pH	6	7	8

表1-1-6　$L_9(3^4)$正交试验因素设计与结果记录

试验序号	接种量/%	pH	装瓶体积/mL	平行试验	培养液*OD*值	平均值
1	1=1	1=6	1=25	1		
2	1=1	2=7	2=50	2		
3	1=1	3=8	3=150	3		
4	2=5	1=6	2=50	3		
5	2=5	2=7	3=150	1		
6	2=5	3=8	1=25	2		
7	3=10	1=6	3=150	2		
8	3=10	2=7	1=25	3		
9	3=10	3=8	2=50	1		

(3)均匀设计。均匀设计是我国数学家方开泰等独创的一种将数论与多元统计相结合而建立起来的实验方法。这一方法已在我国许多行业中广泛运用,并取得了重大成果。均匀设计适合用于多因素多水平实验,可使实验处理数目降到最低程度,仅等于因素水平个数。虽然均匀设计节省了大量的实验处理,但仍能反映事物变化的主要规律。

(4)全因子实验设计。在全因子实验设计中,各因素的不同水平间的各种组合都将被实验。全因子的全面性导致需要大量的实验次数。一般利用全因子实验设计对培养基进行优化实验都为2个水平,是能反映因素间交互作用(排斥或协同效应)的最小设计。全因子实验次数的简单算法为(以2个因素为例):两因素设计表示为$a \times b$,第一个因素研究为a个水平,第二个因素为b个水平。Thiel等实验了两个因素:7个菌株在8种培养基上,利用7×8设计(56个不同重复)。Prapulla等实验了三个因素:碳源(糖蜜4%、6%、8%、10%、12%)、氮源(NH_4NO_3 0 g/L、0.13 g/L、0.26 g/L、0.39 g/L、0.52 g/L)和接种量(10%、20%),利用5×5×2设计(50个不同重复)。

(5)部分因子设计。当全因子设计所需实验次数实际不可行时,部分重复因子设计是一个很好的选择。在培养基优化中经常利用二水平部分因子设计,但也有特殊情况。例如,Silveira等实验了11种培养基成分,每成分三水平,仅做了27组实验,只是3^{11}全因子设计177 147组中的很小一部分。两水平部分因子设计表示为:$2n-k$,n是因子数目,$k/2$是实施全因子设计的分数。这些符号说明了需要多少次实验。虽然通常部分因子设计没有提供因素的交互作用,但它的效果比单因素实验更好。

(6)Plackett-Burman设计。Plackett-Burman设计由Plackett和Burman提出,这类设计是二水平部分因子实验,适用于从众多的考察因素中快速、有效地筛选出最为重要的几个因素,供进一步详细研究用。从理论上讲,Plackett-Burman设计应该应用在因子存在累加效应,当一个因子与其他因子没有相互作用,其效应可以被其他因子提高或削弱的实验上。实际上,倘若因子水平选择恰当,设计可以得到有用的结果。Castro等利用Plackett-Burman设计对培养基中的20种组分仅进行了24次实验,就使γ-干扰素的产量提高了近45%。

(7)中心组合设计。中心组合设计由Box和Wilson提出,是响应曲面中常用的二阶设计,它由立方体点、中心点和星点3个部分组成。它可以被看成五水平部分因子实验,中心组合设计的实验次数随着因子数的增加而呈指数增加。

(8)Box-Behnken设计。Box-Behnken设计由Box和Behnken提出。当因素较多时,作为三水平部分因子设计的Box-Behnken设计是相对于中心组合设计的较优选择。和中心组合设计一样,Box-Behnken设计也是二水平因子设计产生的。

2. 最优化how(event)“class=”“t_tag”技术(实验统计)

目前,对培养基优化实验进行数学统计的方法很多,下面介绍几种目前应用较多的优化方法。

(1)响应曲面分析法。Box和Wilson提出了利用因子设计来优化微生物产物生产过程的全面方法,Box-Wilson方法即响应曲面分析法(response surface methodolog,RSM)。响应曲面分析法是一种有效的统计技术,它是利用实验数据,通过建立数学模型来解决受多种因素影响的最优组合问题。通过对响应曲面分析法的研究表明,研究工作者和产品生产者可以在更广泛的范围内考虑因素的组合,以及对响应值的预测,都比一次次的单因素分析方法更有效。现在利用响应曲面分析法软件,用户可以很轻松地进行响应面分析。

(2)单纯形优化法。单纯形优化法是近年来应用较多的一种多因素优化方法。它是一种动态调优的方法,不受因素数的限制。由于单纯形优化法必须先确定考察的因素,而且只有等一个配方实验完后才能根据计算的结果进行下次实验,所以主要适用于实验周期较短的细菌或重组工程发酵培养基的优化,以及不能大量实施的发酵罐培养条件的优化。

(3)遗传算法。遗传算法是一种基于自然群体遗传演化机制的高效探索算法,它是美国学者Holland于1975年首先提出来的。它摒弃了传统的搜索方式,模拟自然界生物进化过程,采用人工进化的方式对目标空间进行随机化搜索。它将问题域中的可能解看作群体的一个个体或染色体,并将每个个体编码成符号串形式,模拟达尔文的遗传选择和自然淘汰的生物进化过程,对群体反复进行基于遗传学的操作(遗传、交叉和变异),根据预定的目标适应度函数对每个个体进行评价,依据适者生存、优胜劣汰的进化规则,不断得到更优的群体,同时以全局并行搜索方式来搜索优化群体中的最优个体,求得满足要求的最优解。

实验12 淀粉酶的提取

一、实验目的

掌握盐析法的基本原理,学会用盐析法提取蛋白质。

二、实验原理

盐析法是指加入中性盐到蛋白质溶液中,蛋白质的溶解度开始增大,但随着继续加入盐,蛋白质的溶解度却逐步减小,并形成沉淀,不同蛋白质在不同中性盐浓度下析出。利用此原理，可对溶液中的杂蛋白质及目的蛋白质进行分级沉淀，以达到提取分离的目的。

三、实验材料

1. 粗酶液

将实验二保存的菌种进行摇瓶发酵，发酵液离心后可作为粗酶液。

2. 器材

烧杯、布氏漏斗、真空泵。

四、实验步骤

1. 盐析

取 120 mL 发酵液倒入烧杯中，调 pH 至 6.7～7.8，加硫酸铵使其浓度达到 40%～42%，加完后静置数小时(3 h 以上)，即可抽滤或离心，收集滤饼。

2. 加入硫酸铵量的计算方法

硫酸铵的溶解度在 0～30 ℃下变化很少，在水中饱和溶液浓度约为 1.235 g/mL，在 20 ℃饱和溶液为 533 g/L，但加入硫酸铵后体积会变大，1 L 水中加硫酸铵至饱和须加硫酸铵 761 g。考虑到溶液硫酸铵体积要增大，则于 20 ℃时使 1 L M_1 物质的量浓度硫酸铵溶液增至 M_2 物质的量浓度，所需的硫酸铵量为 G。

$$G=533(M_2-M_1)/(4.05-0.3M_2)$$

上式如以饱和度表示，则以 S_1%增至 S_2%，须加入量为

$$G=533(S_2-S_1)/(100-0.3S_2)$$

本实验所需硫酸铵浓度为 40%～42%。

当硫酸铵浓度为 40%时：

$$G=533(40-0)/(100-0.3\times 40)\approx 242.3(\text{g/L})$$

本实验所需发酵液为 120 mL，即

$$G=242.3\times 0.12\approx 29(\text{g})$$

同理，当硫酸铵浓度为 42%时，

$$G=533(42-0)/(100-0.3\times 42)\approx 256.1(\text{g/L})$$

本实验所需发酵液为 120 mL，即

$$G=256.1\times 0.12\approx 30.7(\text{g})$$

本实验所需硫酸铵为 29～30.7 g，统一定为加入 30 g。

五、思考题

淀粉酶提取纯化还可以用什么方法？

实验 13 黄豆培养基固态发酵产物关系分析

预习思考题

固态发酵和液态发酵相比各有何特点？食品发酵中有哪些用到固态发酵技术？

一、实验目的

(1)了解固态发酵的特点。
(2)学习正交实验设计的方法。

二、实验原理

正交试验设计是研究多因素多水平的一种设计方法，它是根据正交性从全面试验中挑选出部分有代表性的点进行试验，这些有代表性的点具备了“均匀分散，齐整可比”的特点。正交试验设计是分析因式设计的主要方法，是一种高效率、快速、经济的实验设计方法。

黄豆固体培养基在自然发酵过程中，因培养基组分、发酵温度、氧气的变化，发酵的产物有所不同。

三、实验材料、试剂和仪器

黄豆、面粉、食盐、一次性纸杯、1 mol/L HCL、1 moL/L NaOH。

四、实验步骤

(1)发酵过程控制因素。培养基组分：用水洗净黄豆，浸泡 8～10 h，至黄豆发胀，控掉水放入烧杯中，煮至用手一捏就碎(一般煮 2 h)，并呈糜糊状。然后将熟豆冷却，温度降至37 ℃左右时，与面粉拌匀。

食盐添加量：大豆∶面粉∶食盐(1)7∶3∶0.5;(2)7∶3∶1;(3)7∶3∶1.5。

培养基的加入量：为纸杯容量的 2/3，用滤纸覆盖口部。

发酵温度：梯度分别设定为 25 ℃、30 ℃、35 ℃。

氧气控制：纸杯作为发酵容器，通过纸杯底部和侧面打孔的数量，定性控制氧气的多少。孔的大小为黄豆最大横径的 1/2。自行设计 3 种不同的梯度。

(2)正交设计本试验为 3 个因素，每个因素 3 个水平，选择正交试验表，设计试验。

(3)根据正交设计进行试验。自行决定发酵时间(以培养基中的菌群长满为准)，但是所有试验的发酵时间一致。

(4)上述固体发酵各取 10 g，分别转至三角烧瓶中，分别加入 20 g 水，再分别加入 5 g 氯化钠，25 ℃发酵 48 h。

(5)测定发酵产物的 pH 或可溶性糖类的含量(蒽酮法或苯酚硫酸法)。

(6)分析发酵条件和发酵产物的关系。

拓展:蒽酮法测定可溶性糖

一、原理

糖在浓硫酸作用下,可经脱水反应生成糠醛或羟甲基糠醛,生成的糠醛或羟甲基糠醛可与蒽酮反应生成蓝绿色糠醛衍生物,在一定范围内,颜色的深浅与糖的含量成正比,故可用于糖的定量测定。蒽酮法的特点是几乎可以测定所有的碳水化合物,不但可以测定戊糖与己糖的含量,而且可以测定所有寡糖类和多糖类,其中包括淀粉、纤维素等。因为反应液中的浓硫酸可以把多糖水解成单糖而发生反应,所以用蒽酮法测出的碳水化合物含量,实际上是溶液中全部可溶性碳水化合物总量。在没有必要细致划分各种碳水化合物的情况下,用蒽酮法可以一次测出总量,省去许多麻烦,因此,该法有特殊的应用价值。但在测定水溶性碳水化合物时,则应注意切勿将样品的未溶解残渣加入反应液中,否则会因为细胞壁中的纤维素、半纤维素等与蒽酮试剂发生反应而增加了测定误差。此外,不同的糖类与蒽酮试剂的显色深度不同,果糖显色最深,葡萄糖次之,半乳糖、甘露糖较浅,五碳糖显色更浅,故测定糖的混合物时,常因不同糖类的比例不同造成误差,但测定单一糖类时,则可避免此种误差。糖类与蒽酮反应生成的有色物质在可见光区的吸收峰为620 nm,故在此波长下进行比色。

二、实验材料、试剂与仪器设备

1. 实验材料

任何植物鲜样或干样。

2. 试剂

(1)质量分数为80%的乙醇。

(2)葡萄糖标准溶液(100 μg/mL):准确称取100 mg分析纯无水葡萄糖,溶于蒸馏水并定容至100 mL,使用时再稀释10倍(100 μg/mL)。

(3)蒽酮试剂:称取1.0 g蒽酮,溶于80%浓硫酸(将98%浓硫酸稀释,把浓硫酸缓缓加入蒸馏水中)1 000 mL中,冷却至室温,贮于具塞棕色瓶内,在冰箱中保存,可使用2~3周。

3. 仪器设备

分光光度计、分析天平、离心管、离心机、恒温水浴、试管、三角瓶、移液管(5 mL、1 mL、0.5 mL)、剪刀、瓷盘、玻棒、水浴锅、电炉、漏斗、滤纸。

三、实验步骤

1. 样品中可溶性糖的提取

称取剪碎混匀的新鲜样品0.5~1.0 g(或干样粉末5~100 mg),放入大试管中,加入15 mL蒸馏水,在沸水浴中煮沸20 min,取出冷却,过滤入100 mL容量瓶中,用蒸馏水冲洗残渣数次,定容至刻度。

2. 标准曲线制作

取6支大试管,从0~5分别编号,按表1-1-7加入各试剂。

表 1-1-7　蒽酮法测可溶性糖制作标准曲线的试剂量

试剂 \ 管号	0#	1#	2#	3#	4#	5#
100 μg/mL 葡萄糖溶液/mL	0	0.2	0.4	0.6	0.8	1.0
蒸馏水/mL	1.0	0.8	0.6	0.4	0.2	0
蒽酮试剂/mL	5.0	5.0	5.0	5.0	5.0	5.0
葡萄糖量/μg	0	20	40	60	80	100

将各管快速摇动混匀后，在沸水浴中煮 10 min，取出冷却，在 620 nm 波长下，用空白调零测定光密度，以光密度为纵坐标，以含葡萄糖量(μg)为横坐标绘制标准曲线。

3. 样品测定

取待测样品提取液 1.0 mL 加蒽酮试剂 5 mL，同以上操作显色测定光密度。重复 3 次。

四、结果计算

溶性糖含量的计算公式为

$$\text{溶性糖含量}(\%)=C\times V_T\times \text{稀释倍数}(D)$$

$$[\text{测定用样品液的体积}(\text{mL})\times W\times 10^6]\times 100$$

式中，C——从标准曲线查得葡萄糖量(μg)；

V_T——样品提取液总体积(mL)；

V_1——测定用样品液的体积(mL)；

W——样品重(g)；

D——稀释倍数。

实验 14　灵菌红素的发酵制备

一、实验目的

了解红色素生产菌沙雷菌的生长特性，学习次级代谢物的发酵工艺。

二、实验原理

天然色素与化学合成色素相比，具有安全性高、无毒、色泽自然鲜艳的特点，有一定的营养价值和药理保健作用，使天然色素的种类和市场需求量大幅度增加。目前大多数天然色素来源于植物，但由于植物生长周期长且受季节、气候、产地等因素的影响，提取工艺复杂，致使天然色素的价格昂贵，推广应用受到局限。开发新品种的天然色素，探索新的天然色素来源，对原有天然色素的生产工艺进行改进，扩大天然色素的应用范围，降低天然色素的生产成本，已成为生产中迫切需要解决的问题。

灵菌红素分子结构,如图1-1-6。灵菌红素是由多种微生物产生的一类具有重要生物活性的次级代谢产物。它具有抗细菌、抗疟疾、抗真菌、抗原生动物和自身免疫抑制活性(如可抑制迟发型超敏反应和器官移植后的宿主排斥反应等),另外,灵菌红素在极低的浓度下(十亿分之一的浓度),能快速杀死导致赤潮的大部分浮游生物,在水体污染的治理方面显示出巨大的威力,其在抗癌和引起癌细胞凋亡等生物功能方面越来越引起研究者的关注。

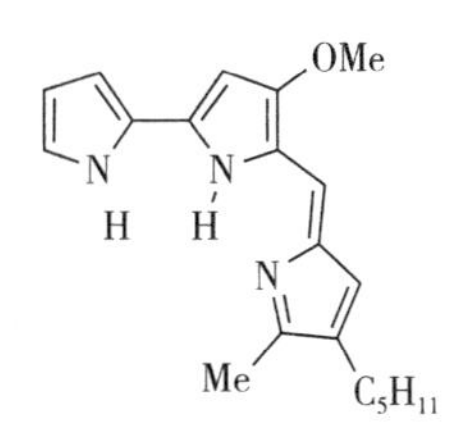

图1-1-6 灵菌红素分子结构

三、器材与试剂

1. 器材

摇床、发酵罐、锥形瓶、紫外分光光度计、离心机等。

2. 试剂

(1)培养基

固体培养基(LB培养基):酵母粉 5 g/L、蛋白胨 10 g/L、NaCl 10 g/L、pH=7.0、琼脂12 g/L。

发酵培养基:蛋白胨 13 g/L、甘油 20 g/L、$MgSO_2$ 1.2g/L、NaCl 5.0 g/L、Gly 2.0 g/L。

(2)菌种:黏质沙雷菌。

四、操作步骤

1. 种子培养

取8只250 mL锥形瓶,分别加入50 mL发酵培养基。用8层纱布包扎瓶口,再加牛皮纸包扎。置121 ℃灭菌20 min。将平板上活化菌株的单菌落转接到250 mL锥形瓶中,37 ℃,150 r/min,培养过夜。

2. 发酵培养

(1)材料与仪器准备。

① 培养基的准备:根据培养基配方和发酵体积需要,准确称取培养基各组分,溶入相应体积的水中后定容为7 L,调节pH为7.0后备用。

② 发酵罐的准备:用热水清洗发酵罐;检查发酵罐各部件运行状态,主要包括发酵罐体和空气系统的气密性、电机的运转、空气压缩机的运转、蒸汽发生器的工作、上位机的控制系统、各控制阀的工作状态。经检修和维护,发酵系统能正常运行后,启动发酵罐、蒸汽发生器和空气压缩机,将配制好的培养基装入发酵罐中,盖紧。

(2)发酵过程控制。

① 罐压。在发酵过程中须控制罐压。因为本装置的罐压是由手动控制的,即用出口阀控制罐内压力,所以如果要调节空气流量的时候,必须同时调节出口阀,以保持罐内压力恒定。一般来讲,如果没有特殊要求,罐压应保持大于0.03 MPa。

② 溶解氧(*DO*)的测量和控制。接种前,在恒定的发酵温度下把溶解氧的满刻度做一标定。由于*DO*是一个相对值,所以在标定时,将转速及空气量开到最大值时的*DO*值作为

100%。然后进行发酵过程的 *DO* 测量和控制。*DO* 的控制可采用调节空气流量和调节转速来达到。这是最简单的转速和溶氧的关联控制。但由于其关联程度有限，仅对耗氧不大的发酵过程才能达到自控的程度。如果发酵过程中耗氧量较大，则必须同时调节进气量（手动）才能满足要求。有时甚至需要通入纯氧（如在某些基因工程菌的高密度培养中）才能达到要求的 *DO* 值。本系统没有空气量与 *DO* 的关联自控。

③ pH 的测量与控制。在灭菌前应对 pH 电极进行 pH 的校正。在发酵过程中，pH 的控制是用蠕动泵的加酸加碱来达到的。值得提醒的是，对使用的酸瓶或碱瓶要先在灭菌锅中进行灭菌。

④ 泡沫的控制。发酵前期，由于菌量较少，根据发酵液的起泡情况可以降低或停止搅拌。发酵后期由于菌量快速地增加，为满足菌体生长的溶解氧需要，不能降低搅拌转速和通气量，只能通过补加消泡剂的方法来控制泡沫，因此需要准备适量的无菌消泡剂。当发生泡沫报警后，应立即采取措施进行泡沫控制。

3. 菌体和红色素的测定

（1）吸光度的测定。菌体 A000 以水作为参比，在 600 nm 波长处，测定吸光度大小，绘制生长曲线。红色素的吸光度测定（A535）：取 1 mL 发酵液，加 9 mL 的丙酮，混合均匀，取 1.2 mL混合液，10 000 r/min 离心 5 min，取上层 1 mL，用酸性丙酮（pH 为 3.0）进行适当的稀释，在 535 nm 波长处测定吸光度大小。

（2）菌体干重的测定：取 1 mL 发酵液，加 9 mL 的丙酮，混合均匀，取 1.2 mL 混合液，10 000 r/min离心 5 min，去上清，观察沉淀颜色。若颜色为红色，则选用丙酮进行洗涤，直至为白色，再取蒸馏水洗涤 2 次，去除水分，利用记差法测菌体湿重。

五、结果与分析

（1）按照要求填写实验结果，并计算总得率，见表 1-1-8。

表 1-1-8　实验结果

项目		单位	测定结果
项目	发酵液体积	L	
	菌液的质量	g	
	红色素的质量	g	

（2）分别绘制沙雷菌的生长动力学曲线和红色素产生的动力学曲线。

六、思考题

（1）影响红色素合成的因素有哪些？

（2）讨论摇瓶发酵和发酵罐发酵的优缺点。

参考文献：

[1] 李太元，许广波．微生物学实验指导[M]．北京：中国农业出版社，2016.

[2] 陈长华. 发酵工程实验[M]. 北京:高等教育出版社,2009.
[3] 王冬梅. 微生物学实验指导[M]. 北京:科学出版社,2017.
[4] 黄秀梨,辛明秀. 微生物学实验指导[M]. 2版. 北京:高等教育出版社,2008.
[5] 赵海泉. 微生物学实验指导[M]. 北京:中国农业大学出版社,2014.
[6] 陈坚,堵国成. 发酵工程实验技术[M]. 2版. 北京:化学工业出版社,2009.
[7] 吴根福. 发酵工程实验指导[M]. 2版. 北京:高等教育出版社,2013.
[8] 潘训海,罗惠波. 生物工程专业实验指导[M]. 成都:西南交通大学出版社,2012.
[9] 李加友. 生物工程专业实验指导[M]. 北京:化学工业出版社,2019.

第2章　生物质能源工程

实验1　生物质挥发分含量的测定

一、实验目的

通过对生物质挥发分的分析，掌握生物质中挥发分测定的基本方法，并根据所测定的挥发分数值，确定该种生物质转换为气体或液体燃料的产率，对生物质进一步转换具有指导意义。

二、实验原理

在各种可再生能源中，由于核能、大型水电具有潜在的生态环境风险，风能和地热等区域性资源制约，发展遭到限制和质疑，而生物质能以遍在性、丰富性、可再生性等特点得到人们的认可。生物质的独特性，不仅在于它能贮存太阳能，还在于它是一种可再生的碳源，可转化成常规的固态、液态和气态燃料，煤、石油、天然气等能源实质上也是由生物质能转变而来的。生物质是指利用大气、水、土地等通过光合作用而产生的各种有机体，即一切有生命的可以生长的有机物质通称为生物质。

生物质能是可再生能源的重要组成部分。生物质能的高效开发和利用，将对解决能源、生态环境问题起到十分积极的作用。进入20世纪70年代以来，世界各国尤其是经济发达国家都对此高度重视，积极开展生物质能应用技术的研究，并取得许多研究成果，达到工业化应用规模。本书概述了国内外研究和开发进展，涉及生物质能固化、液化、气化和直接燃烧等研究技术。

挥发分是指在隔绝空气的条件下，将煤在(900±10) ℃下加热7 min，煤中的有机质和一部分矿物质就会分解成气体(如一氧化碳、甲烷等可燃气体)和液体溢出，溢出物减去煤中的水分即为挥发分。本试验称取一定质量的空气中的干燥样品，将其放入带盖的瓷坩埚中，在675～725 ℃的温度下，隔绝空气加热一段时间，使生物质中的有机质发生热分解而生成气态产物，这些产物除外，占生物质样的质量分数，也即析出的那部分可燃物质，就是生物质的挥发分。

三、实验仪器及设备

带盖瓷坩埚、坩埚架、马弗炉、坩埚夹、万分之一天平、干燥器。

四、测定方法

称取粒径小于 0.2 mm 的空气中的干燥样品 0.5(精确至 0.000 2 g)，放入预先在 675～725 ℃的温度下灼烧恒重的带盖瓷坩埚中，然后轻击坩埚，将试样摊平，盖上坩埚盖排放在坩埚架上，并迅速摆好坩埚架子，送入炉内恒温区，立即开启秒表关闭炉门，使坩埚在炉内加热 6 h。到达 6 h 时，立即将坩埚从炉中取出，在空气中冷却 5～10 min 后，再置于干燥器冷却至室温(20～30 min)后称量。

五、记录与计算

1. 实验记录

将可燃基挥发分测定记录在表 1-2-1 中。

表 1-2-1　可燃基挥发分测定记录

实验记录 / 实验项目	实验序号 1	实验序号 2
(坩埚质量 m_0＋试样质量 m_1)/g		
坩埚质量 m_0/g		
试样质量 m_1/g		
加热后坩埚质量 m_0＋ 加热后试样质量 m_2/g		
试样减少质量(m_i-m_2)/g		

2. 计算

分析试样中固定碳的含量可根据试样的工业分析指标，按下式计算：

挥发性固体(%)＝(烘干样重－灰分量)/烘干样重

六、注意事项

(1)坩埚盛试样前，只有灼烧恒重才能使用。

(2)生物质因挥发分高，固应事先压饼，并切成小块(3 mn)，供称量使用。

实验 2　发酵基质中碳素的测定

一、实验目的

测定啤酒发酵基质中碳素的含量。

二、实验原理

碳素是沼气发酵的主要成分，许多物质可作为碳素营养而被微生物转化利用，如糖类、脂类、醇类、有机酸。在沼气发酵中，基质碳素是发酵产沼气的主要生物转化成分。测定基质碳素含量，可以了解基质的负荷水平，同时可以通过碳素含量的测定，进行碳氮比的调节，以建立合适的 $C:N$ 关系。

碳素的测定手段很多，但总的来说，选择方法的依据除实验室的条件外，更重要的取决于待测试样的性状。如果基质是液态时，可选用 COD(chemical oxygen demand，化学耗氧量)、BOD(biochemical oxygen deman，生物需氧量)、TOC(总有机碳)；当基质为固态时，用改良的丘林法即 $K_2Cr_2O_7$ -外热源法，此法的有机碳氧化率可达 90%～95%，本实验采用此法。

在外热源的条件下，以过量的标准 $K_2Cr_2O_7$——硫酸溶液氧化待测样品，剩余的 $K_2Cr_2O_7$ 则用标准 $FeSO_4$ 滴定，用耗去的重铬酸钾量来计算有机碳的含量，其反应式如下：

$$2K_2Cr_2O_7+8H_2SO_4+3C \rightarrow K_2SO_4+Cr_2(SO_4)_3+3CO_2+8H_2O$$

$$K_2Cr_2O_7++6FeSO_4+7H_2SO_4 \rightarrow K_2SO_4+Cr_2(SO_4)_3+3Fe_2(SO_4)_3+3H_2O$$

三、仪器及试剂

万分之一分析天平、甘油浴、滴定管 50 mL 1 个、250 mL 的三角瓶 3 个、浓硫酸，分析纯，比重 1.84、0.4 N $K_2Cr_2O_7-H_2SO_4$溶液、邻菲罗啉($C_{12}H_8N_2 \cdot H_2O$)指示剂、0.2 N 硫酸亚铁溶液、0.1 N $K_2Cr_2O_7-H_2SO_4$基准液。

四、测定步骤

1. 样品处理

将采取的发酵产物混匀，以四分法取某一份置于红外灯或蒸汽水浴上干燥，再于 60 ℃烘箱中干燥、粉碎、过 60 目筛，测定水分百分含量。

2. 氧化

称取过 60 目筛的样品 20 mg，准确到 0.0 001 g，置于 250 mL 的三角瓶中，用移液管加入 15.0 mL 0.4 N $K_2Cr_2O_7-H_2SO_4$溶液，摇匀，一式两份，同时作一空白，然后将三角瓶放入甘油浴中，此时的油温应为 170 ℃，煮沸 5 min，取出放冷。

3. 滴定

往氧化结束的 250 mL 的三角瓶中加水约 85 mL，使总液体体积为 100 mL。加入 3 滴邻菲罗啉指示剂，用 $FeSO_4$ 液滴定，溶液由橙黄色经绿色突变到砖红色时为滴定终点。同时进行空白滴定，分别记录 $FeSO_4$的用量。

五、结果及计算

计算公式为

$$总有机碳(\%)=(V_1-V_0) \cdot N \times 0.003 \times 1.1/W \times 100$$

式中，V_1——样品消耗的硫酸亚铁量(mL)；

V_0——空白消耗的硫酸亚铁量(mL)；

N——$Fe(SO_4)$的当量浓度；

0.003——消耗 1 mg 当量重铬酸钾相当于 0.003 g 的有机碳；

1.1——校正系数(有机碳氧化率约为 90%)；

W——样品干重(g)。

实验 3　废水 COD 的测定

一、实验目的

(1)了解工业废水 COD 测定的意义。

(2)掌握 COD 的测定原理和操作。

(3)熟练运用滴定分析法测定工业废水的 COD。

二、实验原理

COD 是水中有机物消耗氧的含量，是反应废水污染程度的重要指标之一，是水质监测的重中之重，与我们的生活息息相关。

COD 是在一定的条件下，采用一定的强氧化剂处理水样时，所消耗的氧化剂量。它是表示水中还原性物质多少的一个指标。水中还原性物质有各种有机物、亚硝酸盐、硫化物、亚铁盐等。但主要的是有机物。因此，COD 又往往作为衡量水中有机物质含量的指标。化学需氧量越大，说明水体受有机物的污染越严重。COD 的测定，随着测定水样中还原性物质及测定方法的不同，其测定值也有所不同。目前应用较普遍的是酸性高锰酸钾氧化法与重铬酸钾氧化法。

采用酸性高锰酸钾氧化法，氧化率较低，但比较简便，在测定水样中有机物含量的相对比较值及清洁地表水和地下水水样时可以采用。采用重铬酸钾氧化法，氧化率高，再现性好，适用于废水监测中测定水样中有机物的总量。重铬酸钾法是在强酸性溶液中，准确加入过量的重铬酸钾标准溶液，加热回流，将水样中的还原性物质(主要是有机物)氧化，过量的重铬酸钾以亚铁铵作为指示剂，用硫酸亚铁铵标准溶液回滴，根据所消耗的重铬酸钾标准溶液量计算水样化学需氧量。

有机物对工业水系统的危害很大，含有大量的有机物的水在通过除盐系统时会污染离子交换树脂，特别容易污染阴离子交换树脂，使树脂的交换能力降低。有机物在经过预处理时(混凝、澄清和过滤)，约可减少 50%，但在除盐系统中无法除去，故常通过补给水带入锅炉，使炉水的 pH 降低。有时有机物还可能带入蒸汽系统和凝结水中，使 pH 降低，造成系统腐蚀。在循环水系统中，如果有机物含量高，则会促进微生物繁殖。因此，不管对除盐、炉水或循环水系统，COD 都是越低越好，但并没有统一的限制指标。

三、仪器和试剂

(1)酸式滴定管 25 mL 或 50 mL。

(2)回流装置。带有 24 号标准磨口的 250 mL 锥形瓶的全玻璃回流装置。回流冷凝管的长度为 300～500 mm。若取样量在 30 mL上时,可采用 500 mL 锥形瓶的全玻璃回流装置,如图 1-2-1 所示。

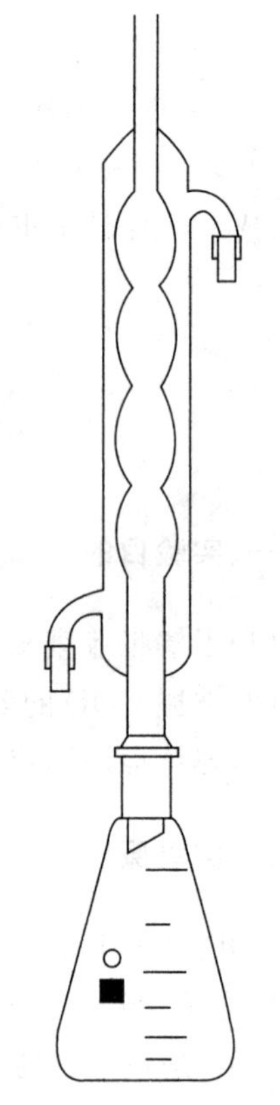

图 1-2-1　回流装置

(3)化学纯试剂

硫酸银、硫酸汞、硫酸(ρ=1.84 g/L)。

(4)硫酸银一硫酸溶液

向 1 L 硫酸中加入 10 g 硫酸银,放置 1～2 天使之溶解,并混匀,使用前小心摇动。

(5)重铬酸钾标准溶液

$C(1/6\ K_2Cr_2O_7)=0.250$ mol/L,将 12.258 g 在 105 ℃干燥 2 h 后的重铬酸钾溶于水中,稀释至 1 000 mL。

(6)硫酸亚铁铵标准滴定液

$C[(NH_4)_2Fe(SO_4)_2.6H_2O]\approx 0.10$ mol/L,溶解 39 g 硫酸亚铁铵于水中,加入 20mL 浓硫酸,待溶液冷却后稀释至 1 000 mL。硫酸亚铁铵标准滴定溶液的标定:取 10.0 mL 重铬酸钾标准溶液置于锥形瓶中,用水稀释至约 100 mL,加入 30 mL 硫酸混匀冷却后,加 3 滴(约 0.15 mL)试亚铁灵指示剂,用硫酸亚铁铵滴定,溶液的颜色由黄色经蓝绿色变为红褐色,即为终点。记录下硫酸亚铁铵的消耗量 V(mL),并按下式计算硫酸亚铁铵标准滴定溶液浓度。

$$C[(NH_4)_2Fe(SO_4)_2\times 6H_2O]=10.00\times 0.250/V$$

(7)邻苯二甲酸氢钾标准溶液

$C(KC_8H_5O_4)=2.0824$ mmol/L,称取 105 ℃时,干燥 2 h 的邻苯二甲酸氢钾 0.425 1 g 溶于水,并稀释至 1 000 mL,混匀。以重铬酸钾为氧化剂,将邻苯二甲酸氢钾完全氧化的 COD 值为 1.176(指 1 g 邻苯二甲酸氢钾耗氧 1.176 g),故该标准溶液的理论 COD 值为 500 mg/L。

(8)1,10-邻菲啰啉指示液

溶解 0.7 g 七水合硫酸亚铁($FeSO_4\cdot 7H_2O$)于 50 mL 的水中,加入 1.5 g 1,10-邻菲啰啉,搅拌至溶解,加水稀释至 100 mL。

(9)防爆沸玻璃珠

加入防爆沸玻璃珠可防止加热时液体沸腾飞溅,保护实验室人员的安全。

四、操作步骤

1. 采样

采取不少于 100 mL 具有代表性的水样。

2. 保存样品

水样要采集于玻璃瓶中，并尽快分析，如果不能立即分析，则应加入硫酸至 pH＜2，置 4 ℃下保存。但保存时间不得超过 5 天。

3. 回流

清洗所要使用的仪器，安装好回流装置。将水样充分摇匀，取出 20.0 mL 作为水样(或取水样适量加水稀释至 20.0 mL)，置于 250 mL 的锥形瓶内，准确加入 10.0 mL 重铬酸钾标准溶液及数粒防爆沸玻璃珠。连接磨口回流冷凝管，从冷凝管上口慢慢加入 30 mLH_2SO_4-Ag_2SO_4溶液，轻轻摇动锥形瓶使溶液混匀，回流 2 h。冷却后用 20～30 mL 水自冷凝管上端冲洗冷凝管后取下锥形瓶，再用水稀释至 140 mL 左右。

4. 测定水样

溶液冷却至室温后，加入 3 滴 1,10 -邻菲啰啉指示液，用硫酸亚铁铵标准滴定液滴定至溶液由黄色经蓝绿色变为红褐色为终点。记下硫酸亚铁铵标准滴定溶液的消耗体积 V。

5. 空白溶液实验

按相同步骤以 20.0 mL 水代替水样进行空白实验，记录下空白滴定时消耗硫酸亚铁铵标准滴定溶液的消耗体积 V_0。

6. 进行校核实验

按测定水样同样的方法分析 20.0 mL 邻苯二甲酸氢钾标准溶液的 *COD* 值，用以检验操作技术及试剂纯度。该溶液的理论 *COD* 值为 500 mg/L，如果校核试验的结果大于该值的 96%，则即可认为实验步骤基本上是适宜的，否则，必须寻找失败的原因，重复实验使之达到要求。

五、数据处理

计算公式为

$$COD(\text{mg/L})=C(V_0-V)\times 8\times 1\,000/V_{样}$$

式中：C——硫酸亚铁铵标准溶液的浓度(moL/L)；

V_0——空白实验所消耗的硫酸亚铁铵标准溶液的体积(mL)；

V——水样测定所消耗的硫酸亚铁铵标准溶液的体积，mL；

$V_{样}$——水样的体积(mL)；

测定结果一般保留三位有效数字，对于 *COD* 值小的水样，当计算出 *COD* 值小于 10 mg/L时，应表示为 *COD*＜10 mg/L。

六、注意事项

(1)该方法对未经稀释的水样，其 *COD* 测定上限为 700 mg/L，超过此限时必须经稀释后测定。

(2)在特殊情况下，需要测定的水样在 10.0～50.0 mL，试剂的体积或质量可按表 1－2－2做相应的调整。

表 1-2-2 试剂的体积或质量

水样体积/mL	0.250 moL/L 重铬酸钾溶液/mL	硫酸-硫酸银溶液/mL	硫酸汞/g	[$(NH_4)_2Fe(SO_4)$ $2.6H_2O$]/moL/L	滴定前体积/mL
10	5	15	0.2	0.05	70
20	10	30	0.4	0.10	140
30	15	45	0.6	0.15	210
40	20	60	0.8	0.20	280
50	25	75	1.0	0.25	350

(3)对于 COD 小于 50 mg/L 的水样,应采用低浓度的重铬酸钾标准溶液(用本实验中所用的重铬酸钾标准溶液稀释 10 倍)氧化,加热回流以后,采用低浓度的硫酸亚铁铵溶液(用本实验中所用的硫酸亚铁铵溶液稀释 10 倍)回滴。对于污染严重的水样,可选取所需体积 1/10 的水样和 1/10 的试剂,放入 10 mm×150 mm 硬质玻璃中,摇匀后,用酒精灯加热至沸数分钟,观察溶液是否变成蓝绿色。如果呈蓝绿色,则应再适当少加试料。重复以上实验,直至溶液不变为蓝绿色为止,从而确定待测水样适当的稀释倍数。

六、思考题

(1)加入硫酸银和硫酸汞的目的是什么?
(2)若要改进 COD 的测定,你是怎样考虑的?
(3)回流时发现溶液颜色变为绿色,试分析原因,如何处理?

实验 4 废水 BOD 的测定

一、实验目的

(1)了解工业废水 BOD 测定的意义。
(2)掌握 BOD 测定仪的实验原理和操作方法。

二、实验原理及意义

BOD 的定义为在规定的条件下,微生物分解存在水中的某些可氧化物质,特别是有机物所进行的生物化学过程所消耗的溶解氧量。该过程进行的时间很长,如果在 20 ℃培养条件下,全过程需 100 天,根据目前国际统一规定,在(20±1) ℃的温度下,培养五天后测出的结果,称为五日生化需氧量,记为 BOD5,其单位用质量浓度 mg/L 表示。对于一般生活污水和工业废水,虽然含较多有机物,如果样品含有足够的微生物和具有足够的氧气,就可以将样品直接进行测定,但为了保证微生物生长的需要,须加入一定量的无机营养盐(磷酸盐、钙、镁和铁盐)。某些不含或少含微生物的工业废水、酸碱度高的废水、高温或氯化杀菌处理的废水等，测定前应接入可以分解水中有机物的微生物，这种方法称为接种。对于一些废水中存在着难以被一般生活污水中的微生物以正常速度降解的有机物或含有剧毒物质时，可以将水样适当稀释，并用驯化后含有适应性微生物的接种水进行接种。

三、实验仪器和试剂

(1)仪器：BOD 测定仪、恒温培养箱、计算机。

(2)试剂：合成营养液、氢氧化锂。

四、操作步骤

1. 采样

采取不少于 400 mL 具有代表性的水样。

2. 保存样品

水样要采集于干净的塑料瓶或玻璃瓶中，并尽快分析，如果不能立即分析，则放入冰箱置 4 ℃下保存。但保存时间不得超过 2 天。

3. 操作 BOD 测定仪

了解 BOD 测定仪的测定原理；调试 BOD 测定仪：检查各部件的气密性和运转情况，确保运行过程正常。

4. 测定水样

根据水质的性质和测定仪的要求，量取合适体积的水样，将其放入干净的测量瓶中，连接上测定仪通道线；调试参数，开始运作测定。

5. 进行空白溶液实验

按相同步骤以相同体积的饮用水代替水样进行空白实验。

五、数据处理

仪器运行结束后，按 BOD 测定仪的要求和计算机进行通道连接，提取实验过程测定的数据，整理实验数据，作图分析。

六、注意事项

(1)该仪器测定方法对于未经稀释的水样，其 BOD 测定上限为 700 mg/L，超过此限时必须经稀释后测定。

(2)在气体吸附剂取样过程中不能用手直接抓取，要按要求加入规定的地点，不能落到水样中。

七、作业

(1)加入氢氧化锂的目的是什么？

(2)营养液的添加量和水样的性质有关系吗？试分析原因。如何处理？

实验 5　废水絮凝沉降实验

一、实验目的

(1)实验本实验,选择最佳凝剂的类型。

(2)学会确定某水样的最佳混凝剂条件(包括最佳投药剂量、最佳 pH)的方法。

(3)加深对混凝原理的理解。

二、实验原理

水中的胶体颗粒均带有负电,胶粒间的静电斥力、胶粒的布朗运动和胶粒表面的水化作用三种因素使胶粒不能相互聚结而长期保持稳定的分散状态,三者中的静电斥力影响最大。向水中投加混凝剂,能提供大量的正电荷,压缩胶团的扩散层,使电位降低,静电斥力减少。此时,布朗运动由稳定因素转变为不稳定因素,也有利于胶料的吸附凝聚。同时,由于双电层状态的存在而产生的水化膜,也会因投加混凝剂降低电位,而使水化作用减弱。混凝剂水解形成的高分子物质或直接加入水中的高分子物质一般具有链状结构,在胶粒之间起着吸附架桥作用,即使电位没有降低或降低不多,胶粒不能相互接触,通过高分子链状物吸附胶粒,也能形成絮凝体。

消除或降低胶体颗料稳定因素的过程叫做脱稳。胶稳后的脱粒,只有在一定的水力条件下才能形成较大的絮凝体,欲称矾花。直径较大且较密实的矾花容易下沉。自投混凝剂直至形成较大矾花的过程叫混凝。

在混凝过程中,不仅受水温、投加剂的量和水中胶体颗粒浓度的影响,还受水中的 pH 的影响。如果 pH 过低(小于 4),则所投混凝剂的水解受到限制,其主要产物中没有足够的羟基(OH)进行桥联作用,也就不容易生成高分子物质,絮凝作用较差。如果 pH 高(大于 9 时),它又会出现溶解,生成带电荷的络合离子,不能很好地发挥混凝作用。另外,混凝过程中的水力条件对絮凝体的形成影响极大,整个混凝过程分为两个阶段:混合和反应。混合阶段要求使药迅速而均匀地扩散到全部水中,以创造良好的水解和聚合条件,因此,混合要求快速而剧烈搅拌,在几秒内完成;而反应阶段则要求混凝剂的微粒通过絮凝形成大的具有良好的沉降性能絮凝体,因此,搅拌强度或水流速度随着絮凝体的结大而逐渐降低,以免大的絮凝体被打碎。本实验的水流速度及搅拌速度已确定,可不考虑水力条件的影响。

三、实验材料

混凝实验装置、光电浑浊度仪、酸度计、烧杯(1 000 mL×12)、烧杯(2 000 mL×18)、烧杯(100 mL×4)、量筒 100 mL×2、移液管(1 mL、2 mL、5 mL、10 mL×5)等。

硫酸铝 $Al_2(SO_4)_3 \cdot 18H_2O$ 10 g/L、三氯化铁 $FeCl_3 \cdot 6H_2O$ 10 g/L、聚合氯化铝 PAC 10 g/L、HCl(化学纯)10%、NaOH 10%、聚丙烯酰胺 1 ppm、足量的废水。

五、实验步骤

1. 最佳投加量的选择

(1)快速试探投加量范围:取一个烧杯,装入200mL废水,逐滴加入PAC,直至出现矾花,记录滴数。

(2)取相同废水6杯,加入不同量的混凝剂(在第一步确定的滴数附近投加)。

(3)快速搅拌30 s,慢速搅拌5 min。

(4)静置沉淀。

(5)观察现象(上清液和泥渣量)并记录。

2. 最佳pH确定方法

(1)将6只200 mL的烧杯中分别放入原水。

(2)确定原水特征。测定原水浑浊度、pH和温度。本实验所用原水与最佳投药量实验时相同。

(3)调整原水的pH。加入不同量的酸和碱,调节pH为5、6、7、8、9、10。

(3)快速搅拌30 s,慢速搅拌5 min。

(4)静置沉淀。

(5)观察现象(上清液和泥渣量)并记录。

3. 混凝剂的最佳选择

(1)用6个200mL烧杯,分别在6个烧杯中放入原水。

(2)确定原水特征,即测定水样浑浊度、pH和温度。

(3)确定能形成矾花的最小混凝剂量,其方法是,快速搅拌6个200 mL烧杯的原水,在其中分别加入$FeCl_3$,$Al_2(SO4)_3$、聚丙烯酰胺、PAC、硫酸亚铁,逐次增加的混凝剂投加量(滴管滴加),直至出现矾花,这时的混凝剂投加量作为最小混凝剂,比较出三者中用量最少的一种混凝剂即混凝剂的最佳选择。

六、注意事项

(1)在最佳投药量、最佳pH实验中,向各烧杯中加入药剂时尽量同时投加避免因时间间隔较长,各水样加药后反应时间长短相差太大,混凝效果悬殊。

(2)在最佳pH实验中,用来测定pH的水样,仍倒入原烧杯中。

(3)在测定沉淀水的浊度,用注射针筒抽吸清液时,不要搅动底部沉淀物,并尽量减少各烧杯的抽吸时间。

七、实验结果整理和分析

混凝剂投加量的最佳选择见表1-2-3,混凝剂pH的最佳选择见表1-2-4,不同混凝剂的最佳选择见表1-2-5。

表 1-2-3　混凝剂投加量的最佳选择

水样编号		1	2	3	4	5	6	7	8	9
混凝剂加注量滴数										
相当剂量/mL										
现象	上清液									
	泥渣									

表 1-2-4　混凝剂 pH 的最佳选择

pH		5	6	7	8	9	10
混凝剂加注量滴数							
相当剂量/mL							
现象	上清液						
	泥渣						

表 1-2-5　不同混凝剂的最佳选择

混凝剂名称							
混凝剂加注量滴数							
相当剂量/mL							
现象	上清液						
	泥渣						

八、实验结果讨论

本实验与水处理实际情况有哪些差别？如何改进？

实验 6　燃料乙醇的发酵

6.1　酿酒酵母的分离纯化实验

一、实验目的

(1)学习并掌握酿酒酵母的分离纯化技术。

(2)复习和巩固光学显微镜和分光光度计的使用。

二、材料与方法

1. 实验材料

酿酒酵母粉、PDA 培养基。

2. 实验仪器

光学显微镜、超净工作台、精密天平(0.000 1 g)、台式恒温振荡器、湿热灭菌锅、电热培养箱、精密酸度计、恒温水浴锅、三角瓶、移液管、培养皿、试管等。

3. 实验方法

(1)称取 1～5 g 活性酿酒酵母粉放入 100 mL 无菌水中，在无菌水中滴入少许乳酸，并测定其溶液 pH 偏酸性，放入摇床，28 ℃恒温培养 2～3 h。

(2)配置好的 PDA 培养基放入三角烧瓶湿热灭菌 121 ℃，30 min，稍冷却后倒入固体平板；

(3)用划线法或涂布平板法分离上述无菌水中的酵母，将接种好的平板放入恒温箱 28 ℃恒温培养 24～48 h。

(4)观察平板生长菌落情况，挑取菌落进行观察，并转接与固体斜面试管培养基中放恒温箱 28 ℃恒温培养 24 h，待菌落长好后进行保存。

四、实验结果记录

(1)绘出分离出的酿酒酵母的形态图，并描绘菌落特征。

(2)为什么在水溶液中加入少许乳酸，要在酸性环境中恒温培养 2～3 h，再进行划线分离？

6.2　摇瓶中酵母菌细胞计数

一、实验目的

1. 了解血球计数板的构造和使用方法。

2. 学会用血球计数板对酵母细胞进行计数。

二、实验原理

血细胞计数板计数的原理是将经过适当稀释的微生物细胞或孢子悬液，加至血细胞计数板的计数室中，在显微镜下逐格计数。由于计数室的容积是固定的(0.1 mm′)，故可将在显微镜下计得的菌体细胞数(或孢子数)换算成单位体积试样中的含菌量。通过此法计得的数值为样品中的死菌数和活菌数的总和，故称其为总菌计数法。

血细胞计数板是一块特制的精密载玻片，在载玻片上有四条长槽，将载玻片中央区域分隔成 3 个平台，中间平台比两边的平台低 0.1 mm，此平台中间又有一条短槽将其分隔成 2 个短平台，在 2 个平台上各有一个相同的方格网。它被划分为 9 个大格，其中央大格即计数室。该计数室又被精密地划分为 400 个小格，但计数室还有 25 个中格(为 16 小格/每中格)

或 16 个中格(为 25 小格/每中格)两种,每中格的四周均有双线界限标志,以便在显微镜下区分。因此,两种中格类型计数室的总体积是一样的,即计数室大方格的边长为 1 mm,故面积为 1 mm^2;计数室与盖玻片间的深度为 0.1 mm,所以计数室的体积为 0.1 mm 计数时,先计得若干中格(一般为 5 个)中格内的含菌数,再求得每中格菌数的平均值,然后乘上中格数(16 或 25),就可得出 1 个大方格(0.1 mm^3)计数室中的总菌数,若再乘上 104(换算成每毫升的含菌量)及菌液的稀释倍数,即可算出每毫升原菌液中的总菌数值。

算术计算法为

$$\text{菌数(个/mL)} = (X_1 + X_2 + X_3 + X_4 + X_5)/5 \times 25\text{(或 16)} \times 10^4 X \text{ 稀释倍数}$$

二、实验材料

(1)菌种:酿酒酵母液体培养液。

(2)其他:显微镜、血球计数板、盖玻片、酒精灯、滤纸等。

三、方法与步骤

1. 检查血球计数板

正式计数前,先用显微镜检查计数室,观察其是否沾有杂质或菌体,若有污物,则需要用脱脂棉蘸取 95%酒精轻轻擦洗计数板的计数室,再用蒸馏水冲洗计数板,用滤纸吸干其上的水分,最后用擦镜纸擦干净。

2. 稀释样品

稀释的目的在于计数,稀释后的样品,以每小格内含有 4~5 个酵母细胞为宜,一般稀释 10 倍即可。

3. 加样

先将盖玻片放在计数室上面,用吸管吸取一滴已稀释好的菌液滴于盖玻片的边缘,让菌液自行渗入,将多余的菌液用滤纸吸去,稍等片刻,待酵母细胞全部沉降到计数室底部,再进行计数。

4. 计数

将加好样品的计数板放到载物台中央,然后按下列步骤寻找计数室并计数。

(1)找计数室。先在低倍镜下寻找计数板大方格网的位置。显微镜的光圈要适当缩小,使视野偏暗,然后顺着大方格线移动计数板,使计数室位于视野中间。

(2)转换高倍镜。转至高倍镜后,适当调节光亮度,直到使菌体和计数室线条清晰为止,然后将计数室一角的小格移至视野中。

(3)计数。计数时,如用 16×25 规格的计数板[图 1-2-2(a)],要按对角线方位,取左上、右上、左下、右下四个大格内的细胞逐一进行计数;如果使用 25×16 规格的计数板[图 1-2-2(b)],计数时要加上中间一格,计五格的细胞数;计数时当遇到位于大格线上的酵母菌时,一般只计此大格的上方及右方线上的细胞(或下方及左方线),每个样品重复计数三次,取其平均值,按公式计算细胞数。

5. 计算

(1)16×25 型:酵母细胞数/mL=(100 小格内酵母菌细胞总数/100)×400×10×1 000×

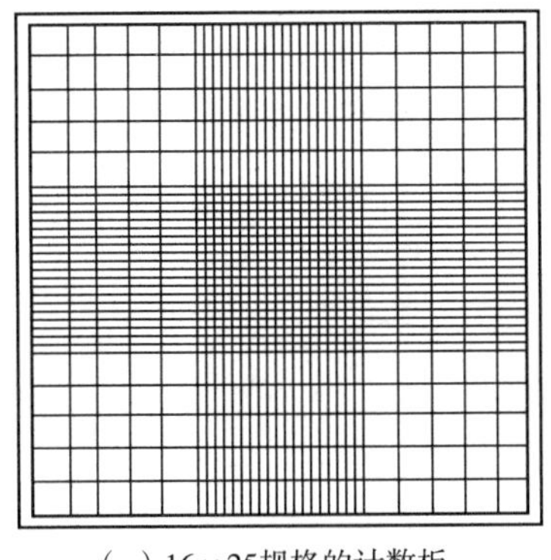

（a）16×25规格的计数板

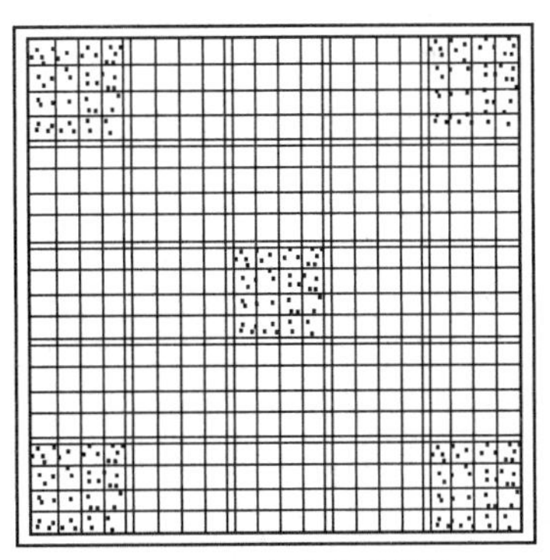
（b）25×16规格的计数板

图 1－2－2　血细胞计数板

稀释倍数

(2)25×16 型:酵母菌细胞数/mL＝(80 小格内酵母菌细胞总数/80)×400×10×1 000×稀释倍数

6. 清洗

计数板使用完毕后,用蒸馏水冲洗,绝不能用硬物洗刷,洗后待其自行晾干或用滤纸吸干,最后用擦镜纸擦干净。

四、实验结果

酵母细胞总数的测定见表 1－2－6。

表 1－2－6　酵母细胞总数的测定

计算次数	各大格细胞数					大格细胞总数	稀释倍数	总菌数(个/mL)
	左上	右上	中间	左下	右下			
1								
2								
3								

取三次测定结果计算每毫升菌液中酵母细胞数的平均值。

6.3　酵母菌的活体染色观察及死亡率的测定

一、实验目的

学会并掌握酵母菌的活体染色方法,能在发酵过程中及时掌握菌体的性能。

二、原理

活的微生物,由于不停地进行新陈代谢,使细胞内的氧化还原值降低,并且还原能力强，当某种无毒的染色液进入活细胞后，可以被还原脱色；当染料进入死细胞及代谢缓慢的老细胞后，这些细胞因无还原能力或还原能力差而被着色。在中性和弱酸性条件下，活的细胞原生质不能被染色剂着色，若着色则表示细胞已经死亡，故可以此来区别活菌与死菌。

三、实验材料

1. 菌种

酿酒酵母 28 ℃下恒温培养 48 h 的液体摇瓶。

2. 试剂

以 pH 为 6.0 的 0.02 moL/L 磷酸缓冲溶液配制的 0.05%美兰染色液。

四、方法与步骤

取 0.05%美兰液一滴，置入载玻片中央，然后取酵母液少许加入美兰液中混匀，染色 2～3 min，加盖片，于高倍镜下进行观察，并计数已变蓝的细胞与未变蓝的细胞(可计 5～6 个视野的细胞数)。

五、实验结果

酵母死亡率一般用百分数表示，即死亡细胞占总细胞的百分数，在显微镜下数一定视野的死、活细胞数，记录并计算。计算公式为

死亡率=(死细胞总数/死、活细胞总数)×100%

6.4 酵母菌热死温度的测定

一、实验目的

(1)了解酵母菌热死温度测定的原理及意义。

(2)学习酵母菌热死温度测定的操作技术。

二、原理

热死温度是指液态培养的微生物，在某温度下 10 min 即被杀死，此温度称为微生物的热死温度；测定酵母的热死温度是掌握酵母性质必须具备的知识之一。酵母的热死温度往往受培养基的含水量、微生物细胞的含水量、培养基的 pH、培养基中氮的含量、细胞的菌龄和是否能形成孢子等的影响，为了防止这种缺点，习惯上先将实验酵母移到液体培养基中，在 25 ℃培养 24 h，或从扩大培养的酵母中采取。酵母的热死温度除与培养基种类有关外，还与加热时间长短有关，在啤酒厂所选择的温度为 6～40 ℃，每个间隔温度为 2 ℃，保湿时间多以 5～10 min 为度，在啤酒厂习惯以 10 min 为测定的保温时间。

三、实验材料

1. 菌种

酿酒酵母。

2. 培养基

PDA培养基。

PDA培养基配制的配方如下:土豆200 g、葡萄糖20 g、琼脂15～20 g、水1 000 mL、pH值自然。

(1)称量和熬煮药品。计算实际用量后,按培养基配方逐一称取去皮土豆。将土豆切成小块放入锅中,加水1 000 mL,在加热器上加热至沸腾,维持20～30 min,可用2层纱布趁热在量杯上过滤,滤渣弃取。滤液补充水分到1 000 mL。

(2)加热溶解。把滤液放入锅中,加入葡萄糖20 g、琼脂15～20 g(提前搞碎),然后将其放在石棉网上,用小火加热,并用玻棒不断搅拌,以防琼脂糊底或溢出,待琼脂完全溶解后,再补充水分至所需量。

(3)分装。按实训要求,将配制的培养基分装入试管或500 mL三角瓶内。分装时可用三角漏斗,以免使培养基沾在管口或瓶口上造成污染。固体培养基分装量约为试管高度的1/5,灭菌后制成斜面,分装入三角瓶内以不超过其容积的1/2为宜;半固体培养基以试管高度的1/3为宜,灭菌后垂直待凝。

(4)加棉塞。培养基分装完毕后,在试管口或三角烧瓶口上塞上棉塞(或泡沫塑料塞或试管帽等),以阻止外界微生物进入培养基内造成污染,并保证有良好的通气性能。

(5)包扎。加塞后,将全部试管用麻绳或橡皮筋捆好,再在棉塞外包一层牛皮纸,以防止灭菌时冷凝水润湿棉塞,其外再用一道线绳或橡皮筋扎好,用记号笔注明培养基名称、组别、配制日期。

3. 其他

恒温水浴箱、恒温箱、无菌移液管、计时表、温度计、酒精灯、酒精棉球。

四、方法与步骤

取盛有5 mL的灭菌PDA培养基试管一组,每管用无菌吸管接入用PDA培养24 h后的酵母悬液0.1 mL,取已接种的试管3支浸入40 ℃水浴中保温,其中1支试管中插入温度计,另外两只不插,当插温度计的试管温度达到40 ℃时,开始记录时间,并保持10 min,立即拿出,放到冷水中冷却,然后用同样的方法测定其他温度,如42 ℃、44 ℃、46 ℃…60 ℃,将各组试管置入25 ℃保温箱中,培养后观察。

五、结果

在一周培养时间内,不能产生发酵现象的最低温度,即该酵母的热死温度。但通常情况下,则以此测得的最低温度加1～2 ℃为该酵母的热死温度,如果酵母在52 ℃下保温10 min,培养后没有发酵现象,则该酵母的热死温度为53～54 ℃。酵母热死温度的改变,说明菌种发生变异,或者受到野生酵母的污染,野生酵母比培养酵母有更高的耐热性,检测所使用的酵母是否被污染，也是啤酒巴氏灭菌确定温度的依据。国内各啤酒厂所使用的啤酒酵母热死温度多为52 ℃。

（五）酵母菌耐酒精能力实验

一、实验目的

（1）了解酵母菌耐酒精试验的原理及应用。

（2）学习酵母菌耐酒精试验的操作技术。

二、实验原理

酵母菌在糖液中发酵，到某一时刻即行停止，其最大原因之一是酒精浓度增高，每种酵母菌都有其忍耐的最高酒精浓度，酵母菌的这个特性在应用上很重要。

三、实验材料

1. 菌种

酿酒酵母。

2. 培养基

PDA 培养基。

3. 其他

95%乙醇、无菌试管、刻度吸管、接种针、培养箱等。

四、方法与步骤

取已灭菌试管数支，以无菌操作按表1-2-7要求的量添加无菌PDA培养基95%乙醇，摇匀，接种供试酵母菌株1～2环，每一乙醇浓度平行2支，另外各留1支空白管（未接种）进行对照，25 ℃下培养随时观察发酵现象。

表1-2-7　乙醇配置浓度表

试管号	1	2	3	4	5	6	7	8	9	10	11	12	13
95%乙醇/mL	0.84	0.95	1.05	1.16	1.26	1.37	1.47	1.58	1.68	1.79	1.89	2	2.11
PDA量/mL	9.36	9.05	8.75	8.84	8.74	8.63	8.53	8.42	8.32	8.21	8.17	8	7.89
培养基中酒精量/%	8	9	10	11	12	13	14	15	16	17	18	19	20

五、结果

若气泡产生的时间越早，产气量越大，则说明酵母的耐酒精能力越强。

实验 7　酒精发酵实验

一、实验目的

(1)酒精发酵是典型的糖的无氧酵解途径。通过实验，学生能理解糖的无氧酵解途径并了解厌氧发酵的工艺过程，同时掌握测定发酵醪液酒精含量的方法。

(2)学会利用固定化酿酒酵母细胞进行酒精发酵。

二、实验原理

在酒精发酵的过程中，酵母菌进行的是属于厌气性发酵，进行着无氧呼吸，发生了复杂的生化反应。从发酵工艺来讲，既有发酵醪中的淀粉、糊精被糖化酶作用，水解生成糖类物质的反应；又有发酵醪中的蛋白质在蛋白酶的作用下，水解生成小分子的蛋白胨、肽和各种氨基酸的反应。这些水解产物，一部分被酵母细胞吸收合成菌体，另一部分则发酵生成酒精和二氧化碳，还要产生副产物杂醇油、甘油等。

酒精发酵反应的要点是，糖质变成磷酸酯，分割为 2 分子的丙糖磷酸，与其氧化相关联，生成 2 个 ATP 而产生丙酮酸，放出二氧化碳后转化为乙醛，依靠补偿以上氧化的还原，以产生酒精而告完成。根据上式放出的约 50 Cal(1 Cal=4. 1 900 J)的自由能释放出来，可产生 4 个 ATP，其中 2 个 ATP 被用于第一步的糖的磷酸化，因此 1 mol 葡萄糖酒精发酵产生 2 mol ATP。酒精发酵的检测，通常是通过测压计、发酵管等对放出的二氧化碳的测定，或者利用蒸气蒸馏收集的酒精定量进行的。

在无氧的培养条件下，酵母菌利用糖发酵为酒精和二氧化碳的作用即酒精发酵，反应式为

$$C_6H_{12}O_6 \rightarrow 2C_2H_5OH + 2CO_2$$

通过对发酵醪液酒精含量的测定，可以判断酒精发酵的进程。

三、实验材料

1. 菌种

酿酒酵母(*Sacchoromyces cerevisiae*)与酿酒酵母摇瓶种子液。

2. 培养基

500 mL 三角瓶分装 400 mL 发酵培养基，1 000 mL 三角瓶分装 700 mL 发酵培养基，每种各 4 瓶。

3. 灭菌物品

培养皿(Φ=150 mm 和 Φ=90 mm)，100 mL 小烧杯，10 mL 注射器外套及 5＃静脉针头，500 mL 三角瓶，18 mm×180 mm 试管中分装 5 mL 生理盐水，150 mL 三角瓶分装50 mL 生理盐水，300 mL 三角瓶分装 200 mL 无菌水。

4. 试剂

海藻酸钠、4% $K_2Cr_2O_7$溶液、饱和 K_2CO_3溶液、甘油封料。

5. 其他

100 mL 小烧杯，移液管，长滴管，1 mL、2 mL 吸管，10 mL 刻度试管，玻璃棒，药勺，小刀，康维皿，721 分光光度计，酒精计，恒温培养箱。

四、实验方法与步骤

(1)制备固定化酵母：详见第 1 章实验 3 的制作方法。

(2)利用清洗后的固定化酵母和摇瓶种子液接种预先准备的无菌 PDA 培养基，固定化酵母接种 500 mL 的三角瓶，液体种子液接种 1 000 mL 的三角瓶。

(3)发酵前先测定三角瓶中的发酵液含糖量，然后将三角瓶放置 25 ℃恒温静止发酵。

(4)观察发酵过程中出现的现象，记录固定化酵母发酵与种子液发酵现象的差别，并测定发酵过程三角瓶中发酵液的含糖量。

(5)发酵过程中酒精生成测定：取发酵液 5 mL 加入试管，加 10%硫酸溶液 2 mL；向试管中滴入 1%重铬酸钾溶液 10～20 滴；如果管内颜色由橙黄色变为黄绿色，证明有酒精生成。化学式为

$$2K_2Cr_2O_7+8H_2SO_4+3CH_3CH_2OH \rightarrow$$

$$3CH_3COOH+2K_2SO_4+2Cr_2(SO_4)_3(\text{黄绿色})+11H_2O$$

(6)发酵结束后，测定每个三角瓶的含糖量并测定发酵液的酒精度，酒精度的测定方法可用酒精计进行测定或采用分光光度计法测定。

五、实验结果

(1)记录固定化细胞制备过程中观察到的现象。

(2)记录酒精发酵过程中观察到的现象。

(3)发酵液酒精检测与含糖量检测结果。

(4)比较固定化细胞发酵与液体种子液发酵现象区别将发酵培养基。

发酵培养基：白糖(蔗糖)80 g、硫酸铵 2.0 g 磷酸二氢钾 1.0 g 水 1 000 mL；pH 自然；0.08 MPa，30 min。

实验 8　生物柴油的制备

一、实验目的

(1)了解绿色能源的概念。

(2)掌握生物柴油的制备方法。

二、实验原理

生物柴油(biodiesel)作为可再生生物质新能源,已经在世界范围内引起了广泛的关注,生物柴油是一种是有替代品。普通柴油是从石油中提炼的,而“生物柴油”则可从动物、植物的脂肪中提取。本实验采用化学方法制备生物柴油,与物理方法不改变油脂组成和性质不同,化学法生物柴油制备技术就是将动植物油脂进行化学转化,改变其分子结构,使主要组成为脂肪酸甘油酯的油脂转化成为相对分子质量仅为其 1/3 的脂肪酸低碳烷基酯,使其从根本上改变流动性和黏度,适合用作柴油内燃机的燃料。酯化和酯交换是生物柴油的主要生产方法,即用含或不含游离脂肪酸的动植物油脂和甲醇等低碳一元醇进行酯化或转酯化反应,生成相应的脂肪酸低碳烷基酯,再经分离甘油、水洗、干燥等适当后处理即得生物柴油。通过化学转化得到的脂肪酸低碳烷基酯具有与石化柴油几乎相同的流动性和黏度范围,同时具有与石化柴油的完全混溶性。生物柴油是一种良好的柴油内燃机动力燃料。使用化学法生产的生物柴油完全改变了使用物理法生产生物柴油的物性状况,使其成为完全均匀的液态产品,黏度大幅降低,能与石化柴油以任意比例混溶形成单一均相体系,因此使用就方便多了。

过多的酸和甘油存在,会影响最终生物柴油的质量。因此,在制备生物柴油的时候,一定要先滴定菜油中脂肪酸的含量,并且要把产品中的甘油尽量分离开。通常酸的质量分数不超过 15%。如果菜油中脂肪酸的含量小于 0.5%,就可以直接进行碱催化的酯交换反应;如果大于 0.5%,就需要先进行酸的酯化反应(图 1-2-3)。我们可以简单地以油酸为标准估算出酸的质量分数。通常在合格的生物柴油产品中,所含;各种形式的甘油(游离和非游离)的质量分数要小于 0.25%,游离的甘油质量分数要小于 0.02%。

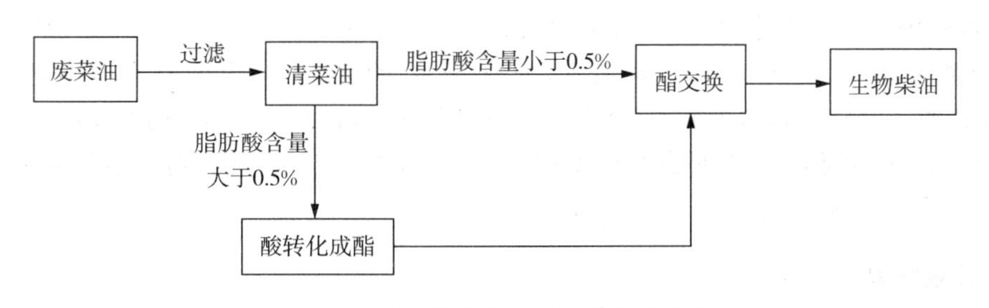

图 1-2-3 废菜油制备生物柴油流程

三、仪器和试剂

1. 仪器

磁力加热搅拌器、锥形瓶、量筒、烧杯、圆底烧瓶、回流冷凝管、分液漏斗、碱式滴定管、酸式滴定管。

2. 试剂

废菜油、氢氧化钠(AR)、甲醇(AR)、异丙醇(AR)、高碘酸(AR)、淀粉、硫代硫酸钠(AR)。

四、实验步骤

(1)过滤的如果是收集来的废菜油,则需要用漏斗进行过滤,去除悬浮杂质。

(2)滴定在 250 mL 的锥形瓶中加入 35.0 g 菜油,加入 75 mL 异丙醇和酚酞指示剂溶液,用 0.1 mol/L 的 KOH 标准溶液滴定。滴定两次,计算菜油中含有的自由脂肪酸的含量。

(3)酯交换制备生物柴油。称取粉碎的 NaOH 固体粉末 0.35~0.40 g,将其加入装有 30 mL 甲醇的圆底烧瓶中,放入磁子,搅拌 5~10 min,直至 NaOH 全部溶解在甲醇中。加入 35 g 的菜油,装上冷凝管,控制温度在 35~50 ℃(水浴)之间搅拌 30 min,在反应过程中,不断检查菜油是否和甲醇溶液混合均匀。反应结束后,冷却,将反应液转移入分液漏斗中,静置,分液取上层溶液。

(4)制备的生物柴油中自由甘油和总甘油含量的测定。

① 自由甘油含量的测定。称取 2.0 g 制备得到的生物柴油于 100 mL 烧杯中,加入 9 mL二氯甲烷和 50 mL 水,充分搅拌,转移入分液漏斗中静置,分离出所有水层溶液至 250 mL锥形瓶中,再加入25 mL高碘酸,充分摇匀,盖上瓶塞,避光静置 30 min。加入 10 mL KI 溶液,稀释样品至 125 mL,用标准 $Na_2S_2O_3$溶液滴定,当橘红色快要褪去的时候,加入 2 mL淀粉指示剂继续滴定,直至蓝色消失。重复试验两次。

② 空白试验。取 50 mL 水至 250 mL 锥形瓶中,再加入 25 mL 高碘酸,充分摇匀,加入 10 mL KI 溶液,稀释样品至 125 mL,用标准 $Na_2S_2O_3$溶液滴定,当橘红色快要褪去的时候,加入 2 mL 淀粉指示剂继续滴定,直至蓝色消失。重复试验两次。

③ 总甘油含量的测定。在 50 mL 圆底烧瓶中,加入 5.0 g 制备所得生物柴油和 15 mL 95%乙醇配制的 0.7 mol/LKOH 溶液,回流 30 min。冷却,用 5 mL 蒸馏水洗涤冷凝管内壁,收集洗涤液到反应液中,向反应液中加入 9 mL 二氯甲烷和 2.5 mL 冰醋酸,将全部溶液转移入分液漏斗中,加入 50 mL 蒸馏水,充分震荡,静置,分离出所有水层溶液,再加入 25 mL高碘酸,充分摇匀,盖上瓶塞,静置 30 min。加入 10 mL KI 溶液,稀释样品至 125 mL,用标准 $Na_2S_2O_3$溶液滴定,当橘红色快要褪去的时候,加入 2 mL 淀粉指示剂继续滴定,直至蓝色消失。重复试验两次。

五、实验结果

1. 自由脂肪酸含量

自由脂肪酸含量的计算公式为

$$自由脂肪酸含量=(C\times V\times M)/m$$

式中:C——KOH 标准溶液的浓度;

V——消耗的 KOH 的体积;

M——油酸的摩尔质量,282.47 g/mol;

m——加入的菜油的质量。

2. 游离甘油、总甘油的质量分数

$$甘油(\%)=[(V_0-V)\times C\times M]/[W\times 4\times 1\,000]$$

式中，V_0 为空白试验消耗 $Na_2S_2O_3$，体积 mL；

V——试样消耗 $Na_2S_2O_3$，体积，mL；

C——$Na_2S_2O_3$，标准浓度 mol/L；

M——甘油摩尔质量 92.09 g/mol；

W——取样量。

表 1-2-8　实验结果

实验	自由甘油含量的测定		总甘油含量的测定	
空白 V_0/mL				
V/mL				
取样量 W/g				
甘油质量分数				

六、实验结果分析

称量对本实验结果影响较大，实验过程中由于称量存在误差，导致实验结果存在一些误差。

实验 9　生物质裂解实验

一、实验目的

了解生物质裂解的目的和意义、技术及实验操作。

二、实验原理

生物质在热裂解过程中会发生一系列的化学变化及物理变化。化学变化包括一系列复杂的化学反应(一次、二次反应)，物理变化包括热量传递和物质传递。热解过程中生物质成分的变化生物质主要由纤维素、半纤维素和木质素三种主要组成物，以及一些可溶于极性或弱极性溶剂的提取物组成。三种组分常被假设独立进行热分解，半纤维素主要在 225～350 ℃分解，纤维素主要在 325～375 ℃分解，木质素在 250～500 ℃分解。

纤维素是β-D-葡萄糖通过C—C苷键连接起来的链状高分子化合物，半纤维素是脱水糖基的聚合物，当温度高于 500 ℃，纤维素和半纤维素将挥发成气体并形成少量炭。木质素是具有芳香族特性的、非结晶性的、具有三维空间结构的高聚物，木质素中的芳香族成分受热时分解比较慢，主要形成炭。提取物主要由萜烯、脂肪酸、芳香物和挥发性油组成。纤维素受热分解，聚合度下降，甚至发生炭化反应或石墨化反应，这个过程大致分为以下四个阶段。

第 1 阶段:25～150 ℃,纤维素的物理吸附水解吸。

第 2 阶段:150～240 ℃,纤维素大分子中某些葡萄糖开始脱水。

第 3 阶段:240～400 ℃,葡萄糖苷键开始断裂,一些碳氧和碳碳键也开始断裂,并产生一些新的产物和低分子的挥发性化合物。

第 4 阶段:400 ℃以上,纤维素大分子的残余部分进行芳环化,逐步形成石墨结构,纤维素的石墨化可用于制备耐高温的石墨纤维材料。纤维素在通常的热分解(隔绝空气加热 275～450 ℃)条件下,除生成多种气态产物、液态产物外,还可以得到炭,从各种纤维素原料中获得的碳组成大致相同,约含碳 82%、氢 4%、氧 14%。

木质素隔绝空气高温分解可得到木炭、焦油、木醋酸和气体产物。产品的得率取决于木质素的化学组成、反应最终温度、加热速度和设备结构等。木质素的稳定性较高,热分解温度是 350～450 ℃,而木材开始强烈热分解的温度是 280～290 ℃。木质素热分解时形成的主要气体成分为 CO_2 9.6%,CO 50.9%,甲烷 37.5%,乙烯和其他饱和碳氢化合物 2.0%。纤维素是多数生物质最主要的组成物(在木材中平均占 43%),同时组成相对简单,因此,纤维素被广泛用作生物质热裂解基础研究的实验原料。最被人们广泛接受的纤维素热分解反应途径模式如图 1-2-4。

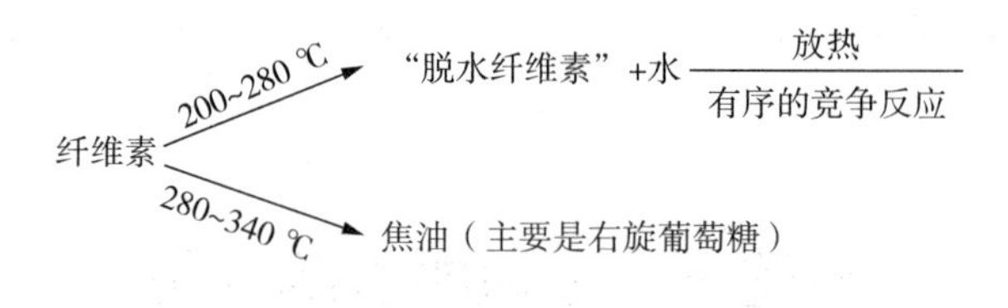

图 1-2-4　纤维素热分解反应途径模式

三、装置各部分功能介绍

1. 进料单元

进料单元主要包括固体进料单元和气体进料单元两个部分。

(1)固体进料单元主要包括料斗(D01,0.5 m^3)、螺旋进料器及相应管线。

(2)气体进料单元主要包括质量流量控制器(FLC01-03)、减压阀(JPV01-02)、过滤器(F01-02)、预热器(E01-02)及相应管线。

2. 裂解单元

裂解单元主要包括裂解反应器(R01)及相应管线。

3. 分离单元

分离单元主要包括旋风分离器(SR01 和 SR02)、灰斗(V01 和 V02、10L,用于接收旋风分离器分离的固体物料,即灰分)及相应管线。

4. 出料单元

出料单元主要包括一级冷凝器(CL01,冷却面积 0.5 m^2)、二级冷凝器(CL02,冷却面积 0.6 m^2)、尾气流量计(FL01-02)、接收罐(V03-04,用于接收冷凝后的液体产物)及相应管线。

5. 控制单元

控制单元包括控制仪表、温度检测、温度控制器、气体流量检测控制等。

四、操作步骤

(一)裂解反应前的准备工作

1. 固体原料的处理

(1)原料粉碎:将固体原料进行研磨筛分,粒径控制在 100～500 mm,尽量保证固体原料的粒径均匀。

(2)原料干燥:要对固体原料进行充分干燥,以避免干燥不充分有黏性而堆积于进料口处,导致固体无法进料。

2. 制冷系统的准备

向冷浴箱内注入适量冷却的循环液体(一般为工业酒精、乙二醇等)加入液体量标准(距上盖 20 mm)。

(二)实验操作步骤

(1)打开总电源开关、仪表开关和计算机,进入程序,打开 2 个钢瓶上的总阀门。

(2)加料:把原料罐上盖法兰盖打开加入 500 g 原料,然后盖上法兰盖扣紧卡口。

(3)氮气吹扫:缓慢开启氮气管路阀门即球阀 BV06,把减压阀 JPV02 设定到 0.1 MPa,再缓慢地打开 SV03,用氮气对反应器、旋风分离器 SRO1 - SR02、冷凝器 CL01 - 02 及管路进行吹扫(吹扫时间为 30 s),吹扫结束后,关闭截止阀 SV03,减压阀也调回初始状态。

(4)温度和气体流量设定:通过计算机设定最终温度 CO_2 预热器为 450 ℃,反应器设定为 700 ℃,预热炉设定为 750 ℃(注意:设定温度时要 100 ℃叠加方式设定温度,到 100 ℃时恒温 5 min,然后继续加 100 ℃),冷浴设定为－20 ℃。CO_2 流量 1 设定为 10 L/min,CO_2 流量 2 设定为 6 L/min,N_2 流量设定为 24 L/min(流量和温度设定根据现场情况再具体调节)。

(5)启动仪器,依次打开表面板预热器温控开关,反应器温控开关,冷浴温控开关,冷浴制冷开关,冷浴循环开关。打开一级冷凝器循环水阀门(实验结束关闭冷浴后,如果看到冷浴底部有水滴现象属于正常)

(6)监控现场仪表和各个反应器。待所有温度达到最终温度后恒定 10 min 后进气。

(7)进气:先把所有球阀打开,再把减压阀 JPV01、JPV02 设定到 0.1MPa。这时尾气就有气体排出,观察预热炉出口和反应器出口温度,预热炉出口温度达到 500 ℃以上,反应器出口温度达到 450 ℃以上,恒定 3 min,开始进料。

(8)物料加入及调节:打开面板上的送料电机开关和进料运行开关,通过调节进料电机的频率(通常 6 Hz)来调节进料速度。

(9)实验产物分离:裂解生成的气体及 N_2 和部分 CO_2 气依次进入至一级、二级旋风分离器进行分离。固体物质会进入灰斗 V01 和 V02;二级旋风分离器出来的气体混合物依次进入一级、二级冷凝器进行冷凝,接收罐 V03 和 V04 分别接收一级、二级冷凝器冷凝后形成的液体产物。

(10)实验产物收集及计量:实验结束后,打开冷凝器与接收罐 V03 和 V04 之间的活结,卸下接收罐。通过称量实验前后的罐的重量,计算出液体产物重量,利用尾气流量计计量排放气体量,从而得到此次裂解反应的液体和气体收率。

(三)实验后处理

(1)实验结束后关闭进料电机、送料运行开关,把所有加热设定温度改成 0 ℃。

(2)为避免反应器、冷凝器及旋风分离器中的残余液体影响下次实验结果,再次通入氮气对管路进行吹扫。

(3)吹扫完后,依次关闭反应器温控、预热器温控、冷浴温控、冷浴制冷、冷浴循环、仪表、总电源开关。

(4)关闭所有阀门,将减压阀调回初始状态,关闭 2 个钢瓶上的总阀门。关闭一级冷凝器水阀,关闭计算机,最后把墙壁空气开关拉下。

五、注意事项

(1)加热过程中禁止接触反应器、预热炉、CO_2预热器,以免烫伤。

(2)冷浴箱加入液体不要过多,距上盖 20 mm 即可。冷却时若液体加入过多,到常温时液体就会膨胀溢出造成危险。

(3)加热时要缓慢加热,通常以 100 ℃叠加方式加热,每次升温到设定温度就要稳定 5 min后,再升温 100 ℃,直至所需温度。

(4)实验过程中要对设备进行整体观察,特别是送料电机,观察其是否转动正常,如果转动时卡住,则应立即停止进料进行清理。

实验 10 发酵制备沼气实验

一、实验目的

(1)了解发酵制沼气的原理。

(2)掌握沼气发酵的步骤。

二、实验原理

沼气是有机物质在厌氧条件下,经过微生物的发酵作用而生成的一种混合气体。沼气是指沼泽里的气体。在沼泽地、污水沟或粪池里,经常会有气泡冒出来,如果我们划着火柴,可把它点燃,这就是自然界天然产生的沼气。由于这种气体最先是在沼泽中发现的,所以被称为沼气。人畜粪便、秸秆、污水等各种有机物在密闭的沼气池内,在厌氧(没有氧气)条件下发酵,被种类繁多的沼气发酵微生物分解转化,从而产生沼气。沼气是多种气体的混合物,其特性与天然气相似。沼气除直接燃烧用于炊事、烘干农副产品、供暖、照明和气焊等外,还可作为内燃机的燃料以及生产甲醇、福尔马林、四氯化碳等化工原料。经沼气装置发酵后排出的料液和沉渣，含有较丰富的营养物质，可用作肥料和饲料。

沼气的主要成分是甲烷。沼气由50%～80%甲烷(CH_4)、20%～40%二氧化碳(CO_2)、0%～5%氮气(N_2)、小于1%的氢气(H_2)、小于0.4%的氧气(O_2)与0.1%～3%硫化氢(H_2S)等气体组成。由于沼气含有少量硫化氢，所以略带臭味，其特性与天然气相似。空气中如果含有8.6%～20.8%(按体积计)的沼气时，就会形成爆炸性的混合气体。沼气的主要成分甲烷是一种理想的气体燃料，它无色无味，与适量空气混合后即会燃烧。每立方米纯甲烷的发热量为34 000 kJ，每立方米沼气的发热量为20 800～23 600 kJ，即1 m^3 沼气完全燃烧后，能产生相当于0.7 kg无烟煤提供的热量。与其他燃气相比，沼气的抗爆性能较好，是一种很好的清洁燃料。

1979年，Bryant等提出，将沼气发酵过程分成由三大代谢类群微生物引起的三阶段理论，即水解(液化)阶段、产酸阶段和产甲烷阶段。

1. 水解阶段

用作沼气发酵原料的有机物种类繁多，如禽畜粪便、作物秸秆、食品加工废物和废水，以及酒精废料等，其主要化学成分为多糖、蛋白质和脂类。其中多糖类物质是发酵原料的主要成分，包括淀粉、纤维素、半纤维素、果胶质等。这些复杂的有机物大多数在水中不能溶解，只有首先被发酵细菌分泌的胞外酶水解为可溶性糖、肽、氨基酸和脂肪酸后，才能被微生物吸收利用。发酵性细菌将上述可溶性物质吸收进入细胞后，经过发酵作用将它们转化为乙酸、丙酸、丁酸等脂肪酸和醇类，以及一定量的氢、二氧化碳。在沼气发酵测定过程中，发酵液中的乙酸、丙酸、丁酸总量称为中挥发酸(TVA)。蛋白质类物质被发酵性细菌分解为氨基酸，又可被细菌合成细胞物质而加以利用，多余时也可以进一步被分解生成脂肪酸、氨和硫化氢等。蛋白质含量的多少，直接影响沼气中氨及硫化氢的含量，而氨基酸分解时所生成的有机酸类，则可继续转化而生成甲烷、二氧化碳和水。脂类物质在细菌脂肪酶的作用下，首先水解生成甘油和脂肪酸，甘油可进一步按糖代谢途径被分解，脂肪酸则进一步被微生物分解为多个乙酸。

2. 产酸阶段

发酵性细菌将复杂的有机物分解发酵所产生的有机酸和醇类，除甲酸、乙酸和甲醇外，均不能被产甲烷菌利用，必须由产氢产乙酸菌将其分解转化为乙酸、氢和二氧化碳。耗氢产乙酸菌也称同型乙酸菌，这是一类既能自养生活又能异养生活的混合营养型细菌。它们既能利用H2+CO2生成乙酸，也能代谢产生乙酸。通过上述微生物的活动，各种复杂的有机物可生成有机酸和H_2/CO_2等。

3. 产甲烷阶段

产甲烷菌包括食氢产甲烷菌和食乙酸产甲烷菌两大类群。在沼气发酵过程中，甲烷的形成是由一群生理上高度专业化的古细菌一产甲烷菌所引起的，产甲烷菌包括食氢产甲烷菌和食乙酸产甲烷菌，它们是厌氧消化过程食物链中的最后一组成员，尽管它们具有各种各样的形态，但它们在食物链中的地位使它们具有共同的生理特性。它们在厌氧条件下将前三群细菌代谢终产物，在没有外源受氢体的情况下把乙酸和H_2/CO_2转化为气体产生CH_4/CO_2，使有机物在厌氧条件下的分解作用得以顺利完成。目前已知的甲烷产生过程由以上两组不同的产甲烷菌完成。

(1)由 CO_2 和 H_2 产生甲烷反应为

$$CO_2+4H_2 \rightarrow CH_4+H_2O$$

(2)由乙酸或乙酸化合物产生甲烷反应为

$$CH_3COOH \rightarrow CH_4+CO_2;CH_3COONH_4+H_2O \rightarrow CH_4+NH_4HCO_3$$

三、实验用品(图 1-2-5)

3000 mL 细口瓶 2 只,500 或 1 000 mL 盐水瓶 1 只(应有刻度),橡皮塞 2 只,普道温度计(100 ℃)1 支,50 mL 注射器 1 支,石蜡少量、粪便少量,沼气菌种 0.3 kg。如图 1-2-6 连接。

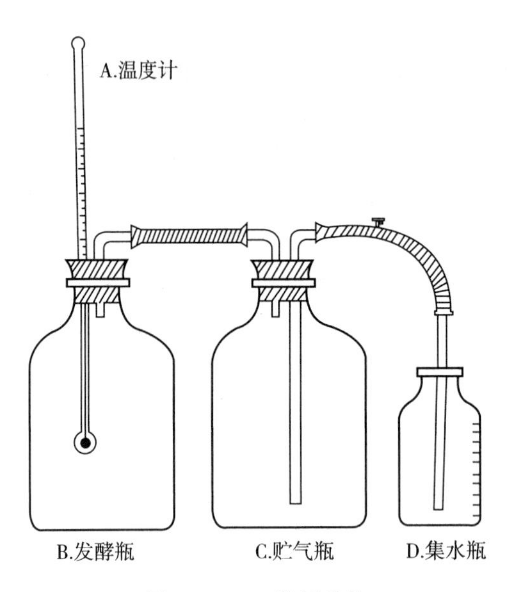

图 1-2-5　装置连接

四、实验方法

(1)将堆沤过 2～3 天的粪便 1 kg 和沼气菌种 0.3 kg 拌匀后放入发酵瓶内。沼气菌种的来源有:①产气旺盛的沼气池沉渣;②屠宰场、酒厂、味精厂、食品加工厂等厂地周围污水坑里的活性污泥;③含有机质较多的污水塘里的污泥或老粪窖沉渣。上述三种中任何一种均可作为菌种。

(2)把水加到发酵瓶内,水面离导气管下口 0.5 cm。

(3)贮气瓶内装满水。气温较低时应将导气管下口露出水面少许。集水瓶里空着,不装任何东西,也不加塞子。

(4)用导管(玻璃导管和橡皮导管)、橡皮塞把装置连接起来,温度计插入发酵瓶内中心偏下位置。

(5)把石蜡熔化,涂封在发酵瓶口和集气瓶口可能漏气的地方,然后检查气密性。如果无石蜡，用医用凡士林涂抹封瓶口也可。

五、观察内容

（1）仔细观察，每天记录一次水温及集水瓶里的水量，并轻微摇晃发酵瓶，起到搅拌作用。

（2）观察贮气瓶里的气体颜色。

（3）通过观察，回答甲烷能否溶于水。

（4）在贮气瓶里收集500毫升气体所需天数，计算每千克原料每天产气量。

（5）用50 mL注射器（医院给病人静脉注射葡萄糖液用）针头插入并穿过贮气瓶塞，如果瓶塞较硬，不易穿透，则可把针头插入发酵瓶与集气瓶之间连接的橡皮导管内，用注射器缓慢抽取50毫升气体。然后拔出针头，用火柴在针尖点燃，同时推动注射器活塞，观察有无火焰及火焰的颜色。在抽取气体时，集水瓶内的水应有部分回流到贮气瓶内。

（6）20天后实验结束（若时间允许，则可再观察几天，至4周内结束），拔掉贮气瓶上导气管（短管）上的橡皮管，用闻气体的方法闻沼气气味，与实验室用无水醋酸钠加热制取的甲烷气味相比较有何不同。

六、实验记录

如表1-2-9所示，记录相关实验结果。

表1-2-9　实验结果

<table>
<tr><th>发酵天数</th><th>水温/℃</th><th>积水量/mL</th><th>实验记录</th></tr>
<tr><td>1</td><td></td><td></td><td rowspan="7">①气体颜色；
②气体气味；
③溶解性；
④燃烧情况；
⑤日均产气量</td></tr>
<tr><td>2</td><td></td><td></td></tr>
<tr><td>3</td><td></td><td></td></tr>
<tr><td>…</td><td></td><td></td></tr>
<tr><td>18</td><td></td><td></td></tr>
<tr><td>19</td><td></td><td></td></tr>
<tr><td>20</td><td></td><td></td></tr>
</table>

注意事项：

（1）应将实验装置应放在固定的地方，避免移动。在进行轻微晃动时，应注意不要影响气密性。

（2）如果实验室内气温偏低（低于10 ℃），则可将发酵瓶放在纸盒内，在纸盒内预先垫一层隔热材料（如纸条、棉花、碎泡沫塑料等），瓶壁与纸盒之间也用隔热材料塞满。

（3）沼气发酵所产生的气体量可以近似集水瓶里所收集水的体积。

（4）如果收集甲烷量较多，则可考虑利用贮气瓶做甲烷吹肥皂泡实验（甲烷要经过干燥）和甲烷燃烧产物实验，其方法与氢气、一氧化碳相对应的性质实验方法相似，不再赘述。

参考文献：

[1] 孙传伯．生物质能源工程[M]．合肥：合肥工业大学出版社，2015.
[2] 李文哲．生物质能源工程[M]．北京：中国农业出版社，2013.
[3] 张国月．发酵制沼气实验[J]．化学教学，1993(3)：47—48.

第 3 章　植物生物技术

实验 1　植物组织培养实验室设计和实验设备、实验用品认知

一、实验目的

(1)结合对植物细胞工程安徽省工程技术研究中心植物组织培养生产车间和研究实验室的现场认知,了解并掌握植物组织培养实验室的组成和所需的基本仪器设备,学会植物组织培养实验室的设计。

(2)为后续植物组织培养实验课程学习与实训准备所需的相关用品。

二、实验场所

(1)植物细胞工程技术研究中心。

(2)生物工程综合实验室。

三、实验内容

(一)关于植物组织培养实验室的认知与设计

1. 组织培养实验室设计原则

要求环境干燥清洁,符合无菌操作规程要求,满足生产技术流程需要。

2. 组织培养实验室的一般组成与设备

组织培养实验室包括化学实验室、洗涤准备室、培养基制备室、无菌操作室、培养室、细胞学观察实验室等。

(1)化学实验室,用于各种相关药品的贮存、溶液配制等。主要设备包括药品柜、防尘橱、冰箱、天平、蒸馏水发生器、加热器(电磁炉等)、玻璃器皿等。

(2)洗涤准备室,用于完成相关器具的洗涤、干燥、堆放存储等。主要设备包括洗涤池、洗瓶机、操作台、烘箱、储物架(柜)等。

(3)培养基制备室,用于进行培养基的生产。主要设备包括冰箱、天平、蒸馏水发生器、酸度计、加热器(电磁炉等)、玻璃器皿、分装机、灭菌设备、操作台等。

(4)无菌操作室,主要用于植物材料的消毒、接种、培养物的继代等。无菌室的房间不宜太大,数量根据需要设置,要求干爽清洁、相对密闭、墙地光滑防潮、配置平移门。每一无菌室设内外二间,外间为缓冲室;内间较大,为接种室。主要设备包括紫外灯、超净工作台、臭氧发生器、酒精灯、接种器械(镊子、剪刀、解剖刀、接种针)、手推车等。

（5）培养室，是将接种的材料进行培养生长的场所，大小依规模而定。培养室的设计以充分利用空间和节省能源为原则。主要设备包括空调机、加热器、增湿器、培养架、光照设备、培养箱、转床、人字梯等。

（6）细胞学观察室，用于进行培养物的取样观察和分析。主要设备包括显微镜，细胞染色、计数、制片设备，天平，离心机等。

（二）组培实验用品的准备

1. 玻璃器皿及规格

（1）培养瓶：100～500 mL 的玻璃或塑料培养瓶等。

（2）培养皿：9～15 cm。

（3）烧杯：100～5 000 mL。

（4）量筒：10～1 000 mL。

（5）移液管：1～10 mL。

（6）试剂瓶：100～1 000 mL。

（7）容量瓶：100～1 000 mL。

2. 接种器械

酒精灯、不锈钢镊子、剪刀、解剖刀等。

3. 其他用品

培养瓶封口膜（盖）、棉线、记号笔、打包纸（牛皮纸、报纸）、转运筐等。

四、实验报告

（1）记录你所观察到的植物组培实验室的功能区和主要设备（附图片）。

（2）设计一个平面的植物组培实验室，要求在 A4 纸上绘制；实验室平面布置图（包括标尺、比例、标题栏等）上标注基本功能功能区（图内填写）和区内主要设备（附纸填写）。

实验 2　MS 培养基母液的配制

预习思考题

（1）植物组培培养基有哪些类型？MS 培养基的特点是什么？

（2）MS 培养基配方中 $CuSO_4 \cdot 5H_2O$ 和 $CoCL_2 \cdot 6H_2O$ 的用量小，配制母液时直接称量相对较困难，如何操作可减少此困难并降低误差？

（3）配制浓缩倍数较高的大量元素母液时，为何往往会发生沉淀？如何避免？

（4）表 1-3-1 中的试剂，有的含有结晶水，假如提供的试剂的结晶水的个数与配方中的不一样，应如何处理？

一、实验目的

（1）了解植物组织培养基的组成、常用配方；

（2）掌握植物组织培养基配制的步骤、母液的概念与配制方法。

二、实验原理

植物组织培养基配方中的成分多样，为了减少每次培养基配制的工作量和误差，有必要将配方中的成分分为几类，分别配制成若干浓缩倍数的母液备用。

三、实验内容

分组准备（领取、洗涤、保管）植物组织培养实验主要用品；完成 MS 培养基各种母液的配制。

四、材料与用品

（一）主要化学试剂和药品

详见表 1。

（二）仪器用具

天平、烧杯、试剂瓶、量筒、容量瓶、蒸馏水器、加热器、电冰箱等。

五、实验步骤

（一）MS 培养基的基础配方与母液配制

（1）MS 培养基的配方和母液配制用量详见表 1。

（2）配制 1 L 培养基所取母液的量。

配制 1 L 培养基：所取各种母液的数量为大量元素和钙盐母液各 50 mL，铁盐、微量元素和有机物的母液各 10 mL。

铁盐配制：将称好的 $FeSO_4 \cdot 7H_2O$ 和 Na_2 - EDTA · $2H_2O$ 分别放到 450 mL 蒸馏水中，边加热边不断搅拌使它们溶解，然后将 Fe 盐溶液倒入 EDTA 溶液中混合，并将 pH 调至 5.5，最后定容到 L，保存在棕色玻璃瓶中。$CuSO_4 \cdot 5H_2O$ 和 $CoCl_2 \cdot 6H_2O$ 因量较小，应先配成更高浓度 250 mg/L 的母液（10 000×），再根据母液体积取用。

（二）植物激素的母液配制

6—BA、NAA、2，4 - D 等常用植物激素，可配制成 0.1 mg/mL 的母液，单独配制和取用。配制时，6—BA、NAA、2，4 - D 等可先用少量 1 M NaOH 再加入热水定容。

表 1 - 3 - 1　MS 培养基的母液配制方法参考表

母液序号	母液名称	配方成分	分子量	配方用量 /(mg/L)	母液倍数	1L 母液称取量 /mg
Ⅰ	大量元素	NH_4NO_3	80.04	1 650	20×	33 000
		KNO_3	101.11	1 900		38 000
		$MgSO_4 \cdot 7H_2O$	246.47	370		7 400
		KH_2PO_4	136.09	170		3 400
		$CaCL_2 \cdot 2H_2O$	147.02	440		8 800

（续表）

母液序号	母液名称	配方成分	分子量	配方用量/(mg/L)	母液倍数	1L 母液称取量/mg
Ⅱ	微量元素	KI	166.01	0.83	100×	83
		H_3BO_3	61.83	6.2		620
		$MnSO_4 \cdot 4H_2O$	223.01	22.3		2 230
		$ZnSO_4 \cdot 7H_2O$	287.54	8.6		860
		$Na_2MoO_4 \cdot 2H_2O$	241.95	0.25		25
		$CuSO_4 \cdot 5H_2O$	249.68	0.025		2.5
		$CoCL_2 \cdot 6H_2O$	237.93	0.025		2.5
Ⅲ	铁盐	$FeSO_4 \cdot 7H_2O$	278.03	27.8	100×	2 780
		$Na_2 \cdot EDTA$	372.25	37.3		3 730
Ⅳ	有机物	肌醇		100	100×	10 000
		甘氨酸		2		200
		盐酸吡哆醇		0.5		50
		盐酸硫胺素		0.1		10
		烟酸		0.5		50

注意事项：

(1)钙盐、铁盐单独配制。铁盐需要用棕色试剂瓶盛装。

(2)烟酸在冷水中溶解度差，称量后可先单独用适量热水溶解后，再加到相应的母液中一起定容。

MS 培养基是目前使用最普遍的培养基，其具有较高的无机盐浓度，不仅能够保证组织生长所需的矿质营养，还能加速愈伤组织的生长。由于配方中的离子浓度高，在配制、贮存和消毒等过程中，即使有些成分略有出入，也不会影响离子间的平衡。MS 培养基可用于诱导愈伤组织，也可用于胚、茎段、茎尖及花药的培养，其体培养基用于细胞悬浮培养时能获得明显的成功。MS 培养基的无机养分的数量和比例比较合适，足以满足植物细胞在营养上和生理上的需要。因此，一般情况下，不用再添加氨基酸、酪蛋白水解物、酵母提取物及椰子汁等有机附加成分。和其他培养基的基本成分相比，MS 培养基中的硝酸盐、钾和铵的含量高，这是它的显著特点。

六、实验结果

记录你所配置的母液的名称、倍数、时间和配置人（小组），附图片（为避免浪费试剂，建议一组配一种母液）。

实验 3　MS 培养基配制与灭菌

预习思考

植物组织培养常用的植物激素种类如何划分？各类激素对植物离体培养物的生理作用和效应是什么？

一、实验目的

(1)学习并掌握植物组织培养基(含分化诱导培养基)的配制方法与流程。
(2)了解、掌握培养基高温高压灭菌的方法与流程。
(3)设计和配制用于诱导及增殖的培养基。
(4)外植体消毒所需用品的准备。

二、实验材料

(一)主要试剂和材料

已配制的 MS 各种母液、蔗糖、琼脂粉、HCl 和 NaOH 自选。

(二)仪器用具

天平、烧杯、玻棒、量筒、移液管、培养瓶、电磁炉、平底煮锅、酸度计、培养皿等。

三、实验操作

(一)培养基的配制

1. 培养基的基础配方

MS＋蔗糖 30 g/L＋琼脂 4.5 g/L(以下简写为 MS)。

2. 诱导培养基中的激素组合

(1)分化生长培养基：

MS＋6－BA 2.0 mg/L＋NAA 0.2 mg/L

MS＋6－BA 2.0 mg/L＋NAA 0.1 mg/L

MS＋6－BA 0.1 mg/L＋NAA 2.0 mg/L

MS＋6－BA 0.2 mg/L＋NAA 2.0 mg/L

(2)脱分化培养基

MS＋6－BA 0.5 mg/L＋NAA 0.5 mg/L

MS＋6－BA 1.0 mg/L＋NAA 1.0 mg/L

MS+2,4-D 1.0 mg/L+6-BA 1.0 mg/L

MS+2,4-D 0.5 mg/L+6-BA 0.5 mg/L

3. 培养基的制备

(1)以实验小组为操作单元,每小组 20 瓶(每瓶分装量约 50 mL),计算所需培养基的总体积;然后根据培养基的总体积,计算和称取琼脂粉、蔗糖,量取各种母液存放于烧杯中。

(2)量取约为培养基总体积 2/3 比例的纯净水,放入煮锅,置于电磁炉上,加入琼脂粉,加热并不断搅拌,直至琼脂粉完全融化、澄清透明。

(3)加入蔗糖并搅拌至融化;倒入已量取好的母液,搅拌混匀;倒入大容器,补加纯水定容至预定的体积数。

(4)取样,用酸度计测 pH;用 1 M 的 HCL 或 NaOH 溶液调节 pH 至 6.0 左右。

(5)各实验小组分别按照选定的一个激素组合,计算并用移液管吸取加入相应的激素母液,混匀。

(6)分装到培养瓶,封好瓶口,做好分组标记。

(7)高压湿热灭菌;冷凝备用。

(二)外植体消毒所需用品的准备

1. 外植体消毒所需的用品

无菌水、灭菌后的 500 mL 烧杯、15 cm 培养皿及吸水滤纸等。

2. 消毒用品的准备

用 750 mL 培养瓶盛装自来水或纯水(装水体积不得超过培养瓶容积的 2/3),封口;玻璃器皿(500 mL 烧杯、15 cm 培养皿等)、吸水滤纸等,分别用牛皮纸或报纸打包捆扎好,然后进行高压灭菌。灭菌完毕后,取出,烘干表面水分,转移到无菌室储物架上存放备用。

注意事项:

(1)培养基分装时,尽量不要沾到瓶口,若有沾染要擦除后再封口;灭菌和转运时,培养基不能过于倾斜,以免瓶口部位沾染培养基,容易造成后期染菌。

(2)使用高压灭菌锅时,一定要先检查锅底水位。灭菌完毕开盖取物时,要避免被烫伤。

四、作业

(1)实验室高压灭菌的基本操作步骤如何?哪些因素可能会影响高压灭菌的实际效果?

(2)培养基配方为 MS+6-BA 0.5 mg/L+NAA 0.8 mg/L+3%蔗糖+0.5%琼脂粉。

六种母液的浓度分别为①大量元素×20 倍;②微量元素×100 倍;③铁盐×50 倍;④有机物×200 倍;⑤6-BA0.1 mg/mL;⑥NAA0.2 mg/mL。

问:现要配制该培养基 50 L,请计算需分别量取上述①~⑥共六种母液各多少毫升?称取蔗糖、琼脂粉各多少克?

(3)培养基配制、分装、灭菌后的最后实物图,表明类别(附图片)。

实验4　无菌接种操作过程

预习思考

哪些因素或操作会引起外植体接种培养的污染？

一、目的与要求

以草本植物或藤本植物为材料，学习外植体消毒和无菌接种操作方法。

二、实验原理

植物组织培养技术是植物生物技术的基础。植物组织培养的基本原理是植物细胞的全能性（Totipotency）。无菌操作是植物组织培养的基本要求。

三、实验材料

1. 实验材料

草本植物或藤本植物的茎尖、芽尖或茎段。

2. 培养基

已分组配制好的培养基。

3. 主要试剂

70％～75％乙醇、0.1％升汞（$HgCl_2$）等。

4. 用品用具

超净工作台，酒精灯，酒精棉球，无菌水，已灭菌的500 mL烧杯、15 cm培养皿，接种用工具（医用剪刀、镊子、手术刀具），废液杯，工作帽，口罩，工作服，记号笔等。

四、实验操作

1. 外植体的预处理

先将外植体在加入少量洗洁精的自来水中清洗表面，沥水，然后放入烧杯，带进接种室。

2. 无菌室的消毒

接种操作前30 min，先将培养基、无菌水、烧杯、培养皿、外植体材料等有序放置在超净工作台上，打开紫外灯（不开照明灯）进行空间消毒；20 min后，关闭紫外灯（仍不开照明灯），开启超净工作台；至超净工作台运行10 min后，进入无菌室操作。

3. 外植体的消毒

操作者坐在超净工作台前，用酒精棉球擦拭双手手臂，蘸酒精灼烧托盘、剪刀、镊子等接种工具。先将外植体材料转入一只无菌烧杯，用75％乙醇浸润8 s左右（时间不宜太长），倒出乙醇，立即加入无菌水洗涤两遍，沥水；将材料转移到另一只无菌烧杯中，再用0.1％升汞溶液浸泡消毒10 min，用无菌水清洗4次，沥水；然后转移到无菌的大培养皿中，待剪切接种。

(四)外植体的接种培养

将消毒后的外植体放入无菌培养皿托盘中,左手持镊子,右手持手术刀,进行切割。然后接种到培养基上,每瓶接种 3 块,生物学上端朝上,用镊子轻压,但不能完全将其埋入培养基中。接种完成后,将培养基转移到培养室,培养温度 28 ℃左右,光照培养,光照强度 1 200 Lux 左右,每天照光 8~12 h。

注意事项:

(1)使用的 0.1%升汞溶液有毒,操作时若不慎溅到皮肤上,不必紧张,及时用吸水纸吸去并用自来水冲洗即可。升汞消毒液可回收再用。

(2)剪切和接种操作要快,以免因暴露吹风时间太长,引起材料过度失水。

五、观察记录

组织培养室实行开放式管理,各实验小组可根据培养进程自行安排时间前往观察、管理、记录和拍照。

六、作业

记录无菌接种的操作状态(附图片)和接种的瓶苗(附图片)。

实验 5　外植体分化生长的诱导培养

预习思考

外植体分化生长的诱导培养生长调节剂配比有哪些?有何规律?

一、实验目的

(1)了解植物离体培养形态建成的原理与技术路线。

(2)以草本植物或藤本植物为材料,学习外植体消毒和无菌接种操作方法。

(3)理解不同的植物生长调节剂及其组合对植物细胞的形态建成的影响。

二、实验原理

植物组织培养技术是植物生物技术的基础。植物组织培养的基本原理是植物细胞的全能性(totipotency)。在适宜的基本培养基中,添加不同植物激素(如生长素与细胞分裂素的组合),对于植物离体培养的形态建成具有重要影响,甚至起着决定性作用。已分化的外植体材料,可在适宜的培养基上诱导脱分化,并可再分化。

三、教学场所

植物细胞工程技术研究中心组织培养室。

四、材料与用品

1. 实验材料

草本植物或藤本植物的茎尖、芽尖或茎段。

2. 培养基

本章实验 3 中已分组配制好的培养基。

3. 主要试剂

70%～75%乙醇、0.1%升汞($HgCL_2$)等。

4. 用品用具

超净工作台，酒精灯，酒精棉球，无菌水，已灭菌的 500 mL 烧杯、15 cm 培养皿，接种用工具(医用剪刀、镊子、手术刀具)，废液杯，工作帽，口罩，工作服，记号笔等。

五、实验操作

1. 外植体的预处理

先将外植体在加入少量洗洁精的自来水中清洗表面，沥水，然后放入烧杯，带进接种室。

2. 无菌室的消毒

接种操作前 30 min，先将培养基、无菌水、烧杯、培养皿、外植体材料等有序放置在超净工作台上，打开紫外灯(不开照明灯)进行空间消毒；20 min 后，关闭紫外灯(仍不开照明灯)，开启超净工作台；至超净工作台运行 10 min 后，进入无菌室操作。

3. 外植体的消毒

操作者坐在超净工作台前，用酒精棉球擦拭双手和手臂，蘸酒精灼烧托盘、剪刀、镊子等接种工具。先将外植体材料转入一只无菌烧杯，用 75%乙醇浸润 8s 左右(时间不宜太长)，倒出乙醇，立即加入无菌水洗涤两遍，沥水；将材料转移到另一无菌烧杯中，再用 0.1%升汞溶液浸泡消毒 10 min，用无菌水清洗 4 次，沥水；然后转移到无菌的大培养皿中，待剪切接种。

4. 外植体的接种培养

将消毒后的外植体放入无菌培养皿托盘中，左手持镊子，右手持手术刀，进行切割。然后接种到培养基上，每瓶接种 3 块，生物学上端朝上，用镊子轻压，但不能完全将其埋入培养基中。接种完成后，将培养基转移到培养室，培养温度 28 ℃左右，光照培养，光照强度 1 200 Lux 左右，每天照光 8～12 h。

六、观察记录

组织培养室实行开放式管理，各实验小组可根据培养进程自行安排时间前往观察、管理、记录和拍照(如果本小组的实验失败，则须分析原因；并参与其他实验小组的情况观察或重做)。

实验记录和指标分析：接种外植体总数；诱导分化发生率(%，发生分化的块数与接种总块数的比值)；分化发生时间(接种后第 n 天)、平均发生数量；形态或生长速度。

七、作业

通过观察分析，确定所选材料诱导分化（生根、长芽）的适宜生长调节剂组合（附图片）。

实验6　外植体脱分化生长的诱导培养

预习思考

（1）外植体脱分化生长的诱导培养生长调节剂配比有哪些？有何规律？

（2）愈伤组织诱导发生的基本原理是什么？植物生长调节剂对于愈伤组织的诱导产生有何作用？

一、目的与要求

学习和掌握植物愈伤组织诱导与继代培养方法。

二、实验原理

植物细胞具有全能性。已分化的外植体材料，可在适宜的培养基上诱导发生脱分化，形成愈伤组织。愈伤组织可进一步继代增殖，或诱导发生再分化，形成新的器官乃至新个体。

三、教学场所

植物细胞工程技术研究中心组织培养室。

四、材料与用品

1. 实验材料

草本植物的幼嫩叶片等外植体材料。

2. 培养基

本章实验3中已分组配制好的培养基。

3. 主要试剂

70%～75%乙醇、0.1%升汞（$HgCL_2$）等。

4. 用品用具

超净工作台，酒精灯，酒精棉球，无菌水，已灭菌的500 mL烧杯、15 cm培养皿，接种用工具（医用剪刀、镊子、手术刀具），废液杯，工作帽，口罩，工作服，记号笔等。

五、实验操作

1. 外植体的预处理

将从校园绿化带采集的光叶海桐的幼嫩枝条用自来水冲清，然后适当修剪为适当大小的茎段和叶片两类，沥水，放入烧杯，带进接种室。

2. 无菌室的消毒

接种操作前30 min,先将培养基、无菌水、烧杯、培养皿、外植体材料等有序放置在超净工作台上,打开紫外灯(不开照明灯)进行空间消毒;20 min后,关闭紫外灯(仍不开照明灯),开启超净工作台;至超净工作台运行10 min后,进入无菌室操作。

3. 外植体的消毒

操作者在超净工作台前坐好,用酒精棉球擦拭双手和手臂,蘸酒精灼烧托盘、剪刀、镊子等接种工具。先将海桐外植体材料转入一只无菌烧杯,用75%乙醇浸润10~15 s(时间不宜太长),倒出乙醇,立即加入无菌水洗涤2遍,沥水;将材料转移到另一只无菌烧杯中,再用0.1%升汞溶液浸泡消毒10 min,用无菌水清洗4次,沥水;然后转移到无菌的大培养皿中,待剪切接种。

4. 外植体的接种培养

将消毒后的海桐外植体材料放入无菌培养皿托盘,左手持镊子,右手持手术刀,进行切割。将茎段切割为约1 cm长的无芽小段(弃掉节,仅用节间);叶片切成0.5~0.8 cm宽的片段。然后,分类接种到各培养基上,每瓶3段(片),水平放置,用镊子轻压,但不能深埋入培养基中。接种完成后,将培养基转移到培养室,培养温度28 ℃左右。要求前3天用报纸或窗帘布等遮光暗培养,之后再照光培养。光照强度1 200 Lux左右,每天光照8~10 h。

5. 观察记录

组织培养室实行开放式管理,在上班时段内,各小组可根据培养进程自行安排时间前往观察、管理、记录和拍照(如果本小组的实验失败,则须分析原因,并参与其他实验小组的情况观察或重做)。

实验记录和指标分析:接种的外植体总数、愈伤组织发生的外植体数、诱导发生率(%)、愈伤初发时间(接种后第n天)、愈伤组织的形态(颜色、质地、疏松度)。

六、愈伤组织继代培养

此部分内容根据各实验小组的前期愈伤组织诱导效果酌情安排。

1. 培养基

参照愈伤组织诱导的适宜培养基,适当降低生长素的浓度。

2. 继代培养

按无菌操作规程,将诱导发生的愈伤组织从相应外植体上剥离,接种到新配制的继代增殖培养基上,进行光照培养。

实验记录和指标分析:继代培养愈伤组织的外观形态(颜色、质地、疏松度)、愈伤组织的生长速度(增殖率)。计算公式为

接种鲜重(mg/瓶)=接种后瓶重(mg)-接种前瓶重(mg)

收获鲜重(mg/瓶)=收获前瓶重(mg)-收获后瓶重(mg)

增殖率(%)=(收获鲜重-接种鲜重)/接种鲜重×100%

七、预习思考与作业

设计一种植物组织培养基的多因子实验(正交实验),并考察记录结果(附图片)。

实验 7　组培苗的炼苗

预习思考

为何要对组培苗炼苗？

一、目的与要求

学习和熟练掌握组培苗移栽驯化技术

二、实验原理

组培苗瓶苗是在无菌、营养供给全面、光照适宜、温度适宜、相对湿度为100%的环境条件下生长的，在生理、形态等方面都与自然条件下生长的小苗有着很大的差异。因此，必须通过炼苗，如通过控水、减肥、增光、降温等措施，使它们逐渐地适应外界环境，从而使生理、形态、组织上发生相应的变化，使之逐渐适应于自然环境，只有这样才能保证试管苗顺利移栽成功。从叶片上看，试管苗的角质层不发达，叶片通常没有表皮毛，或仅有较少表皮毛，由于高湿，叶片上气孔的数量、大小也大大超过普通苗。显然，试管苗更适合在高湿的环境中生长，当将它们移栽到试管外的环境中时，脆嫩的试管苗失水率会很高，并且易感染各种病害，非常容易死亡。因此，为了改善试管苗的不良生理、形态特点，必须经过与外界相适应的驯化处理。

三、教学场所

植物细胞工程技术研究中心组织培养室。

四、材料与用品

1. 材料

生根组培苗。

2. 用品

镊子、水盆、树皮、筛盘、育苗盘、喷雾器、标签、记号笔等。

五、实验操作

1. 练苗

将生根的组培苗从培养室取出，将培养瓶移到室外遮阴蓬或温室中进行强光闭瓶练苗5～20天，遮阴度宜为50%～70%。然后打开瓶口，再放置3～7天。

2. 基质灭菌

将树皮分别用聚丙烯塑料袋装好，在高压灭菌锅中灭菌20 min，或者采用高温堆肥1个月灭菌，灭菌后备用。

3. 育苗盘准备

取干净的育苗盘，将树皮筛分成小片（边长 1～2 cm）和大片（3～10 cm）后将大片树皮铺到盘底，用木板刮平。将育苗盘放入 1～2 cm 深的水槽中，使水分浸透基质，然后取出备用。

4. 试管苗脱瓶

用镊子将试管苗轻轻取出，放入清水盆中，小心洗去根部琼脂，然后涝出，放入干净的小盆中。

5. 移栽

将小苗放入育苗穴盘中的大片树皮上，轻轻覆盖小片树皮 1～3 cm、压实。待整个穴盘栽满后用喷雾器喷水浇平，最后将育苗盘摆入驯化室中，正常管理。

六、观察记录

组织培养室实行开放式管理，在上班时段内，各小组可根据炼苗进程自行安排时间前往观察、管理、记录和拍照（如果本小组的实验失败，则须分析原因，并参与其他实验小组的情况观察或重做）。

实验记录：记录试管苗移栽驯化步骤、移栽成活率。

七、作业

（1）炼苗驯化都要注意哪些因素？

（2）如何对驯化苗进行管理？

实验8　愈伤组织诱导及培养

一、实验目的

掌握无菌操作技术：学习愈伤组织诱导和培养的基本技术。

二、实验原理

植物细胞具有全能性，但是在一个完整的植株中，每个分化细胞都是某个器官和组织中的一个成员，只能执行植株所赋予它的功能，不具备施展其全能性的外部条件。这些细胞一旦脱离了母体植株，摆脱了原来所受的遗传上和生理上的控制，在一定的培养条件下，通过植物生长调节剂的作用就会失去分化状态，成为分生细胞。这些脱分化的分生细胞经过连续的有丝分裂形成愈伤组织。

三、实验仪器设备

超净工作台、培养架、解剖刀、枪式镊子、烧杯、培养皿、酒精灯、酒精棉、记号笔、无菌纸、刮皮刀、市售大而新鲜的胡萝卜、MS 培养基（附加 2,4 - D 10 mg/L，6 - BA 2 mg/L）、70％乙醇、0.1％氯化汞、无菌水等。

四、实验内容步骤

1. 取材

将胡萝卜用自来水洗净，用刮皮刀除去表皮 1～2 mm，横切成大约 10 mm 厚的切片，以下步骤全部在无菌条件下操作。

2. 灭菌

胡萝卜片经 70%乙醇处理 1 min 后，用 0.1%氯化汞溶液消毒 10 min，无菌水冲洗 3 次。

3. 切片

将胡萝卜平放于培养皿内，一只手用镊子固定胡萝卜，另一只手用解剖刀将两端各切去 2 mm 弃去。然后把剩下的部分切成 2 mm 厚的均匀圆片，再将每个圆片切成若干个小块。小块的大小要均匀，并且每块上都带有形成层。

4. 接种

用枪式镊子把胡萝卜小片接种到相应的培养基中，注意接种时使三角瓶呈一定的倾斜度。使手拿镊子的接种过程不直接在培养基上方完成，以减少污染机会。

5. 培养

将一部分培养物放在 25 ℃温箱中培养，另一部分放在光照下培养，以比较黑暗与光照对愈伤组织诱导的影响。

五、作业

(1)为什么切取胡萝卜小块时要带一部分形成层？

(2)光培养与暗培养对诱导愈伤组织各有什么影响？

注意事项：

(1)注意培养基中 PGR 的种类、配比与浓度。诱导愈伤组织时，一般用较高浓度生长素与较低浓度细胞分裂素配合使用。单独使用 2,4－D 可诱导愈伤组织，但往往抑制形态发生。诱导出愈伤组织后，降低 2,4－D 浓度或去掉。

(2)将消毒过的胡萝卜外表面切去 2 mm。

(3)切胡萝卜片时，保证外植体的一致性，如大小、形状、来源等。

(4)要使外植体大面积接触培养基，切口表面也要大一些。

(5)注意接种时，使三角瓶呈一定的倾斜度，使手拿镊子的接种过程不直接在培养基上方完成，以减少污染机会。

(6)整个实验过程要注意无菌操作。

实验 9　愈伤组织继代培养

一、实验目的

学习愈伤组织继代培养的基本技术，进一步熟悉无菌操作技术。

二、实验原理

各种培养物在培养基上生长一段时间后，只有转移到新鲜培养基上，才能继续保持正常的生长状态。这是因为：一方面，培养基内的营养物质逐渐减少；另一方面，培养物的某些代谢物逐渐积累，对培养物产生毒害作用。

把初代培养获得的愈伤组织或培养细胞转移到新的培养基中，继续培养或反复多次培养的过程称为继代培养。本实验以胡萝卜愈伤组织为材料，学习愈伤组织继代培养的基本技术及无菌操作。

三、实验仪器

超净工作台、枪式镊子、无菌培养皿、胡萝卜愈伤组织、继代培养基（MS＋2,4－D 10 mg/mL＋蔗糖 40 g/L＋琼脂 8 g/L，pH 为 5.8）。

四、实验内容步骤

1. 继代

超净工作台用紫外线灭菌 30 min，用 70%酒精棉擦拭手和镊子，并将镊子在酒精灯火焰上灼烧灭菌。左手同时握住装有胡萝卜愈伤组织的三角瓶和装有新鲜培养基的三角瓶，去掉封口膜，使瓶口靠近酒精灯火焰。用枪式镊子把致密、淡黄色、颗粒状的愈伤组织切下，接种在新鲜培养基上，系好封口膜。

2. 培养

将新继代的培养物分为两个部分，一部分放在暗处培养，另一部分放在光下培养，以比较光培养与暗培养对继代培养的影响。

3. 结果与观察

继代后一般有几天的生长停滞期，一周左右愈伤组织开始旺盛生长。若操作谨慎不会出现污染，如果发现有被污染的，则应尽快挑出，以避免扩散。15 天左右愈伤组织的生长速度又有所下降，这时应该再次继代。

四、作业

(1)培养物为什么要定期继代?

(2)为什么初次继代的时间与日常继代的时间不同?

(3)无菌操作时有哪些注意事项?

(4)光培养与暗培养对继代培养有何影响?

(5)继代次数与遗传变异有何关系?

注意事项：

(1)接种时，三角瓶呈一定的倾斜度，使手拿镊子的接种过程不直接在培养基上方完成，以减少污染机会。

(2)所用镊子要经火焰灼烧彻底灭菌，在接触愈伤组织前要充分冷却，取出愈伤组织时不要离火焰太近，防止愈伤组织被烫伤。

(3)整个实验过程中要注意无菌操作。

实验10　植物生长调节剂对愈伤组织形态发生的作用

一、实验目的

了解植物生长调节剂对愈伤组织形态发生的调节作用；学习如何通过调节植物生长调节剂的种类和浓度，有效调节培养组织的发育方向。

二、实验原理

植物组织或细胞在离体条件下往往缺乏合成植物生长调节剂的能力。通过向培养基中添加外源植物生长调节剂，可以调节细胞的分裂、分化和根、芽的形成。

生长素类植物生长调节剂的主要功能是：促进细胞伸长生长和细胞分裂，诱导愈伤组织生成，促进生根。配合一定量的细胞分裂素，可诱导不定芽的分化、侧芽的萌发与生长。常见的有吲哚乙酸(IAA)、萘乙酸(NAA)、吲哚丁酸(IBA)、2,4-二氯苯氧乙酸(2,4-D)等，使用量通常为0.1～10 mg/L。

细胞分裂素类植物生长调节剂的主要功能是促进细胞分裂，抑制老化，当组织内细胞分裂素/生长素的比值高时，可诱导芽的分化。常见的有激动素(KT)、异戊烯基腺嘌呤(2iP)、6-苄基腺嘌呤(6-BA)、玉米素(ZT)、噻重氮苯基尿(TDZ)等，使用量通常为0.1～10 mg/L。

此外，赤霉素(GA3)、脱落酸(ABA)和多效唑(PP333)等生长调节物质也常用于组织培养中。

三、实验仪器

超净工作台、培养架、枪式镊子、培养皿、水稻愈伤组织、继代培养基MS4D2(MS+40 g/L蔗糖+2 mg/L2,4-D+9 g/L琼脂，pH为5.8)、分化培养基MSB2(MS+30 g/L蔗糖+2 mg/L 6-BA+9 g/L琼脂，pH为5.8)。

四、实验内容步骤

1. 接种

将水稻愈伤组织接种于继代培养基MS4D2与分化培养基MSB2上。

2. 培养

培养温度为(26+1) ℃，光照16 h/d。

3. 观察

10天后观察不同培养基上愈伤组织的形态，分析植物生长调节剂种类和浓度对愈伤组织形态产生的影响。

五、作业

(1)继代培养基与分化培养基中的成分有何不同?
(2)分化培养基中为什么要去掉2,4-D?

实验11　植物细胞悬浮培养

一、实验目的

掌握建立悬浮植物细胞培养物的方法。

二、实验原理

悬浮培养是指一种在受到不断搅动或摇动的液体培养基里,培养单细胞及小细胞团的组织培养系统,是非贴壁依赖性细胞的一种培养方式。某些贴壁依赖性细胞经过适应和选择也可用此方法培养。增加悬浮培养规模相对比较简单,只要增加体积即可。深度超过5 mm,需要搅动培养基,超过10 cm,还需要深层通入CO_2和空气,以保证足够的气体交换。通过振荡或转动装置,细胞始终处于分散悬浮于培养液内的培养方法。

利用固体琼脂培养基对植物的离体组织进行培养的方法在植物遗传实验中已经得到广泛的应用。但这种方法在某些方面还存在一些缺点,如在培养过程中,植物的愈伤组织在生长过程中的营养成分、植物组织产生的代谢物质呈现一个梯度分布,并且琼脂本身也有一些不明的物质成分可能对培养物产生影响,从而导致植物组织生长发育过程中代谢的改变,而利用液体培养基可以克服这一缺点,当植物的组织在液体培养基中生长时,我们可以通过薄层震荡培养或向培养基中通气,用以改善培养基中氧气的供应。植物细胞的悬浮培养是指将植物细胞或较小的细胞团悬浮在液体培养基中进行培养,在培养过程中能够保持良好的分散状态。这些小的细胞聚合体通常来自植物的愈伤组织。

在液体悬浮培养过程中应注意及时进行细胞继代培养,因为当培养物生长到一定时期将进入分裂的静止期。对于多数悬浮培养物来说,细胞在培养到第18～25天时达到最大的密度,此时应进行第一次继代培养。在继代培养时,应将较大的细胞团块和接种物残渣除去。若从植物器官或组织开始建立细胞悬浮培养体系,就包括愈伤组织的诱导、继代培养、单细胞分离和悬浮培养。目前这项技术已经被广泛应用于细胞的形态、生理、遗传、凋亡等研究工作,特别是为基因工程在植物细胞水平上的操作提供了理想的材料和途径。经过转化的植物细胞再经过诱导分化形成植株,即可获得携带有目标基因的个体。本实验以胡萝卜愈伤组织为材料,学习建立悬浮细胞培养物的方法。

三、实验仪器设备

超净工作台、旋转式摇床,显微镜、镊子、解剖刀,培养皿、100 mL三角瓶(内盛25 mL MS培养液)、大口移液管(10 mL)、漏斗(内安100孔径的尼龙网,下接一只50 mL三角瓶,灭菌备用)、活跃生长的胡萝卜愈伤组织、培养液(MS+1 mg/L 2,4－D+30 g/L 蔗糖,pH5.8)。

四、实验内容步骤

(1)用镊子取出旺盛生长的愈伤组织,将其放在无菌培养皿中,用刀切成小块,或轻轻压成碎块。在每个三角瓶中(装有 25 mL 液体培养基)接种 0.5～1.0 g 愈伤组织,以保证起始培养物中有足够的细胞。

(2)将已接种的三角瓶放于摇床上,100 r/min 振荡培养,温度为 25～27 ℃。在前一天培养中,如果培养液呈乳白色,则这可能是接种时造成污染的现象。

(3)经 7～10 天培养后,可进行第一次继代培养。先将悬浮培养物通过 100 μm 孔径的尼龙网,除去原先的残余接种物和大的组织块。

(4)细胞计数:将收集的细胞进行密度检查,以保证继代培养时的细胞密度[(0.5～2.5)× 10^5 细胞/mL]。向细胞悬液中加入二倍体积的 7%三氧化铬(CrO_3),将混合物于 70 ℃处理 15 min。冷却后,用吸管重复吸打细胞悬液,使细胞充分离散,然后用血球计数板计数。

(5)继代培养:如果起始培养物已具有足够的活细胞数,即可进行继代培养。根据检查的细胞密度,估计相应的接种量,一般只有经过几次继代培养后才能建立悬浮细胞系。

(6)制作悬浮培养时的生长曲线:对一瓶细胞培养物每天取样测量细胞数,以时间为横坐标,以细胞数为纵坐标,制作该细胞培养物的生长曲线。

八、作业

(1)从接种开始,一个悬浮细胞培养物会出现哪几个生长时期?为什么?

(2)悬浮细胞培养技术在生物技术中有何应用?与微生物相比,培养的植物细胞有哪些特点?

七、注意事项

(1)尽量选用易散碎的愈伤组织作为初始接种材料。

(2)注意无菌操作,尽量减少污染。

实验 12 低温和饥饿处理诱导悬浮培养细胞同步化

一、实验目的

学习诱导悬浮培养细胞同步化的原理,掌握诱导悬浮培养细胞同步化的方法。

二、实验原理

细胞同步化培养的目的是获得大量同步生长的细胞,以便用分子生物学方法和遗传学方法研究植物细胞周期的调控及遗传变异等问题。细胞同步化的方法大致可分为两类,即选择同步法(物理方法)和诱导同步法(化学方法)。选择同步法根据细胞在其周期的不同时期有不同的特征,用物理方法将处在细胞周期的一定时期的细胞与群体中的其他细胞分开。诱导同步法采用抑制剂、改变生长条件或营养条件等方法,将细胞阻止于细胞周期的某一特定时期,然后解除抑制或恢复生长条件和营养条件,使细胞同步生长。植物细胞的同步培养大多采用诱导同步的方法。常用的抑制剂有抑制 DNA 合成的 5-氨基嘧啶,5-氟脱氧尿苷、羟基脲、胸腺核苷,以及抑制细胞有丝分裂的秋水仙碱等。使用抑制剂只能得到部分同步化的效果,并且产生副作用。利用细胞周期不同时期对生长条件或营养条件的不同要求,通过改变这些条件来诱导同步的方法,条件温和,步骤简单。本实验用低温和饥饿处理相结合的方法诱导胡萝卜悬浮培养细胞的同步化。

三、实验仪器

细胞培养振荡器、冰箱、超净台、显微镜、培养瓶(三角瓶)、移液管、载玻片、酒精灯、计数器、胡萝卜细胞悬浮培养物、MS 培养基、固定液(冰醋酸∶95%乙醇=1∶3)。

卡宝品红染色液,配制方法如下。

母液 A:3 g 碱性品红溶解于 100 mL 70%乙醇中,该溶液稳定,可长期保存。

母液 B:取 10 mL 母液 A,加入 90 mL 5%的苯酚水溶液,在 37 ℃条件下温育 2~4 h(该溶液不稳定,应在 2 周内使用)。

母液 C:取 55 mL 母液 B 加入 6 mL 冰乙酸和 6 mL 甲醛,充分混匀。取 10~20 mL 母液 C 加入约 80 mL 45%的冰乙酸和 1 g 山梨醇(可永久保存)。

六、实验内容步骤

1. 胡萝卜细胞悬浮培养物

每隔 10 天继代培养一次,取 5 mL 悬浮培养细胞接入 100 mL 新鲜培养液中,于 27 ℃振荡培养(100 r/min)。

2. 老化培养

根据生长曲线,待细胞培养物对数生长结束后再继续培养 40 h。这时细胞停留在 G1 期或 G2 期。

3. 低温诱导同步

将老化培养的悬浮细胞在 4 ℃冰箱中放置 72 h,然后用 27 ℃的新鲜培养基稀释 10 倍后继续振荡培养 24 h(27 ℃)。再将培养物于 4 ℃处理 72 h,最后在 27 ℃下正常振荡培养,即可诱导细胞同步分裂。

4. 同步化测定

同步化程度(同步分裂细胞数占总的细胞的百分数及细胞同步生长的持续性)可根据培养过程中 DNA 量的增加、细胞数的增加和有丝分裂指数进行判断,分别测定诱导和非诱导的细胞悬浮培养物的有丝分裂指数。方法如下:

(1)取 3~5 mL 新鲜的细胞悬液与 1 mL 固定液混匀,固定 30 min。

(2)随机取几滴固定的细胞悬液滴到几个载玻片上,各加等量的卡宝品红染色液,待 5 min后,加上盖片,将载玻片微微加热至小气泡产生。

(3)用滤纸盖在玻片上进行压片。细胞核染成红色。在显微镜下至少检查500个细胞(每个样品),将其分为下列类型计数:①非分裂细胞;②有丝分裂细胞(前期至末期)。

(4)计算有丝分裂指数:

有丝分裂指数(MI)=有丝分裂的细胞数/观察细胞总数×100%

六、作业

(1)诱导细胞同步化的方法有哪些?说明其原理。

(2)在一个细胞培养物中,有丝分裂指数能提供哪些信息?

(3)有丝分裂指数是考察细胞培养物中细胞分裂同步化程度的可靠指标吗?为什么?

实验13　叶肉原生质体的分离和培养

一、实验目的

学习和掌握植物叶肉原生质体的制备和培养的方法。

二、实验原理

植物细胞脱去细胞壁形成原生质体。植物的细胞壁由纤维素、半纤维素、果胶质等成分组成,细胞之间由胞间层黏结在一起。要分离原生质体,须先除去胞间层,游离出单个细胞,然后去除细胞壁。

原生质体的分离方法有机械法和酶解法两种。机械法的缺点是产量低,不能从分生组织中分离到原生质体,因此已很少有人采用。酶解法是利用纤维素酶和果胶酶等降解胞间层和细胞壁,获得原生质体,目前多采用此法制备原生质体。经分离纯化的原生质体在适当的培养条件下,可以再生细胞壁,开始细胞分裂,形成细胞团,再转移到分化培养基上,诱导芽和根,再生植株。

三、实验仪器和工具

超净工作台、手播离心机、显微镜、温箱、水浴锅、消毒锅、真空泵和抽滤装置、微孔过滤器、微孔滤膜(0.45~0.2 μm)、不锈钢网(或尼龙网)80~100 μm、解剖刀、尖镊子、剪刀、烧杯、培养皿(6 cm、9 cm、12 cm)、离心管(带盖)10 mL、移液管(1 mL、2 mL、5 mL、10 mL)、吸管、胶带、烟草植株(60天以上)上中部的充分展开的叶片。70%乙醇、0.1%升汞、酶液:1%纤维素酶(Onozuka R－10)、0.2% 离析酶(Maccrozyme R－10)、0.55 mol/L 甘露醇、10 mmo/L $CaCl_2 \cdot 2H_2O$、0.7mmol/L KH_2P0_4、pH5.7,抽滤灭菌备用。

原生质体洗涤液:10 mmol/L $CaCl_2 \cdot 2H_2O$,0.7 mmol/L KH_2P0_4、0.55 mmol/L 甘露醇、pH=5.7(用KOH溶液调),分装三角瓶中灭菌备用。

按表1-3-2中的成分配制培养基。

表 1-3-2　原生质培养基成分

矿物质/(mg/L)		有机成分
NH_4NO_3	825	蔗糖　10 g/L
KNO_3	950	肌醇　100 mg/L
$CaCl_2 \cdot 2H_2O$	220	盐酸硫胺素　1 mg/L
$MgSO_4 \cdot 7H_2O$	1 233	NAA　1 mg/L
KH_2PO_4	680	6－BAP　1 mg/L
Na_2-EDTA	37.3	甘露醇　109.3 g/L
$FeSO_4 \cdot 4H_2O$	27.8	
$MnSO_4 \cdot 4H_2O$	22.3	
$ZnSO_4 \cdot 4H_2O$	8.6	
H_3BO_3	6.2	高压灭菌前 pH 调至 5.8
KI	0.83	固体培养基附加 1.2%琼脂
$Na_2MoO_4 \cdot 2H_2O$	0.25	
$CuSO_4 \cdot 5H_2O$	0.025	
$CoSO_4 \cdot 7H_2O$	0.030	

四、实验内容步骤

1. 原生质体分离

(1)取材与消毒。取生长 50～60 天的烟草植株，从上中部摘取充分展开的叶片。经肥皂水洗涤后，用流水冲洗干净，滤纸吸干水分。在灯光下先萎蔫 2 h，有助于原生质体的分离。将叶片浸入 70%乙醇几秒，在无菌水中漂洗，取出置于 0.1%升汞液中消毒 4 min(或在 2%氯酸钠溶液中消毒 20 min)，接着用无菌水冲洗 3 次，无菌滤纸吸干备用。以下所有操作均在无菌条件下进行。

(2)原生质体分离。用尖镊子沿中脉细心撕去下表皮，剪成 2 cm 的小块，放入盛有酶液的培养皿中。去皮的面朝下，封口后将培养皿置于 26～28 ℃条件下温育。温育酶解的时间随着材料和酶的质量不同而定，如烟草叶片消化 4 h 足以产生原生质体。

(3)原生质体纯化。酶解结束，轻轻转动培养皿，这时可见到大量的原生质体释放出来，酶液变为暗绿色，在显微镜下可见到大量球形的原生质体。此时酶液中尚有未消化的组织残片和破碎的原生质体，故须进一步纯化，其步骤如下：用吸管吸出原生质体悬浮液，通过不锈钢网，收集在离心管中，除去未消化的组织。将离心管(带盖)离心 3～5 min，吸出上清液，加入原生质体洗涤液，重新将原生质体悬浮，并再次离心，如此重复 3 次。最后用原生质体培养基洗涤一次，并悬浮在一定量的培养基中。

(4)原生质体计数。吸一滴原生质体悬浮液于计数板上，盖上载玻片，在显微镜下计数。计数格内共有 25 个大格，每个大格内共有 16 个小格。计算 4 个角和中央大格(共 80 个小

格)内的原生质体数,按下式计算每毫升的原生质体密度:

原生质体数/毫升=5 个大格内总原生质体数/80×400×1 000

将原生质体用培养基调整密度到 10 个/mL。

2. 原生质体培养

(1)液体浅层法。将原生质体悬浮液分装于 6 cm 培养皿中,每皿约 2 mL。用胶带封口,置 26～28 ℃下培养(散射光或暗处)。两周后,每皿加入 0.5 mL 无甘露醇的同样培养基,直至形成肉眼可见的小愈伤组织。低速离心收集并转移到固体培养基上(除去甘露醇,激素改为 IAA 4 mg/L、KT 2.55 mg/L),进一步进行愈伤组织培养和分化。待幼苗形成后转移到 White 培养基上诱导根。

(2)平板法。先将固体培养基(1.2%琼脂)加热熔化,放在 45 ℃水浴内备用。同时将原生质体以 10 mL 等份分装在三角瓶中,加入等体积保存在 45 ℃水中的熔化的固化培养基,用大口 10 mL 吸管快速吹打混匀,立即分装于 6cm 培养皿内,然后用胶带密封,于同样条件下培养。

平板中的原生质体一般在三天内形成细胞壁并开始分裂,在三周内持续分裂形成可见的大细胞团。经六周培养后细胞团进一步生长成 0.5～1.0 mm 大小的愈伤组织。经转移到除去甘露醇的培养基上诱导芽的分化(见液体浅层法部分)。

五、作业

(1)分析原生质体分离时各成分的作用。

(2)原生质体纯化的方法有哪些?试设计一个纯化的改进方法。

(3)植物原生质体在体细胞遗传学中有何意义?

参考文献:

[1] 刘宁,刘全儒,姜帆,等. 植物生物学实验指导[M]. 3 版. 北京:高等教育出版社,2016.

[2] 王学德. 植物生物技术实验指导[M]. 杭州:浙江大学出版社,2015.

[3] 蔡冲. 植物生物学实验[M]. 北京:北京师范大学出版社,2013.

第 4 章　蛋白质与酶工程

实验 1　蛋白质功能性质的检测

一、实验目的

通过本实验定性地了解蛋白质的主要功能性质。

二、实验原理

蛋白质的功能性质一般是指能使蛋白质成为人们所需要的食品特征而具有的物理性质和化学性质，即对食品的加工、贮藏、销售过程中发生作用的那些性质，这些性质对食品的质量和风味起着重要的作用。蛋白质的功能性质与蛋白质在食品体系中的用途有着十分密切的关系，是开发和有效利用蛋白质资源的重要依据。蛋白质的功能性质可分为水化性质、表面性质、蛋白质—蛋白质相互作用的有关性质三个主要类型，主要包括吸水性、溶解性、保水性、分散性、黏度和黏着性、乳化性、起泡性、凝胶作用等。

三、实验材料

1. 实验材料

(1)2%蛋清蛋白溶液：取 2 g 蛋清加 98 mL 蒸馏水稀释，过滤取清液。

(2)卵黄蛋白：将鸡蛋除蛋清后剩下的蛋黄捣碎。

2. 试剂

(1)硫酸铵、饱和硫酸铵溶液。

(2)氯化钠、饱和氯化钠溶液。

(3)花生油。

(4)酒石酸。

3. 仪器

(1)刻度试管。

(2)100 mL 烧杯。

(3)冰箱。

四、实验步骤

1. 蛋白质水溶性的测定

在 10 mL 刻度试管中加入 0.5 mL 蛋清蛋白，加入 5 mL 水，摇匀，观察其水溶性，有无沉淀产生。在溶液中逐滴加入饱和氯化钠溶液，摇匀，得到澄清的蛋白质的氯化钠溶液。

取上述蛋白质的氯化钠溶液 3 mL，加入 3 mL 饱和硫酸铵溶液，观察球蛋白的沉淀析出，再加入粉末硫酸铵至饱和，摇匀，观察蛋清蛋白从溶液中析出，解释蛋清蛋白质在水中及氯化钠溶液中的溶解度与蛋白质沉淀的原因。

2. 蛋白质乳化性的测定

取 0.5 mL 卵黄蛋白于 10 mL 刻度试管中，加入 4.5 mL 水和 5 滴花生油；另取 5 mL 水于 10 mL 刻度试管中，加入 5 滴花生油；再将两支试管用力振摇 2～3 min，然后将两支试管放在试管架上，每隔 15 min 观察一次，共观察 4 次，观察油水是否分离。

3. 蛋白质起泡性的测定

(1)在 2 只 100 mL 的烧杯中各加入 2%的蛋清蛋白溶液 30 mL，一份用玻璃棒不断搅打 1～2 min；另一份用吸管不断吹入空气 1～2 min，观察泡沫的生成、泡沫的多少及泡沫稳定时间的长短。

(2)在 2 支 10 mL 刻度试管中各加入 2%的蛋清蛋白溶液 5 mL，一支放入冰箱中冷却至 10 ℃，另一支保持常温(30～35 ℃)，以相同的方式振摇 1～2 min，观察泡沫产生的数量及泡沫稳定性有何不同。

(3)在 3 支 10 mL 刻度试管中，各加入 2%的蛋清蛋白溶液 5 mL，其中一支试管加入酒石酸 0.1 g，一支加入氯化钠 0.1 g；另一支作对照用，以相同的方式振摇 1～2 min，观察泡沫的多少及泡沫稳定性有何不同。

4. 蛋白质凝胶作用的测定

在试管中加入 1 mL 蛋清蛋白，再加 1 mL 水和几滴饱和食盐水至溶解澄清，放入沸水中，加热片刻观察凝胶的形成。

五、实验结果与分析

1. 蛋白质水溶性的测定

蛋白质水溶性的测定见表 1-4-1。

表 1-4-1　蛋白质水溶性的测定

	水中	加入饱和氯化钠后	加入饱和硫酸铵后
现象			

蛋清蛋白加入水中会产生白色沉淀。在溶液中逐滴加入饱和氯化钠溶液，摇匀，得到澄清的蛋白质的氯化钠溶液。这是因为加入中性盐会增加蛋白质分子表面的电荷，增强蛋白质分子与水分子的作用，从而使蛋白质分子在水溶液中溶解度增大，即出现盐溶现象。

在蛋白质的氯化钠溶液中加入饱和硫酸铵溶液，白色絮状物从溶液中析出。这是因为在高浓度的硫酸铵的影响下，蛋白质分子被盐脱去水化层，另外蛋白质分子所带的电荷同时也被中和，从而使蛋白质的胶体稳定性遭到破坏，沉淀析出，即蛋白质出现盐析现象。

2. 蛋白质乳化性的测定

蛋白质乳化性的测定见表 1－4－2。

表 1－4－2　蛋白质乳化性的测定

时间/min	15	30	45	60
卵黄蛋白和油				
水和油				

乳化性是指蛋白产品能将油水结合在一起形成乳状液的能力，是衡量蛋白质促进油－水型乳状液形成能力的指标。当卵黄蛋白作为乳化剂在油水体系中时，蛋白可以吸附到油液滴的表面，降低油水界面的界面张力，同时在界面形成一层薄膜来形成稳定的胶质体系。

3. 蛋白质起泡性的测定

(1)在 2 只 100 mL 的烧杯中，各加入 2%的蛋清蛋白溶液 30 mL，用玻璃棒不断搅打缓慢生成泡沫，泡沫少且小，稳定时间长，很长时间不消失；另一份用吸管不断吹入空气泡，迅速生成很多泡沫，并且不断生成，泡沫多且大，稳定时间短，会很快破裂。

(2)在 2 支 10 mL 刻度试管中，各加入 2%的蛋清蛋白溶液 5 mL，一支放入冰箱中冷至 10 ℃，振摇，气泡较多，都很稳定；另一支保持常温，振摇，产生小气泡，气泡较少，较不稳定。

(3)影响蛋白质起泡性的因素分为内在因素和外在因素。内在因素即蛋白质的分子组成和结构特征，主要包括蛋白质分子组成及大小、疏水性、二硫键多寡、蛋白质与其他物质之间相互作用等方面。外在因素主要是一些物理因素和化学因素，物理因素主要是对蛋白质进行的一些处理，如均质、热处理、冷冻、酶处理等；化学因素主要是一些化学物质对蛋白质起泡性的影响，如盐、糖类、pH、有机溶剂等。加入酒石酸的是酸碱对蛋白质造成的变性沉淀，蛋白质在等电点处的溶解度很低，此时只有溶解的部分能够参与到起泡作用中，表现为起泡性差，但是稳定性好。氯化钠是盐之于蛋白质的沉淀效应，氯化钠一般能提高蛋白质的发泡性能，但会使泡沫的稳定性降低。

4. 蛋白质凝胶作用的测定

蛋白质的胶凝作用是蛋白质分子变性后形成有序网状结构的作用，从实验中可以看出加热可使蛋清蛋白产生胶凝作用。

实验 2　蛋白质等电点的测定及沉淀反应

实验 2.1　蛋白质等电点的测定

一、实验目的

了解等电点的意义及其与蛋白质分子聚沉能力的关系；初步学会测定蛋白质等电点的

基本方法，了解蛋白质的性质。

二、实验原理

当固体与液体接触时，固体可以从溶液中选择性吸附某种离子，也可以是固体分子本身发生电离作用而使离子进入溶液，以致使固液两相分别带有不同符号的电荷。由于电中性的要求，带电表面附近的液体中必有与固体表面电荷数量相等但符号相反的多余的反离子。在界面上带电表面和反离子形成双电层的结构。在两种不同物质的界面上，正负电荷分别排列成面层。

对于双电层的具体结构，一百多年来不同学者提出了不同的看法。最早于 1879 年 Helmholz 提出平板型模型；1910 年 Gouy 和 1913 年 Chapman 修正了平板型模型，提出了扩散双电层模型；后来 Stern 又提出了 Stern 模型。

根据 stern 的观点，一部分反离子由于电性吸引或非电性的特性吸引作用(如范德华力)而和表面紧密结合，构成吸附层(或称紧密层、斯特恩层)。其余的离子则扩散地分布在溶液中，构成双电层的扩散层(或称滑移面)。由于带电表面的吸引作用，在扩散层中反离子的浓度远大于同号离子。离表面越远，过剩的反离子越少，直至在溶液内部反离子的浓度与同号离子相等。吸附层是指溶液中反离子及溶剂分子受到足够大的静电力，如范德华力或特性吸附力，而紧密吸附在固体表面上。其余反离子则构成扩散层。滑动面是指固液两相发生相对移动的界面，是凹凸不平的曲面。滑动面至溶液本体间的电势差称为 ζ 电势。

ζ 电势只有在固液两相发生相对移动时才能呈现出来。ζ 电势的大小由 Zeta 电位表示，其数值的大小反映了胶粒带电的程度，其数值越高，表明胶粒带电越多，扩散层越厚。一般来说，以 pH 为横坐标，Zeta 电位为纵坐标作图，Zeta 电位为零对应的 pH 即等电点。

对于蛋白质分子来说，蛋白质分子的大小在胶粒范围内，为 1～100 μm。大部分蛋白质分子的表面有很多亲水集团，这些集团以氢键形式与水分子进行水合作用，使水分子吸附在蛋白质分子表面而形成层水合膜，具有亲水性；又由于蛋白质分子表面的亲水集团都带有电荷，会与极性水分子中的异性电荷吸引形成双电层。水合膜和双电层的存在，使蛋白质的分子之间不会相互凝聚，成为比较稳定的胶体溶液。如果消除水合膜或双电层其中一个因素，蛋白质溶液就会变得不稳定，两种因素都消除时，蛋白质分子就会互相凝聚成较大的分子而产生沉淀。在生活实践中，人们常利用蛋白质的胶体性质沉淀或分离蛋白质。例如，做豆腐、肉皮冻就是利用的蛋白质的胶凝作用。

蛋白质分子所带的电荷与溶液的 pH 有很大关系，蛋白质是两性电解质，在酸性溶液中的氨基酸分子氨基形成－NH3＋而带正电，在碱性溶液中羧基形成－C00－而带负电:蛋白质分子所带净电荷为零时的 pH 称为蛋白质的等电点(PI)。等电点的定义为，在某一 pH 的溶液中，蛋白质解离成阳离子和阴离子的趋势或程度相等时，呈电中性，此时溶液的 pH 称为该蛋白质的等电点。

等电点主要用于蛋白质等两性电解质的分离、提纯和电泳。蛋白质等电点的测量方式为溶解度最低时的溶液 pH。在等电点时，蛋白质分子在电场中不向任何一极移动，而且分子之间因碰撞而引起聚沉的倾向增加，这时可以使蛋白质溶液的黏度、渗透压均减到最低，且溶液变混浊。蛋白质在等电点时溶解度最小，最容易沉淀析出。

蛋白质等电点的测定：各种蛋白质的等电点都不相同，但偏酸性的较多，如牛乳中的酪蛋白的等电点为4.7～4.8，血红蛋白的等电点为6.7～6.8，胰岛素的等电点为5.3～5.4，鱼精蛋白是一个典型的碱性蛋白，其等电点为12.0～12.4。

本实验采用蛋白质在不同pH溶液中形成的混浊度来确定，即混浊度最大时的pH值即为该种蛋白质的等电点值，这个方法虽然不很准确，但在一般实验条件下都能进行，操作也简便。蛋白质的等电点比较准确的方法是采用等电聚焦技术加以准确测定，但需一定的实验条件。

等电聚焦电泳(isoelectric focusing electrophoresis，IEF)：利用特殊的一种缓冲液(两性电解质)在凝胶(常用聚丙烯酰胺凝胶)内制造一个pH梯度，电泳时每种蛋白质就将迁移到等于其等电点(pl)的pH处(此时此蛋白质不再带有净的正电荷或负电荷)，形成一个很窄的区带。

IEF的基本原理：在lEF的电泳中，具有pH梯度的介质的分布是从阳极到阴极，pH逐渐增大。蛋白质分子具有两性解离及等电点的特征，这样在碱性区域蛋白质分子带负电荷向阳极移动，直至某一pH位点时失去电荷而停止移动，此处介质的pH恰好等于聚焦蛋白质分子的等电点(pl)。同理，位于酸性区域的蛋白质分子带正电荷向阴极移动，直到它们的等电点上聚焦为止。可见在该方法中，等电点是蛋白质组分的特性量度，将等电点不同的蛋白质混合物加入有pH梯度的凝胶介质中，在电场内经过一定时间后，各组分将分别聚焦在各自等电点相应的pH位置上，形成分离的蛋白质区带。

沉淀反应：蛋白质在某种理化条件下，蛋白胶体溶液的水化层或电荷层遭到破坏，蛋白胶体相互聚集的现象。主要的沉淀现象有以下几个。

(1)盐析：在蛋白质水溶液中加入足量的盐类(如硫酸铵)，可析出沉淀，稀释后能溶解并仍保持原来的性质，不影响蛋白质的活性。这是一个可逆的过程，可用于蛋白质的分离与初级提纯。

(2)变性：在重金属盐、强酸、强碱、加热、紫外线等作用下，引起蛋白质某些理化性质改变和生物学功能丧失。这是一个不可逆的过程。

(3)加入一定量的溶剂，如乙醇、丙酮，它们与蛋白质分子争夺水分子，破坏水化膜，短时间内是可逆反应。

(4)加入生物碱试剂(含氮的碱性物质)：能使生物碱沉淀或作用产生颜色反应的物质，称为生物碱试剂。当溶液的pH小于PI时，蛋白质为阳离子，能与生物碱试剂的阴离子结合而生成沉淀。酪蛋白是牛奶蛋白质的主要成分，常温下在水中可溶解0.8%～1.2%，微溶于25 ℃水和有机溶剂，溶于稀碱和浓酸中，能吸收水分，当浸入水中时迅速膨胀。酪蛋白在牛奶中以磷酸二钙、三钙或两者的复合物形式存在；构造极为复杂，没有确定的分子式；分子量为57 000～375 000 D，在牛奶中约含3%，占牛奶蛋白质的80%。

三、器材及试剂

1. 器材

试管1.5 cm(×9)，吸管1 mL(×2)、2 mL(×2)、10 mL(×2)，容量瓶50 mL(×2)、500 mL(×1)、试管架等。

2. 试剂：

0.01 mol/L 醋酸溶液、1 mol/L 醋酸溶液、1 mol/L 氢氧化钠溶液(氢氧化钠和醋酸溶液的浓度要标定)、酪蛋白、0.1 mol/L 醋酸溶液。

四、操作步骤

1. 蛋白质胶液制备

(1)称取酪蛋白 3 克,放在烧杯中,加入 40 ℃的蒸馏水。

(2)加入 50 mL 1 mol/L 氢氧化钠溶液,微热搅拌直到蛋白质完全溶解为止。将溶解好的蛋白溶液转移到 500 mL 容量瓶中,并用少量蒸馏水洗净烧杯,一并倒入容量瓶。

(3)在容量瓶中再加入 1 mol/L 醋酸溶液 50 mL,摇匀。

(4)加入蒸馏水定容至 500 mL,得到略显浑浊的,在 0.1 mol/L 醋酸钠溶液中的酪蛋白胶体。

2. 等电点测定

按顺序在各管中加入蛋白质胶液,并准确地加入蒸馏水和各种浓度的醋酸溶液,加入后立即摇匀。观察各管产生的混浊并根据混浊度来判断酪蛋白的等电点。观察时可用＋、＋＋、＋＋＋表示浑浊度。

3. 蛋白质性质实验

(1)蛋白质的盐析。在试管里加入 1～2 mL 蛋白质的水溶液,然后逐滴加入硫酸铵饱和溶液,观察现象,有无白色浑浊产生。在滴加过程中不要摇动试管,现象不明显时,多加几滴硫酸铵饱和溶液。

(2)蛋白质的变性。在试管甲中加入 2 mL 蛋白质的水溶液,沸水浴加热 5 min,观察现象。把试管里的下层物质取出一些放在水里,观察现象。在试管里加入 3 mL 蛋白质的水溶液,加入 1 mL 硫酸铜溶液,观察现象(有无淡蓝色絮状浑浊沉淀产生)。把少量沉淀放入盛有蒸馏水的试管里,观察沉淀是否溶解。

五、作业

(1)在等电点时蛋白质的溶解度为什么最低?请结合你的实验结果和蛋白质的胶体性质加以说明。

(2)在本实验中,酪蛋白质在等电点时从溶液中沉淀析出,因此凡是蛋白质在等电点时必然沉淀出来。这种结论正确吗?为什么?

(3)在分离蛋白质时等电点有何实际应用意义?

实验 2.2　蛋白质的沉淀反应

一、实验目的

(1)了解蛋白质的两性解离性质。

(2)学习测定蛋白质等电点的一种方法。

(3)加深对蛋白质胶体溶液稳定因素的认识。

(4)了解沉淀蛋白质的几种方法及其实际应用意义。

二、实验原理

蛋白质是两性电解质。在蛋白质溶液中存在下列平衡:蛋白质分子的解离状态和解离程度受溶液的酸碱度影响。当溶液的 pH 达到一定数值时,蛋白质颗粒上正负电荷的数目相等,在电场中,蛋白质既不向阴极移动,又不向阳极移动,此时溶液的 pH 称为此种蛋白质的等电点。不同蛋白质各有特异的等电点。

在等电点时,蛋白质的理化性质都有变化,可利用此种性质的变化测定各种蛋白质的等电点。最常用的方法是测定其溶解度最低时的溶液 pH。

本实验通过观察不同 pH 溶液中的溶解度以测定酪蛋白的等电点。用醋酸与醋酸钠(醋酸钠混合在酪蛋白溶液中)配制各种不同 pH 的缓冲液。向诸缓冲溶液中加入酪蛋白后,沉淀出现最多的缓冲液的 pH 即酪蛋白的等电点。

在水溶液中的蛋白质分子由于表面生成水化层和双电层而成为稳定的亲水胶体颗粒,在一定的理化因素的影响下,蛋白质颗粒可因失去电荷和脱水而沉淀。蛋白质的沉淀反应可分为以下两类。

(1)可逆的沉淀反应。此时蛋白质分子的结构尚未发生显著变化,除去引起沉淀的因素后,蛋白质的沉淀仍能溶解于原来溶剂中,并保持其天然性质而不变性。例如,大多数蛋白质的盐析作用或在低温下用乙醇(或丙酮)短时间作用于蛋白质。提取纯蛋白质时常利用此类反应。

(2)不可逆的沉淀反应。此时蛋白质分子内部结构发生重大改变,蛋白质常变性而沉淀,不再溶于原来溶剂中。加热引起的蛋白质沉淀与凝固,以及蛋白质与重金属离子或某些有机酸的反应都属于此类。

蛋白质变性后,有时由于维持溶液稳定的条件仍然存在(如电荷),并不析出,所以变性蛋白质并不一定都表现为沉淀,而沉淀的蛋白质也未必都已变性。

三、实验材料

1. 材料

(1)新鲜鸡蛋。

(2)0.4%酪蛋白醋酸钠溶液 200mL:取 0.4g 酪蛋白,加入少量水在乳钵中仔细地研磨,将所得的蛋白质悬胶液移入 200mL 锥形瓶内,用少量 40～50 ℃的温水洗涤乳钵,将洗涤液也移入锥形瓶内。加入 10mL 1mol/L 醋酸钠溶液。把锥形瓶放到 50 ℃水浴中,并小心地旋转锥形瓶,直到酪蛋白完全溶解为止。将锥形瓶内的溶液全部移到 100mL 容量瓶内,加水至刻度,塞紧玻塞,混匀。

(3)1.00 mol/L 醋酸溶液 100 mL。

(4)0.10 mol/L 醋酸溶液 300 mL。

(5)0.01 mol/L 醋酸溶液 50 mL。

(6)蛋白质溶液 500mL5%卵清蛋白溶液或鸡蛋清的水溶液(新鲜鸡蛋清：水＝1：9)

(7)pH 为 4.7 醋酸——醋酸钠的缓冲溶液 100 mL。

(8)3%硝酸银溶液 10 mL。

(9)10 mL 5%_E 氯乙酸溶液 50 mL。

(10)95%乙醇 250 mL。

(11)饱和硫酸铵溶液 250 mL。

(12)硫酸铵结晶粉末 10 000 mL。

(13)0.1 mol/L 盐酸溶液 300 mL。

(14)0.1 mol/L 氢氧化钠溶液 300 mL。

(15)0.05 mol/L 碳酸钠溶液 300 mL。

(16)甲基红溶液 20 mL。

2. 器具

水浴锅、温度计、200 mL 锥形瓶、100 mL 容量瓶、吸管、试管及试管架乳钵。

四、操作步骤

1. 酪蛋白等电点的测定

(1)取同样规格的试管 4 支,按顺序分别精确地加入各试剂,然后混匀。

(2)向以上试管中各加酪蛋白的醋酸钠溶液 1 mL,加一管,播匀管。此时 1、2、3、4 管的 pH 依次为 5.9、5.5、4.7、3.5。观察其浑浊度。静置 10 min 后,再观察其浑浊度,最混浊的一管 pH 即酪蛋白的等电点。

2. 蛋白质的沉淀及变性

(1)蛋白质的盐析。无机盐(硫酸铵、硫酸钠、氯化钠等)的浓溶液能析出蛋白质。盐的浓度不同,析出的蛋白质也不同。例如,球蛋白可在半饱和硫酸铵溶液中析出,而清蛋白只有在饱和硫酸铵溶液中才能析出。由盐析获得的蛋白质沉淀,当降低其盐类浓度时,又能再溶解,故蛋白质的盐析作用是可逆过程。加入蛋白质溶液 5 mL 于试管中,再加入等量的饱和硫酸铵溶液,混匀后静置数分钟则析出球蛋白的沉淀。倒出少量混浊沉淀,加入少量水,观察是否溶解,为什么?将管内容物过滤,向滤液中添加硫酸铵粉末到不再溶解为止。此时析出沉淀为清蛋白。取出部分清蛋白,加少量蒸馏水,观察沉淀的再溶解。

(2)重金属离子沉淀蛋白质。重金属离子与蛋白质结合成不溶于水的复合物。取 1 支试管,加入蛋白质溶液 2 mL,再加 3%硝酸银溶液 1～2 滴,振荡试管,有沉淀产生。放置片刻,倾去上清液,向沉淀中加入少量的水,沉淀是否溶解?为什么?

(3)某些有机酸沉淀蛋白质。取 1 支试管,加入蛋白质溶液 2mL,再加入 1 mL 5%三氯乙酸溶液,振荡试管,观察沉淀的生成。放置片刻倾出清液,向沉淀中加入少量水,观察沉淀是否溶解。

(4)有机溶剂沉淀蛋白质。取 1 支试管,加入 2 mL 蛋白质溶液,再加入 2 mL95%乙醇。观察沉淀的生成(如果沉淀不明显,则加一些 NaCl,混匀。振摇混匀后,观察各管有何变化。放置片刻向各管内加入水 8 mL,然后在第 2、3 号管中各加入一滴甲基红,再分别用 0.1 mol/L 醋酸溶液及 0.05 mol/L 碳酸钠溶液中和。观察各管颜色的变化和沉淀的生成。每管再加入0.1 mol/L盐酸溶液数滴，观察沉淀的再溶解。解释各管发生的全部现象。

五、实验报告

以表格形式总结实验结果，包括观察到的现象，分析并评价实验结果。

六、作业

在等电点时，蛋白质溶液为什么容易发生沉淀？

实验3　球蛋白与清蛋白分离

一、实验目的

(1)掌握盐析的原理。
(2)掌握球蛋白与清蛋白分离的操作方法。

二、实验原理

蛋白质分子能稳定存在于水溶液中是因为有两个稳定因素：表面的电荷和水化质。当维持蛋白质的稳定因素被破坏时，蛋白质分子可相互聚集沉淀而析出。蛋白质分子沉淀析出的方法很多，根据对蛋白质稳定因素破坏的不同有中性盐析法、有机溶剂法重金属盐法及生物碱试剂法等。盐析法的原理是，在蛋白质溶液中加入大量中性无机盐后，由于中性无机盐与水分子的亲和力大于蛋白质，蛋白质分子周围的水化膜减弱乃至消失；同时，加盐后由于离子强度发生改变，蛋白质表面的电荷被大量中和，从而破坏了蛋白质的胶体性质，导致蛋白质溶解度降低，蛋白质分子之间易于聚集沉淀，进而使蛋白质从水溶液中沉淀析出。

血清中的蛋白质主要为清蛋白和球蛋白，由于分子的颗粒大小、所带电荷的多少和亲水程度不同，盐析所需的盐浓度也不同，所以调节盐的浓度可使不同的蛋白质沉淀，从而达到分离的目的。血清球蛋白在硫酸铵半饱和状态下发生沉淀，而血清清蛋白在硫酸铵完全饱和状态下沉淀，利用此特性可把蛋白质分段沉淀下来，即在血清中加入硫酸铵至半饱和时，球蛋白可被完全沉淀，而绝大部分清蛋白保持溶解状态，离心后清蛋白主要在上清液中，沉淀的球蛋白加入少量磷酸盐缓冲液可使其重新溶解，依此可将球蛋白和清蛋白分离。

三、实验仪器、材料与试剂

1. 仪器
离心机、电子天平、电冰箱微量移液器。
2. 材料与试剂
(1)材料：小鼠血清，离心管，离心管架，蓝、黄、白吸头。

(2)试剂。

饱和硫酸铵溶液:称固体硫酸铵(分析纯)42.5 g,置于 50 mL 蒸馏水中,在 70～80 ℃水温中搅拌落解。将酸度调节至 pH 为 7.2,室温中放置过夜,瓶底上析出白色结晶,上清液即饱和硫酸铵溶液。

① 0.017 5 mol/L 磷酸盐缓冲液(pH 为 6.3)中,加蒸馏水。

A 液:称取磷酸二氢钠($NaH_2PO_4 \cdot 2H_2O$)2.116 g,溶于蒸馏水稀释至 775 mL。

B 液:称取磷酸氢二钠($Na_2HPO_4 \cdot 12H_2O$)1.411 g 溶于蒸馏水,加入蒸馏水稀释至 225 mL。取 A 液 775 mL,加入 B 液 225 mL,混匀后即成。

② 超纯水。

四、实验步骤

(1)取血清 1mL 加入离心管中,再缓慢滴入饱和$(NH_4)_2SO_4$溶液 1 mL,边加边摇。

(2)混匀后于室温中静置 10 min,然后 4 000 r/min 离心 10 min,并小心倾去上清液。

(3)向沉淀中加入 0.017 5 mol/L 磷酸盐缓冲液(pH 为 6.3)0.5 mL,使之溶解,即得粗提的球蛋白溶液。

五、实验结果与分析

(1)观察盐析后沉淀的生成情况:在血清处于半饱和$(NH_4)_2SO_4$溶液中并静置 10min 后,观察是否有沉淀析出,拍照存档。

(2)保存粗提的球蛋白溶液:将已经获得的球蛋白溶液保存于 4 ℃冰箱中,用于后续脱盐实验。

注意:

(1)所用血清应新鲜,无沉淀物及细菌滋生。

(2)在人血清中加入饱和$(NH_4)_2SO_4$溶液时,务必边加边摇,防止局部$(NH_4)_2SO_4$浓度过高导致清蛋白析出。

(3)离心完成后去掉含有清蛋白的溶液时必须清除干净,避免清蛋白残留在粗提的球蛋白溶液中。

实验 4　球蛋白中无机盐的去除

一、实验目的

(1)掌握凝胶层析技术。

(2)熟悉蛋白质和铵离子检测方法。

二、实验原理

用盐析法分离而得的蛋白质含有大量的中性盐,会妨碍蛋白质的进一步纯化,因此必须去除，常用的有透析法、凝胶层析法等。本实验采用凝胶层析法，该法利用蛋白质与无机盐类之间分子量的差异除去球蛋白粗制品中的中性盐硫酸铵。当样品通过 Sephadex G－25 凝胶层析柱时，分子量较大的蛋白质因为不能通过网孔而进入凝胶颗粒，沿着凝胶颗粒间的间隙流动，所以流程较短，向前移动速度较快，最先流出层析柱：反之，盐的分子量较小，可通过网孔而进入凝胶颗粒，所以流程长，向前移动速度较慢，流出层析柱的时间较长。分段收集蛋白质洗脱液，即可得到脱盐的球蛋白。

AKTA prime plus 蛋白质纯化系统是一个小型的自动的液体色谱系统，是为标准分离应用而设计的。AKTA prime plus 蛋白质纯化系统是"一箱"系统，包括用于测定 UV 和电导率、产生梯度和收集组分的部件。面板的用户界面包括 LCD(liquid crystal display，液晶显示器)和触摸式按钮，附件 pH 检测器可以使用。AKTA prime plus 蛋白质纯化系统主要包括下列部件。

(1)缓冲液阀和梯度转换阀(Buff valve and gradient switch valve)。缓冲液阀用于选择使用缓冲溶液和系统泵施加大的样品体积，梯度转换阀用于建立梯度。

(2)系统泵(System pump)。系统泵用于经系统运送液体，如样品或缓冲溶液将液体经缓冲液阀、梯度转换阀或经上样阀进入流动通道。

(3)压力传感器(Pressure sensor)。压力传感器可以测量在位液体的压力，还可用作压力保护装置。

(4)混合器(Mixer)。混合器用于混合两元梯度，将上述所得溶液混合以得到最适宜的结果，混合器的体积可以选择。

(5)上样阀(Injectionvalve)。上样阀用于装加样环和用于将样品注射到柱上。

(6)检测器(Monitor)。检测器的目的是测量流出柱后液体的 UV 吸收、电导率和 pH，用于这些测量的流动池安装在系统的右侧。

(7)具有分流阀的分部收集器(Fraction cllector with flow diversion valve)。分部收集器用于将样品组分收集在管中供进一步分析，分流阀在废液和收集管之间转换流向。

在安装和调试完成后，AKTA prime plus 蛋白质纯化系统就可以用于蛋白纯化工作，检测器上 UV 吸收和电导率曲线峰值出现时分别是对应蛋白和盐离子的最主要流出阶段。

蛋白质远离等电点，易促使蛋白形成不溶性沉淀。磺基水杨酸为微生物碱，在酸性条件下，其阴离子可与带正电荷的蛋白质结合成不溶性蛋白盐而沉淀。奈氏试剂与铵离子作用后产生黄色或棕色(高浓度时)沉淀。

三、实验仪器、材料与试剂

1. 仪器

蛋白纯化仪、离心机、电子天平、电冰箱、微量移液器。

2. 材料与试剂

(1)材料：盐析后球蛋白粗提液，1mL 注射器，Sephadex G－25 预装凝胶层析柱，15 mL 离心管，离心管架，载玻片，蓝、黄、白吸头。

(2)试剂。

0.017 5 mol/L 磷酸盐缓冲液(pH 为 6.3)。

A 液：称取磷酸二氢钠（$NaH_2PO_4 \cdot 2H_2O$）2.116 g 溶于蒸馏水中，加入蒸馏水稀释至 775 mL。

B 液：称取磷酸氢二钠（$Na_2HPO_4 \cdot 12H_2O$）1.411 g，溶于蒸馏水中，加入蒸馏水稀释至 225 mL。取 A 液 775 mL，加于 B 液 225 mL，混匀后即成。

① 20%磺基水杨酸。

② 奈氏（Nessler）试剂应用液。

溶解 5.75g HgI_2 和 4g KI 于水中，稀释至 25 mL，加入 25 mL 6 mol/L NaOH 溶解，静置后，取其清液，保存在棕色瓶中。

③ 超纯水。

④ 20%乙醇。

⑤ 0.5 mol/L NaOH。

五、实验步骤

1. 安装层析柱及预处理

AKTA primne plus 仪器上安装 Sephadex G－25 的预装层析柱，使用 0.017 5 mol/L 磷酸盐缓冲液（pH 为 6.3）清洗仪器及平衡层析柱，并检查管道是否通畅。

2. 上样与洗脱

用 1 mL 注射器将 500 RL 粗提的球蛋白溶液注入加样孔中，流速设置为 0.5 mL/min，使用 0.017 5 mol/L 磷酸盐缓冲液（pH 为 6.3）洗脱样品，用离心管收集，每管 0.5 mL。观察检测器上的 UV 吸收曲线和电导率曲线，UV 吸收和电导率曲线峰值出现时记录相应的收集管号。

3. 洗脱液中蛋白质和铵离子的再次检测

按洗脱液的管号顺序分别取 2 滴液体滴于 2 个玻片上，第一张玻片滴加 20%磺基水杨酸 2 滴，出现白色混浊或沉淀即有蛋白质析出，由此可估计蛋白质在洗脱各管中的分布及浓度；第二张玻片加入奈氏试剂应用液 1 滴，若产生黄色或棕色（高浓度时）沉淀，即表示存在 NH_3。结合 UV 吸收和电导率曲线检测的峰值，可以合并蛋白含量高并且无 NH_3 的各管，此即已脱盐的球蛋白溶液。

4. 浓缩（根据情况是否需要）

将脱盐后合并的球蛋白溶液量体积，每毫升加入葡聚糖凝胶 G－25 干胶 0.05 g，摇动 2～3 min，离心 5 min（4 000 r/min），上清即浓缩的脱盐球蛋白溶液，除留 30 L 作为电泳鉴定用外，其余用于 DEAE－纤维素阴离子交换柱纯化 7一球蛋白。

5. Sephadex G－25 预装层析柱再生

脱盐实验结束后，分别用超纯水、0. 5 mol/L NaOH、超纯水和 20%乙醇冲洗 5 min 后，可以使 Sephadex G－25 预装层析柱再生，重复利用。

六、实验结果与分析

1. 观察检测器上的 UV 吸收和电导率曲线

当 UV 吸收曲线出现峰值时，说明正在收集蛋白质，记录收集管号，分析该管液体与磺基水杨酸反应是否出现白色混浊；当电导率曲线出现峰值时，说明正在收集无机盐，记录收集管号，分析该管液体与奈氏试剂反应是否产生黄色或棕色沉淀。

2. 保存浓缩后的脱盐球蛋白溶液

将已经获得浓缩后的脱盐球蛋白溶液保存于 4 ℃冰箱中，用于后续纯化实验。

注意：

(1)进行粗提球蛋白样品的上样脱盐前，要保证 Sephadex G－25 的预装层析柱在 0.0175 mol/L 磷酸盐缓冲液(pH 为 6.3)中充分预处理。

(2)层析时应注意及时收集样品，切勿使蛋白质峰溶液流失，并注意缓冲液不要被吸干，不要进入空气。

(3)合并脱盐后的球蛋白溶液时，要保证管中球蛋白含量高，但不存在 $NH4^{+}$。

实验 5　离子交换层析：纯化 γ－球蛋白

一、实验目的

(1)掌握离子交换层析技术。

(2)熟悉不同球蛋白在特定 pH 条件下所带净电荷情况。

二、实验原理

离子交换层析是指溶液中的离子和交换剂上的离子进行可逆的交换过程，交换剂由带电荷的树脂或纤维素组成。带正电荷的交换剂称为阴离子交换剂，带负电荷的交换剂称为阳离子交换剂。本实验采用的 DEAE(二乙氨乙基)纤维素是一种阴离子交换剂，溶液中带负电荷的离子可与其进行交换结合，带正电荷的离子则不能，这样便可达到分离纯化的目的。

脱盐后的蛋白质溶液尚含有各种球蛋白，利用它们等电点的不同可进行分离。α1－球蛋白、α2－球蛋白、β 球蛋白的 pI＜6.0；γ－球蛋白的 pI＞6.8。因此在 pH 为 6.3 的缓冲溶液中，α1－球蛋白、α2－球蛋白和 β 球蛋白带负电荷，γ－球蛋白带正电荷，而 DEAE 纤维素带有正电荷且吸附着阴离子。经 DEAE 纤维素阴离子交换柱进行层析时，带负电荷的 α1－球蛋白、α2－球蛋白和 β－球蛋白能与 DEAE 纤维素进行阴离子交换而被结合：带正电荷的 γ－球蛋白则不能与 DEAE 纤维素进行离子交换而直接从层析柱流出。因此，随洗脱液流出的只有 γ－球蛋白，从而使 γ－球蛋白粗制品被纯化。

三、实验仪器、材料与试剂

1. 仪器

AKTA prime plus 蛋白纯化仪、离心机、电子天平、电冰箱、微量移液器。

2. 材料与试剂

(1)材料。浓缩后的脱盐球蛋白溶液，1mL 注射器，DEAE 纤维素预装层析柱，15 mL 离心管，离心管架，载玻片，蓝、黄、白吸头。

(2)试剂

① 0.017 5 mol/L 磷酸盐缓冲液(pH 为 6.3)。

A 液：称取磷酸二氢钠($NaH_2PO_4 \cdot 2H_2O$)$_2$ 1.16 g 溶于蒸馏水中，加入蒸馏水稀释至 775 mL。

B 液：称取磷酸氢二钠($Na_2HPO_4 \cdot 12H_2O$)1.411 g 溶于蒸馏水中，加入蒸馏水稀释至 225 mL。取 A 液 75 mL，加于 B 液 225 mL，混匀后即成。

② 20%磺基水杨酸。

③ 超纯水。

④ 20%乙醇。

⑤ 0.5 mol/L NaOH。

四、实验步骤

1. 安装层析柱及预处理

AKTA prime plus 仪器上安装 DEAE 纤维素预装层析柱，使用 0.017 5 mol/L 磷酸盐缓冲液(pH 为 6.3)清洗仪器及平衡层析柱，并检查管道是否通畅。

2. 上样与洗脱

用 1mL 注射器将 500 pL 浓缩后的脱盐球蛋白溶液注入加样孔中，流速设置为 0.5 mL/min，使用 0.017 5 mol/L 磷酸盐缓冲液(pH 为 6.3)洗脱样品，用离心管收集，每管 0.5 mL，观察检测器上的 UV 吸收曲线，曲线峰值出现时记录相应的收集管号。

3. 洗脱液中蛋白质的再次检测

按洗脱液的管号顺序分别取 1 滴液体，滴于载玻片上，各滴加 20%磺基水杨酸 2 滴，出现白色混浊或沉淀即有蛋白质析出，由此可估计 γ-球蛋白在洗脱各管中的分布及浓度。结合 UV 吸收曲线检测的峰值，可以合并 γ-球蛋白含量高的各管，此即已纯化的 γ-球蛋白溶液。

4. 浓缩(根据情况是否需要)

将纯化后合并的 γ-球蛋白溶液量体积，每毫升加入葡聚糖凝胶 G-25 干胶 0.05 g，摇动 2～3 min，离心 5 min(4 000 r/min)，上清即浓缩的纯化 γ-球蛋白溶液，留待电泳鉴定。

5. DEAE 纤维素预装层析柱再生

纯化实验结束后，分别用超纯水 0.5 mol/L NaOH、超纯水和 20%乙醇冲洗 5 min 后，可以使 DEAE 纤维素预装层析柱再生，重复利用。

六、实验结果与分析

1. 观察检测器上的 UV 吸收曲线

当 UV 吸收曲线出现峰值时，说明正在收集 γ-球蛋白，记录收集管号，分析该管液体与磺基水杨酸反应是否出现白色混浊。

2. 保存浓缩后的纯化 γ-球蛋白溶液

将已经获得浓缩后的纯化 γ-球蛋白溶液保存于 4 ℃冰箱中，用于后续电泳鉴定实验。

注意：

(1)进行浓缩后的脱盐球蛋白样品的上样前，要保证 DEAE 纤维素预装层析柱在 0.0175 mol/L 磷酸盐缓冲液(pH 为 6.3)中充分预处理。

(2)层析时应注意及时收集样品，切勿使蛋白质峰溶液流失，并注意缓冲液不要被吸干，防止进入空气。

实验 6　γ-球蛋白纯度鉴定

一、实验目的

(1)掌握 SDS-PAGE 电泳技术。

(2)运用考马斯亮蓝染色分析蛋白情况。

二、实验原理

十二烷基硫酸钠-聚丙烯酰胺凝胶电泳(sodium ddecyl sulfate polyacrylam-ide gel eletrophoresis，SDS-PAGE)是以聚丙烯酰胺凝胶为支持介质的一种常用电泳技术，聚丙烯酰胺凝胶为网状结构，具有分子筛效应，根据蛋白质亚基分子量的不同来分开蛋白质。SDS 是阴离子去污剂，作为变性剂和助溶试剂，它能断裂分子内和分子间的氢键，使分子去折叠，破坏蛋白分子的二、三级结构：而强还原剂如 Β-巯基乙醇能使半胱氨酸残基间的二硫键断裂。在 SDS-PAGE 的样品和凝胶中加入还原剂和 SDS 后，分子被解聚成多肽链，解聚后的氨基酸侧链和 SDS 结合成蛋白-SDS 胶束，所带的负电荷大大超过了蛋白原有的电荷量，这样就消除了不同分子间的电荷差异和结构差异。

球蛋白是由四肽链组成的，包括两条相同的分子量较小的轻链(L 链)和两条相同的分子量较大的重链(H 链)，L 链与 H 链由二硫键连接形成一个四肽链分子，而清蛋白为单链多肽。因此，在 SDS-PAGE 电泳中，由于 SDS 和 β-巯基乙醇的作用，球蛋白呈现为两条带，清蛋白呈现为单条带。

本实验将对小鼠血清、浓缩后的脱盐球蛋白溶液、浓缩后的纯化 γ-球蛋白溶液进行 SDS-PAGE 电泳，比较蛋白的差异情况，分析 γ-球蛋白的分离及纯化效果。由于血清中各种蛋白的分子量不同，通过 SDS-PAGE 电泳，能够将它们区分开，并且通过考马斯亮蓝染色直观分析 γ-球蛋白的分离及纯化情况。

三、实验仪器、材料与试剂

1. 仪器

蛋白电泳仪蛋白电泳槽、配胶器具、离心机、电子天平、电冰箱、微量移液器、水浴锅、烘箱。

2. 材料与试剂

(1)材料：小鼠血清，浓缩后的脱盐球蛋白溶液，浓缩后的纯化 γ-球蛋白溶液，离心管，蓝、黄、白吸头。

(2)试剂。

① 配胶及电泳试剂。

10%分离胶(20 mL):8 mL蒸馏水,6.7 mL 30%丙烯酰胺,5 mL 1.5 mol/L Tris(pH为8.8)溶液,0.2 mL 10% SDS溶液,0.2 mL 10%过硫酸铵,0.008 mL TEMED。

5%浓缩胶(8mL):5.5 mL蒸馏水,1.3 mL 30%丙烯酰胺,1 mL 1.0 mol/L Tris(pH为6.8)溶液,0.08 mL 10% SDS溶液,0.08 mL 10%过硫酸铵,0. 008 mL TEMED。

5X电泳缓冲液:Tris 15.1 g,Glycine 94 g,SDS 5.0 g,溶解于1 000 mL蒸馏水中。

② 5X蛋白上样缓冲液;0.25 M TrisγHCl(pH6.8),10%(*W/V*)SDS,0.5%(*W/V*)BPB(溴酚蓝),50%(*V/V*)甘油,5%(*W/V*)B巯基乙醇。

③ 考马斯亮蓝染液:0.1%(*W/V*)考马斯亮蓝R—250,25%(*V/V*)异丙醇,10%(*V/V*)冰醋酸。

④ 脱色液:10%(*V/V*)冰醋酸,5%(*V/V*)乙醇。

四、实验步骤

1. SDS-PAGE胶准备

(1)将配胶玻璃板安装在配胶架上,确保安装紧密,防止漏胶。

(2)配制10%分离胶,混匀,灌胶,用超纯水密封,室温下静置40 min。

(3)配制5%浓缩胶,混匀,灌胶,插入梳子,室温下静置30 min。

(4)将含有SDS PAGE胶的玻璃板从配胶架上取下,并安装在电泳槽中,等待加样。

2. 样品预处理、加样和电泳

(1)分别取30 μL用超纯水稀释5倍的人血清、浓缩后的脱盐球蛋白溶液和浓缩后的纯化γ-球蛋白溶液于离心管中,再各加入5×蛋白上样缓冲液7.5 pL,95 ℃加热10 min使蛋白变性。

(2)将蛋白Marker和上述样品分别加入SDS-PAGE胶孔中。

(3)90 V恒压室温电泳约15 min,当样品从浓缩胶进入分离胶后120 V恒压室温电泳90 min。

3. 考马斯亮蓝染液染色

电泳结束后,将玻璃板打开取出SDS PAGE胶并放入考马斯亮蓝染液里,在60 ℃烘箱中染色20 min。

4. 脱色液脱色

考马斯亮蓝染色结束后,取出SDS PAGE胶并放入脱色液里,室温下进行脱色,每20 min更换一次脱色液,处理SDS-PAGE胶至背景无色。

5. 鉴定

由于血清中的清蛋白、α1-球蛋白、α2-球蛋白、β-球蛋白、γ-球蛋白分子量不同,通过SDS-PAGE电泳能够区分这些蛋白,并且通过考马斯亮蓝染色直观分析γ-球蛋白分离及纯化情况。对比三种样品蛋白条带情况,如果浓缩后的纯化γ-球蛋白溶液只出现两条带,则纯度较高,条数越多,纯度越低。

五、实验结果与分析

1. 观察蛋白条带界限

观察小鼠血清和脱盐后样品的蛋白条带之间的界限是否明显，如果不明显，则分析电泳过程中可能的原因。

2. 比较三种样品蛋白条带情况

与血清样品比较，观察脱盐后和纯化后样品中条带差异。纯化后样品应该为两条带，如果低于或超过两条带，则分析可能的原因。

注意：加样过程中不同样品之间必须更换吸头，防止样品交叉污染；不同样品之间空一个加样孔，避免样品渗漏到相邻孔中影响电泳结果。

实验 7　蛋白质的定量分析

实验 7.1　双缩脲法测定蛋白质含量

一、实验目的

掌握双缩脲法定量测定蛋白质含量的原理和标准曲线的绘制。

二、实验原理

在碱性溶液中，具有两个或两个以上肽键的化合物（如蛋白质）可与 Cu^{2+} 结合生成紫色化合物（双缩脲反应），颜色深浅与蛋白质浓度成正比，故可用比色法测定蛋白质的浓度。在一定条件下，未知样品的溶液与标准蛋白质溶液同时反应，并于 520 nm 下比色，可以通过标准蛋白质的标准曲线求出未知样品的蛋白质浓度。

三、实验仪器及试剂

容量瓶、试管、试管架、恒温水浴槽、吸量管、分光光度计、比色皿。

试剂：

(1)标准酪蛋白溶液 10 mg/mL。

(2)双缩脲试剂：溶解 2.5 g $CuSO_4 \cdot 5H_2O$ 于 100mL 水中，加热溶解，取酒石酸钠10 g、碘化钾 5 g，溶于 500 mL 水中，再加入 5 mol/L NaOH 溶液 300 mL 混合，倒入硫酸铜溶液，加水至 1 000 mL。

(3)小鼠肝脏组织匀浆。

四、实验内容

(1)取小试管 7 支，编号，按表 1-4-4 注入溶液。

表 1-4-4 双缩脲法测定蛋白质含量数据记录

试剂/mL	管号						
	1	2	3	4	5	6	7
标准蛋白质溶液	0.1	0.3	0.5	0.7	0.9	—	匀浆 0.1
生理盐水	0.9	0.7	0.5	0.3	1.0	1.0	0.9
双缩脲试剂	4.0	4.0	4.0	4.0	4.0	4.0	4.0

(2)混匀后,于 37 ℃水浴中保温 15 min,在 520 nm 波长下比色,以第 6 管调零点,测得各管的吸光度值为纵坐标,蛋白质的克数为横坐标,绘成曲线。

(3)按表 1-4-4 中第 7 管的数据加入溶液,在 37 ℃水浴中放置 15 min,测定其吸光度。

五、实验数据记录及结果分析

将实验数据记录在表 1-4-5 中。

表 1-4-5 实验数据记录

项目	管号						
	1	2	3	4	5	6	7
吸光值							

绘制标准曲线,依据曲线方程计算蛋白质小鼠肝脏组织匀浆溶液中蛋白质的含量。

实验 7.2 考马斯亮蓝法测定蛋白质含量

一、实验目的

掌握考马斯亮蓝法定量测定蛋白质含量的原理和方法;熟悉紫外分光光度计的使用。

二、实验原理

考马斯亮蓝在游离状态下呈红色,当它与蛋白质结合后变为蓝色,在一定蛋白质浓度范围内,结合物在 595 nm 波长下有最大吸收峰,测定其光的吸收量即可得结合蛋白质的量。

三、实验仪器及试剂

(1)仪器:分光光度计、试管、吸量管、比色皿。

(2)试剂。

① 考马斯亮蓝试剂:考马斯亮蓝 G-250 100 mg 溶于 50 mL 95%乙醇中,加入 100 mL 85%磷酸,用蒸馏水稀释至 1 000 mL。

② 标准蛋白溶液 5 004 g/mL。

③ 50 倍稀释后的小鼠肝脏蛋白原浆。

四、实验内容

(1)取试管 3 支，按表 1－4－6 操作。

表 1－4－6　考马斯亮蓝法测定蛋白质含量数据记录

试剂/mL	空白管	标准管	样品管
生理盐水	0.1	—	—
标准蛋白溶液	—	0.1	—
样品	—	—	0.1
考马斯亮蓝	5.0	5.0	5.0

(2)混匀，室温下放置 5 min，在波长 595 nm 处调零，测定各管吸光度值。

五、实验数据记录及结果分析

例：测得标准管与样品管的吸光度分别为 0.418、0.222；则样品中蛋白质的含量 μg/mL＝(0.222/0.418)×500＝265.64 μg/mL；则稀释前小鼠肝脏蛋白原浆中蛋白质的含量为 13.3 mg/mL。

实验 7.3　紫外吸收法测定蛋白质含量

一、实验目的

掌握紫外吸收法定量测定蛋白质含量的原理和方法；熟悉紫外分光光度计的使用。

二、实验原理

在蛋白质分子中，酪氨酸、苯丙氨酸和色氨酸残基的苯环含有共轭双键，使蛋白质具有吸收紫外光的性质。吸收高峰在 280 nm 处，其吸光度(即光密度值)与蛋白质含量成正比。此外，蛋白质溶液在 238 nm 的光吸收值与肽键含量成正比。在一定波长下，蛋白质溶液的光吸收值与蛋白质浓度的正比关系，可以进行蛋白质含量的测定。紫外吸收法简便、灵敏、快速，不消耗样品，测定后仍能回收使用。低浓度的盐，如生化制备中常用的 $(NH_4)_2SO_4$ 等和大多数缓冲液不干扰测定，特别适用于柱层析洗脱液的快速连续检测，因为此时只需测定蛋白质浓度的变化，而不需知道其绝对值。

紫外吸收法的特点是测定蛋白质含量的准确度较差，干扰物质多，在用标准曲线法测定蛋白质含量时，对那些与标准蛋白质中酪氨酸和色氨酸含量差异大的蛋白质，有一定的误差。故该法适于用测定与标准蛋白质氨基酸组成相似的蛋白质。若样品中含有嘌呤、嘧啶及核酸等吸收紫外光的物质，会出现较大的干扰。核酸的干扰可以通过查校正表，再进行计算的方法，加以适当的校正。但是因为不同的蛋白质和核酸的紫外吸收是不相同的，虽然经过校正，但是测定的结果还是存在一定的误差。

此外，进行紫外吸收法测定时，由于蛋白质吸收高峰常因 pH 的改变而有变化，所以要注意溶液的 pH，测定样品时的 pH 要与测定标准曲线的 pH 相一致。

三、实验仪器与试剂

(1)试剂。

① 标准蛋白质溶液 1 mg/mL。

② 30 倍稀释后的小鼠肝脏蛋白原浆。

(2)仪器：紫外分光光度计、吸量管、试管、比色皿。

四、实验内容

280 nm 的光吸收法。

(1)取试管 7 支，按表 1-4-7 操作。

表 1-4-7 紫外吸收法测定蛋白质含量数据记录

试剂/mL	管号						
	1	2	3	4	5	6	7
标准蛋白质溶液	0.5	1.0	1.5	2.0	2.5	—	匀浆 1.0
生理盐水	3.5	3.0	2.5	2.0	1.5	4.0	3.0

(2)混匀后，在石英比色皿中，用紫外分光光度计，以第 6 管调零，在 280 nm 下测定各管吸光度，以吸光度为纵坐标，以蛋白质浓度为横坐标，绘制标准曲线。

五、实验数据记录及结果分析

将实验数据记录在表 1-4-8 中。

表 1-4-8 实验数据记录

项目	管号						
	1	2	3	4	5	6	7
吸光值							

绘制标准曲线，依据曲线方程计算蛋白质小鼠肝脏组织匀浆溶液中蛋白质的含量。

实验 8 淀粉酶活性的测定

一、实验目的

因为酶是高效催化有机体新陈代谢各步反应的活性蛋白，几乎所有的生化反应都离不开酶的催化，所以酶在生物体内扮演着极其重要的角色，对酶的研究有着非常重要的意义。

酶的活力是酶的重要参数，反映的是酶的催化能力，因此测定酶的活力是研究酶的根底。酶的活力由酶活力单位表征，通过计算适宜条件下一定时间内一定量的酶催化生成产物的量得到。

淀粉酶是水解淀粉的糖苷键的一类酶的总称，按照其水解淀粉的作用方式，可分为 α-淀粉酶和 β-淀粉酶等。α-淀粉酶和 β-淀粉酶是其中最主要的两种，存在于禾谷类的种子中。β-淀粉酶存在于休眠的种子中，而 α-淀粉酶是在种子萌发过程中形成的。α-淀粉酶活性是衡量小麦穗发芽的一个生理指标，α-淀粉酶活性低的品种抗穗发芽，反之易穗发芽。目前，关于 α-淀粉酶活性的测定方法有很多种，活力单位的定义也各不一样，国内外测定α-淀粉酶活性的方法常用的有 3,5-二硝基水杨酸比色法（DNS）、凝胶扩散法和降落值法。这三种方法所用的材料分别是新鲜种子、萌动种子和面粉，获得的 α-淀粉酶活性分别是延迟（内源）α-淀粉酶、萌动种子 α-淀粉酶和后熟面粉的 α-淀粉酶活性。

表 1-4-9　测定方法的优缺点

测定方法	优点	缺点
DNS	灵敏、准确、准确度高，适宜准确测量小样品 α-淀粉酶活性的大小	测定步骤较繁，不便分析大量样品，测定范围较窄
凝胶扩散法	简便、快速、省时、省力，消耗材料和药品较少，不需要特殊仪器，测定范围较宽	边界不清晰，灵敏度与准确度较低，不适宜准确测量 α-淀粉酶活性的大小
降落值法	快速、省时、重现性好、平行性好、消耗的药品少，适宜于测量大量样品	消耗的材料多，间接测定 α-淀粉酶活性的大小

本实验的目的在于掌握 α-淀粉酶和 β-淀粉酶的提取与测定方法。

二、实验原理

萌发的种子中存在两种淀粉酶，分别是 α-淀粉酶和 β-淀粉酶，β-淀粉酶不耐热，在高温下易钝化，而 α-淀粉酶不耐酸，在 pH 为 3.6 下则发生钝化。本实验的设计利用 β-淀粉酶不耐热的特性，在高温（70 ℃）下处理使 β-淀粉酶钝化，从而测定 α-淀粉酶的酶活性。

酶活性的测定是通过测定一定量的酶在一定时间内催化得到的麦芽糖的量来实现的，淀粉酶水解淀粉生成的麦芽糖，可用 3,5-二硝基水杨酸试剂测定，由于麦芽糖能将后者复原生成硝基氨基水杨酸的显色基团，将其颜色的深浅与糖的含量成正比，所以可求出麦芽糖的含量。常用单位时间内生成麦芽糖的毫克数表示淀粉酶活性的大小，然后利用同样的原理测得两种淀粉酶的总活性。实验中为了消除由非酶促反响引起的麦芽糖的生成带来的误差，对每组实验都做了相应的对照实验，在最终计算酶的活性时以测量组的值减去对照组的值加以校正。在实验中要严格控制温度及时间，以减少误差。并且在酶的作用过程中，4 支测定管及空白管不要混淆。

三、实验材料、试剂与仪器

（1）材料：萌发的小麦种子（芽长 1 cm 左右）。

（2）仪器：分光光度计、电热恒温水浴锅、离心机（TDL-40B）容量瓶（50 mL×1、100 mL×1）、小台秤、研钵、具塞刻度试管(15 mL×6)、试管 8 支、移液器、烧杯等。

(3)试剂。

① 1%淀粉溶液(称取 1 g 可溶性淀粉,参加 80 mL 蒸馏水,加热熔解,冷却后定容至 100 mL)。

② pH 为 5.6 的柠檬缓冲液:A 液(称取柠檬酸 20.01 g,溶解后定容至 1 L);B 液(称取柠檬酸钠 29.41 g,溶解后定容至 1 L)。取 A 液 5.5 mL、B 液 14.5 mL 混匀即为 pH 为 5.5 的柠檬酸缓冲液。

③ 3,5-二硝基水杨酸溶液(称取 3,5-二硝基水杨酸 1.00 g,溶于 20 mL 1M 氢氧化钠中,参加 50 mL 蒸馏水,再参加 30 g 酒石酸钠,待溶解后,用蒸馏水稀释至 100 mL,盖紧瓶盖保存)。

④ 麦芽糖标准液(称取 0.100 g 麦芽糖,溶于少量蒸馏水中,小心移入 100 mL 容量瓶中定容)。

⑤ 0.4 M NaOH。

四、实验步骤

1. 酶液的制备

称取 2 g 萌发的小麦种子与研钵中,加入少量石英砂,研磨至匀浆,转移到 50 mL 容量瓶中用蒸馏水定容至刻度,混匀后在室温下放置,每隔数分钟振荡一次,提取 15～20 min,于 3 500 r/min 离心 20 min,取上清液备用。

2. α-淀粉酶活性的测定

(1)取 4 支管,注明 2 支为对照管,另外 2 支为测定管。

(2)于每管中各加酶提取液 1 mL,在 70 ℃恒温水浴中(水浴温度的变化不应超过±0.5 ℃)准确加热 15 min,在此期间 β-淀粉酶钝化,取出后迅速在冰浴中彻底冷却。

(3)在试管中各加入 1 mL 柠檬酸缓冲液。

(4)向 2 支对照管中各加入 4 mL 0.4M NaOH,以钝化酶的活性。

(5)将测定管和对照管置于(40±0.5) ℃恒温水浴中准确保温 15 min,再向各管中分别加入 40 ℃下预热的淀粉溶液 2mL,摇匀,立即放入 40 ℃水浴中准确保温 5 min 后取出,向 2 支测定管中分别迅速加入 4 mL 0.4M NaOH,以终止酶的活性,然后准备下一步糖的测定。

3. 两种淀粉酶总活性的测定

取上述酶液 5 mL 于 100 mL 容量瓶中,用蒸馏水稀释至刻度(稀释倍数视样品酶活性大小而定,一般为 20 倍)。混合均匀后,取 4 支管,注明 2 支为对照管,另外 2 支为测定管,各管加入 1 mL 稀释后的酶液及 pH 为 5.6 的柠檬酸缓冲液 1 mL,以下步骤重复 α-淀粉酶测定的第(4)步及第(5)步的操作。

4. 麦芽糖的测定

(1)标准曲线的制作。取 15 mL 具塞试管 7 支,编号,分别加入麦芽糖标准液(1 mg/mL) 0、0.1、0.3、0.5、0.7、0.9、1.0 mL,用蒸馏水补充至 1.0 mL,摇匀后再加入 3,5-二硝基水杨酸 1 mL,摇匀,沸水浴中准确保温 5 min,取出冷却,用蒸馏水稀释至 15 mL,摇匀后用分光光度计于 520 nm 波长下比色,记录消光值,以消光值为纵坐标,以麦芽糖含量为横坐标绘制标准曲线。

(2)样品的测定。取 15 mL 具塞试管 8 支，编号，分别参加步骤 2 和 3 中各管的溶液各 1 mL，再参加 3,5 -二硝基水杨酸 1 mL，摇匀，沸水浴中准确煮沸 5 min，取出冷却，用蒸馏水稀释至 15 mL，摇匀后用分光光度计于 520 nm 波长下比色，记录消光值，根据标准曲线进展结果计算。

五、实验结果

实验结果见表 1 - 4 - 10。

表 1 - 4 - 10　实验结果

麦芽糖标准液浓度/(mg/mL)	0	0.1	0.3	0.5	0.7	0.9	1.0	
OD520								
工程	α(测)	α(测)	α(对)	α(对)	α+β(测)	α+β(测)	α+β(对)	α+β(对)
OD520								
平行组数据均值 OD_{520}								
样品麦芽糖浓度/(mg/mL)								

表 1 - 4 - 10 中前 4 行数据为实验的原始数据。以表 1 - 4 - 10 中前两行数据绘制标准曲线，计算表 1 - 4 - 10 中第 4 行数据(各样品的 *OD* 值)均值，填入第 5 行中，根据标准曲线的方程，计算第 5 行 *OD* 值所对应的麦芽糖浓度，填入最后一行。

根据数据整理结果，结合以下公式计算两种淀粉酶的活性：

$$\alpha\text{-淀粉酶活性(毫克麦芽糖·克}^{-1}\text{鲜重·分钟}^{-1}\text{)}=\frac{(A-A')\times\text{样品稀释总体积}}{\text{样品重(g)}\times 5}$$

$$(\alpha\text{-}+\beta\text{-})\text{淀粉酶活性(毫克麦芽糖·克}^{-1}\text{鲜重·分钟}^{-1}\text{)}=\frac{(B-B')\times\text{样品稀释总体积}}{\text{样品重(g)}\times 5}$$

式中，A——α -淀粉酶测定管中的麦芽糖浓度；

A'——α -淀粉酶对照管中的淀粉酶的浓度；

B——(α -+β -)淀粉酶总活性测定管中的麦芽糖浓度；

B'——(α -+β -)淀粉酶总活性对照管中的麦芽糖浓度。

计算结果如下：

α -淀粉酶活性=〔毫克麦芽糖·克$^{-1}$鲜重·分钟$^{-1}$〕

(α -+β -)淀粉酶活性=〔毫克麦芽糖·克$^{-1}$鲜重·分钟$^{-1}$〕

β -淀粉酶活性=〔毫克麦芽糖·克$^{-1}$鲜重·分钟$^{-1}$〕

六、作业

(1)pH 为 5.6 的柠檬酸缓冲液的作用是什么？各管于 40 ℃水浴准确保温 15 min 的作用是什么？

(2)众多测定淀粉酶活力的实验设计中一般均采取钝化 β-淀粉酶的活力而测 α-淀粉酶和测总酶活力的策略，为何不采取钝化 α-淀粉酶的活力去测 β-淀粉酶的活力呢？这种设计思路说明什么？

(3)本实验中所设置的对照管的作用是什么？它与比色法测定物质含量实验中设置的空白管有何异同？本实验可否用对照管调分光光度计的 100%T？为什么？

实验 9　蔗糖酶的提取与部分纯化

一、实验目的

学习酶的提取和纯化方法，掌握各步骤的实验原理，并为后续实验提供一定量的蔗糖酶。

二、实验原理

自 1860 年 Bertholet 从酒酵母(Sacchacomyces cerevisiae)中发现了蔗糖酶以来，它已被广泛地进行了研究。蔗糖酶(invertase)特异地催化非还原糖中的 α-呋喃果糖苷键水解，具有相对专一性，不仅能催化蔗糖水解生成葡萄糖和果糖，还能催化棉子糖水解，生成蜜二糖和果糖。

本实验提取面包酵母中的蔗糖酶。该酶以两种形式存在于酵母细胞膜的外侧和内侧，在细胞膜外细胞壁中的称为外蔗糖(external yeast invertase)，其活力占蔗糖酶活力的大部分，是含有 50%糖成分的糖蛋白。在细胞膜内侧细胞质中的称为内蔗糖酶(internal yeast invertase)，含有少量的糖。两种酶的蛋白质部分均为双亚基，二聚体，两种形式的酶的氨基酸组成不同，外酶每个亚基比内酶多两个氨基酸，丝氨酸和蛋氨酸，它们的分子量也不同，外酶约为 27 万(或 22 万，与酵母的来源有关)，内酶约为 13.5 万。尽管这两种酶在组成上有较大的差别，但其底物专一性和动力学性质仍十分相似，因此，本实验未区分内酶与外酶，并且由于内酶含量很少，极难提取，本实验提取纯化的主要是外酶。

两种酶的性质对照见表 1-4-11。

表 1-4-11　两种酶的性质对照

名称	Mw	糖含量	亚基	底物为蔗糖的 Km	底物为棉子糖的 Km	等电点 pI	最适 pH	稳定 pH 范围	最适温度/℃
外酶	27 万(22 万)	50%	双	26mM	150mM	5.0	4.9(3.5～5.5)	3.0～7.5	60
内酶	13.5 万	<3%	双	25mM	150mM		4.5(3.5～5.5)	6.0～9.0	

在实验中，用测定生成还原糖（葡萄糖）的量或旋光法来测定蔗糖水解的速度，在给定的实验条件下，每分钟水解底物的量定为蔗糖酶的活力单位。比活力是指每毫克蛋白质的活力单位数。

三、实验材料

（1）高速冷冻离心机、恒温水浴箱、－20 ℃冰箱、电子天平、研钵（＞200 mL）、制冰机、50 mL烧杯、离心管（2 mL、10 mL、30 mL 或 50 mL）、移液器（1 000 μL）或滴管、量筒。

（2）市售鲜啤酒酵母（低温保存）、石英砂（海沙）、甲苯（使用前预冷到 0 ℃以下）、95％乙醇（预冷－20 ℃）、去离子水（使用前冷至 4 ℃左右）、Tris - HCl（pH 为 7.3）缓冲液。

四、操作步骤

1. 提取

（1）将市售鲜啤酒酵母 2 000 r/min，离心 10 min，除去大量水分。

（2）将研钵稳妥放入冰浴中。

（3）称取 50 g 市售鲜啤酒酵母，加入 30 g 石英砂放入研钵中，加入 50 mL 预冷的甲苯（边研边加）或预冷的去离子水，在研钵内研磨成糊状，然后每次缓慢加入预冷的 10 mL 去离子水，边加边研磨，以便将蔗糖酶充分转入水相。共加入 75 mL 去离子水，研磨 40～60 min，使其成糊状液体。（注：研磨时可用显微镜检查研磨的效果，至酵母细胞大部分研碎）。

（4）将混合物转入 50 mL（或分装入 2 个 30 mL）离心管中，平衡后，用高速冷冻离心机离心 4 ℃，15000 r/min，15 min。观察结果：如果中间白色的脂肪层厚，则说明研磨效果良好。

（5）用移液器（或滴管）吸出，上层有机相（弃掉）。

（6）用移液器小心地取出脂肪层下面的水相液转入量筒，量出体积，并记录。

（7）取出 2 mL 放入 2 mL 离心管中（标记为粗级分 I，－20 ℃下保存），用于测定酶活力及蛋白含量。剩余部分转入清洁的小烧杯中。

2. 热处理

（1）将盛有粗级分 I 的小烧杯迅速地放入 50 ℃恒温水浴中，保持 30 min，并用玻璃棒温和搅动。

（2）取出小烧杯，迅速用冰浴冷却，转入清洁的离心管中（根据量大小选择离心管），4 ℃，15000 r/min，离心 15 min。

（3）将上清液转入量筒，量出体积，并记录。

（4）取出 2 mL 放入 2 mL 离心管中（标记为热级分 II，－20 ℃下保存），用于测定酶活力及蛋白含量。剩余部分转入清洁的小烧杯中。

3. 乙醇沉淀

（1）将盛有热处理后的上清液放入小烧杯，在冰浴下逐滴加入预冷的等体积（逐滴加入）95％乙醇，温和搅拌、放置，需 1 h。

（2）转入清洁的离心管中，用 4 ℃，15000 r/min，离心 15 min，倾去上清，并滴干。

（3）离心管中沉淀用 5～8 mL Tris－HCI（pH 为 7.3）缓冲液充分溶解（若溶液混浊，则用离心管，4 000 r/min 离心除去不溶物），转入量筒，量出体积，并记录。

(4)取出 2 mL 放入 2 mL 离心管中(标记为醇级分Ⅲ,−20 ℃下保存),用于测定酶活力及蛋白含量。剩余部分转入清洁的小烧杯中,用于下一步实验。(注:在离心管中沉淀时也可盖上盖子或薄膜封口,然后将其放入冰箱中冷冻保存,用时再处理)。

五、实验结果与分析

记录实验结果,并加以解释,若有异常现象出现,则可进行分析讨论。

实验 10　蔗糖酶活性及蛋白质浓度的测定

一、实验目的

学会用考马斯亮蓝结合法测定蛋白质浓度,用 Nelson 方法测定酶活力;掌握各步骤的实验原理和方法。

二、实验原理

本实验以 Nelson 方法测定酶活力,其原理是还原糖含有的自由醛基或酮基,在碱性溶液中将 Cu^{2+} 还原成氧化亚铜,糖本身被氧化成羟酸,砷钼酸试剂与氧化亚铜生成蓝色溶液,在 510 nm 下有正比于还原糖的吸收,从而可确定酶的活力,测定范围为 25～200 μg。

本实验用考马斯亮蓝结合法测定蛋白浓度,考马斯亮蓝能与蛋白质的疏水微区相结合,这种结合具有高敏感性。考马斯亮蓝 G250 的磷酸溶液呈棕红色,最大吸收峰在 465 nm。当它与蛋白质结合形成复合物时呈蓝色,其最大吸收峰改变为 595 nm,考马斯亮蓝 G250—蛋白质复合物的高消光效应导致了蛋白质定量测定的高敏感度。在一定范围内,考马斯亮蓝 G250—蛋白复合物呈色后,在 595 nm 下,吸光度与蛋白质含量呈线性关系,故可以用于蛋白质浓度的测定。

三、实验仪器、材料及试剂

(1)仪器:722 型(或 7220 型)分光光度计、电子分析天平、恒温水浴箱、量筒、容量瓶、移液器、试管。

(2)材料及试剂。

① 考马斯亮蓝(G250)染液(0.01%);称取 0.1 g 考马斯亮蓝 G250 溶于 50 mL 95%乙醇中,再加入 100 mL 浓磷酸(市售质量百分数为 85%),然后加蒸馏水定容至 1 000 mL。

② 0.9% NaCl 溶液

(3)牛血清标准蛋白液(0.1 mg/mL):准确称取牛血清蛋白 0.1 g,用 0.9% NaCl 溶液溶解并稀释至 1 000 mL。

(4)4 mmol/L 葡萄糖、4 mmol/L 蔗糖、0.5 mmol/L 蔗糖。

(5)0.2 mol/L 乙酸(AC)缓冲溶液(pH 为 4.5)。

① 0.2 mol/L NaAC：称取 27.616 g NaAC 溶解并定容至 1 000 mL。

② 0.2 mol/L HAC：100 mL 乙酸（分析纯）定容至 500 mL。

③ 将两者分别取 315 mL、185 mL 混合，用强碱调 pH 到 4.5。

（6）Nelson 试剂。

① A 试剂：100 mL 溶剂中含 Na_2CO_3 2.5 g、$NaHCO_3$ 2.0 g、酒石酸钾钠（酒石酸钠）2.5 g、Na_2SO_4 20 g。

② B 试剂：100 mL 溶剂中含 $CuSO_4 \cdot 5H_2O$ 15 g、浓 H_2SO_4 2 滴。以 A∶B＝50∶2 比例混合即可使用，使用前须在 37 ℃以上溶解，防止溶质析出。

（7）砷钼酸试剂：100 mL 中含钼酸铵 5 g、浓 H_2SO_4 4.2 mL、砷酸钠 0.6 g（砷酸钠有毒，实验中须注意）。

四、操作步骤

1. 各级分蛋白质浓度的测定及标准曲线的制作

（1）蛋白质浓度的测定——标准曲线的制作。取 7 支干净试管，按表 1-4-12 编号并加入试剂混匀。以吸光度平均值为纵坐标，以各管蛋白含量为横坐标作图得标准曲线（或将数据代入线性回归方程，求出 Y 和 r）。

表 1-4-12　考马斯亮蓝法测定蛋白质浓度—标准曲线的绘制

编号	0	1	2	3	4	5	6
标准蛋白液/mL	—	0.1	0.2	0.3	0.4	0.5	0.6
0.9%NaCl/mL	1.0	0.9	0.8	0.7	0.6	0.5	0.4
考马斯亮蓝/mL	4	4	4	4	4	4	4
蛋白含量/μg	0	10	20	30	40	50	60
	室温下静置 5 min						
A595nm							

（2）各级分蛋白浓度的测定。取 9 支干净试管，每级分做两管，按表 1-4-13 编号并加入试剂混匀，读取吸光度值。以各级分的吸光度的平均值查标准曲线即可求出蛋白质含量。

表 1-4-13　各级分蛋白浓度的测定

编号	1		2		3		4	
粗级分Ⅰ/mL								
热级分Ⅱ/mL								
醇级分Ⅲ/mL								
柱级分Ⅳ/mL								
0.9%NaCl/mL								

（续表）

编号	1		2		3		4	
考马斯亮蓝/mL	4	4	4	4	4	4	4	4
蛋白质含量/ug	各级分应进行一定倍数的稀释，先试做，选其吸光度值在标准曲线内，即蛋白含量应以 10～80 μg 的稀释度为宜							
	室温下静置 5 min							
A595 nm								
A595 nm 平均值								
各级分蛋白浓度 mg/mL								

2. 各级分蔗糖酶活性的测定及标准曲线的制作

(1)蔗糖酶活性的测定—标准曲线的制作。取 9 支试管，按表 1-4-14 加样。以吸光度值(*OD*)为纵坐标，以还原糖(葡萄糖含量，μmol)为横坐标作图得标准曲线(或将数据代入线性回归方程，求出 Y 和 r)。

(2)各级分蔗糖酶活性测定。取 9 支干净试管，分两组，按表 1-4-15 编号并加入试剂混匀。各级分酶液应进行一定倍数的稀释，先试做，选其吸光度值在标准曲线内，即还原糖含量应在 0.08～1.2 μmol 的稀释度为宜。读取吸光度值。以各级分的吸光度的平均值查标准曲线即可求出蛋白质含量。

表 1-4-14 Nelson 法测定蔗糖酶活性—标准曲线的绘制

编号	0	1	2	3	4	5	6	7	8
4 mmol/L 葡萄糖/mL	—	0.02	0.05	0.10	0.15	0.20	0.25	0.30	—
4 mmol/L 蔗糖/mL	—	—	—	—	—	—	—	—	0.2
蒸馏水/mL	1	0.98	0.95	0.90	0.85	0.80	0.75	0.70	0.8
葡萄糖量/μmol	0	0.08	0.2	0.4	0.6	0.8	1	1.2	
Nelson 试剂	向每管中加入 1 mL Nelson 试剂，盖上塞子，置于沸水浴中 20 min，再冷至室温(在碱性条件下糖被氧化，将 Cu 还原成氧化亚铜(Cu_2O))								
砷钼酸试剂	向每个管中加入 1 mL 砷钼酸试剂，5 min(砷钼酸试剂与氧化亚铜生成蓝色溶液)								
蒸馏水/mL	向每个管中加入 7 mL 蒸馏水，充分混匀								
A510nm									

表 1-4-15 各级分蔗糖酶活性测定

样品	空白	粗级分Ⅰ		热级分Ⅱ		醇级分Ⅲ		柱级分Ⅳ	
编号	0	1	2	3	4	5	6	7	8
乙酸缓冲液/mL	0.2	0.2	0.2	0.2	0.2	0.2	0.2	0.2	0.2

（续表）

样品	空白	粗级分Ⅰ		热级分Ⅱ		醇级分Ⅲ		柱级分Ⅳ	
蒸馏水/mL	0.6								
0.5 mol/L 蔗糖/mL	0.2	0.2	0.2	0.2	0.2	0.2	0.2	0.2	0.2
各级分酶液/mL	—								
室温时间/min	10 min								
Nelson 试剂	向每管中加入 1 mL Nelson 试剂，盖上塞子，置于沸水浴中 20 min 后冷至室温								
砷钼酸试剂	向每个管中加入 1 mL 砷钼酸试剂，5 min								
蒸馏水/mL	向每个管中加入 7 mL 蒸馏水，充分混匀								
1 A510 nm	0								
2 A510 nm	0								
A510 nm 平均值	0								

(3)活力和比活力的计算。活力单位(U)：酶在室温，pH＝4.5 条件下，每分钟水解产生 1 μmol 葡萄糖所需酶量。根据测得结果，计算出各步数据填入表 1－4－16。

表 1－4－16　活力和比活力的计算

各级分样液	体积/mL	蛋白/(mg/kg)	总蛋白/mg	活力/U	总活力/U	比活力/(U/mg)	提纯倍数	回收率
粗级分Ⅰ								
热级分Ⅱ								
醇级分Ⅲ								
柱级分Ⅳ								

五、实验结果

记录实验结果，并加以解释，若有异常现象出现，则可进行分析讨论。

参考文献：

[1] 张德华．蛋白质与酶工程[M]．合肥：合肥工业大学出版社，2015.
[2] 刘叶青．生物分离工程实验[M]．2 版．北京：高等教育出版社，2014.
[3] 孙诗清．生物分离实验技术[M]．北京：北京理工大学出版社，2017.
[4] 梁猛．生物工程技术实验指导[M]．合肥：中国科学技术大学出版社，2018.

第5章 天然产物提取

实验1 茶叶中茶多酚的粗提取与含量测定

一、实验目的

(1)了解茶多酚的性质和用途。

(2)了解植物天然产物的常规提取及精制方法。

(3)通过本实验的具体操作，掌握并了解茶多酚的提取与精制的方法及其操作原理和步骤。

(4)掌握提取精制过程中茶多酚的分析检测方法。

二、实验原理

茶多酚(Tea Polyphenols)是茶叶中多酚类物质的总称，包括黄烷醇类、花色苷类、黄酮类、黄酮醇类和酚酸类等。其中以黄烷醇类物质(儿茶素)最为重要。茶多酚又称茶鞣或茶单宁，是形成茶叶色香味的主要成分之一，也是茶叶中有保健功能的主要成分之一。研究表明，茶多酚等活性物质具有解毒和抗辐射作用，能有效地阻止放射性物质侵入骨髓，并可使锶90和钴60迅速排出体外，被健康及医学界誉为“辐射克星”。

目前国内外茶多酚粗品的提取的方法主要有溶剂萃取法、离子沉淀法、树脂吸附分离法、超临界流体萃取法、超声波浸提方法、微波浸提法等。在这些提取茶多酚的方法中，每种方法都有它各自的针对性和使用范围，使用时要根据各自的情况而定。根据实验室的条件及实验要求，本实验采用溶剂萃取法对干茶叶中的茶多酚进行粗提取，即利用茶多酚易溶于乙酸乙酯等有机溶剂的原理进行液液萃取。茶多酚的测定方法有高锰酸钾直接滴定法和酒石酸铁比色法，由于高锰酸钾直接滴定法操作比较复杂，靠肉眼观察颜色判断终点，如果样品溶液颜色较深时，则可能影响测定结果。本实验将应用酒石酸铁比色法测定茶多酚的含量。酒石酸铁能与茶多酚生成紫褐色络合物，络合物溶液颜色的深浅与茶多酚的含量成正比，因此可以用比色方法测定。该法可避免高锰酸钾滴定法所产生的人为视觉误差。

三、实验仪器、材料和试剂

(1)仪器：分光光度计、干燥箱、电子天平、pH 计、真空泵、纱布、漏斗、旋转蒸发仪、

250 mL容量瓶、50 mL 容量瓶、分液漏斗。

(2)实验材料:干茶叶(市售散装茶即可)。

(3)试剂:硫酸亚铁($FeSO_4 \cdot 7H_2O$)、酒石酸钾钠($KNaC_4H_4O_6 \cdot 4H_2O$)、磷酸氢二钠($Na_2HPO_4 \cdot 12H_2O$)、磷酸二氢钠($NaH_2PO_4 \cdot 2H_2O$)、乙酸乙酯。

四、实验步骤

1. 溶液的配制

酒石酸亚铁溶液制备:称取 0.25 g(准确至 0.000 1)硫酸亚铁、1.25 g 酒石酸钾钠(准确至 0.000 1),用水溶解并定容至 250 mL(低温保存,有效期 10 天)。

2. 干茶叶的预处理

将干茶叶洗净、晾干、烘干,最后粉碎。粉碎的目的是与液体的接触面增大使提取率增加。由于试验条件的限制,用剪刀代替粉碎机将干茶叶剪碎,并且用研钵研细,干茶叶量为 50.00 g。

3. 茶多酚的粗提取与定性检测

称取经过预处理的干茶叶末 30.00 g 加入 250 mL 90 ℃接近沸水中搅拌浸提、过滤,先后用 250 mL 的乙酸乙酯萃取两次。合并两次有机相。减压蒸馏除去乙酸乙酯溶剂得黄色粉末状茶多酚。从外观上看,为黄色粉末状。物理性能为易溶于水及乙醇,味苦涩。(图 1-5-1)

图 1-5-1　高浓度茶多酚样品(98%)

4. 茶多酚溶液的配置与含量的测定

称取步骤 3 中提取的茶多酚粉末 0.2 500 g,加水溶解定容至 250 mL,混匀,即为每毫升含 1 mg步骤 3 中提取的茶多酚粉末的溶液。分别取茶多酚溶液 1.0 mL、2.0 mL、3.0 mL、4.0 mL 于 4 个 50 mL 容量瓶中,各加水至 10 mL,再加入酒石酸亚铁溶液 10 mL,加入 pH 为 7.5 的磷酸缓冲液至刻度,混匀后用 1 cm 比色皿,以空白试剂作参比,于波长 540 nm 处测定吸光度 A,计算实验数据,并绘制实验数据表格。计算公式为

$$\omega=\frac{A\times 3.913}{1\,000}\times\frac{T}{V\times m}\times 100\%$$

式中,ω——茶多酚的含量(%);

A——样品溶液的吸光度值;

T——样品溶液的总体积(mL);

V——测定用样品溶液的量(mL);

m——样品质量(g)。

3.913——用1cm 比色杯,当吸光度为 1.0 时,试液中茶多酚的浓度为 3.913(mg/mL)。

表 1-5-1 实验数据汇总

实验次数	A	T/mL	V/mL	m/g	ω/%	ω/(mg/g)
1						
2						
3						
4						
5						
6						

5. 实验结果检验——绘制茶多酚标准曲线

根据步骤 4 中所得的实验数据，绘制茶多酚标准曲线，斜率 R 处于 0.95～1.05 之间方可达到实验要求。

六、实验结果

本次实验所采用的测定方法主要为酒石酸亚铁比色法。茶叶中多酚类物质能与亚铁离子形成紫蓝色络合物，用分光光度法测定其含量。利用比色法进行测定，可以有效地避免由视觉产生的误差，加以检验后可以得到较为准确的数据。

七、作业

在茶叶中多酚含量的提取过程中，可通过哪些途径提高多酚的得率。

实验 2 茶叶中黄酮类化合物的提取和测定

一、实验目的

(1)了解黄酮类化合物对人体的药理和保健作用。

(2)掌握茶叶中提取黄酮类化合物的方法。

(3)掌握测定黄酮类化合物含量的方法。

二、实验原理和应用

黄酮类化合物泛指两个具有酚羟基的苯环(A－与 B－环)通过中央三碳原子相互连结而成的一系列化合物，其基本母核为 2-苯基色原酮。黄酮类化合物结构中常连接有酚羟基、甲氧基、甲基、异戊烯基等官能团。芦丁是黄酮类化合物之一，并且对于紫外光具有极强的吸收作用。天然黄酮类化合物多以苷类形式存在，一般易溶于水、乙醇、甲醇等极性强的溶剂中；但难溶于或不溶于苯、氯仿等有机溶剂中。

实验首先采用紫外分光光度法，利用芦丁溶液在波长 510 nm 处具有最大吸收率的特点，测定标准芦丁溶液的吸光值，绘制标准曲线。用无水乙醇提取茶叶中的黄酮类化合物，得到茶叶提取液。取一定量的茶叶提取液，用紫外分光光度法测定吸光度，根据标准曲线测定提取液中总黄酮的含量。绝大多数的植物中含有黄酮类化合物，掌握对茶叶中黄酮类化合物的提取和测定方法，有利于对茶叶资源进行综合利用。对茶叶中黄酮类物质的提取、测定和纯化除以上方法外，还有以下几种常用方法。

(1)大孔树脂吸附法。因为茶叶黄酮具有糖苷链和多酚结构，有一定的亲水性和极性，利于弱极性和极性树脂对其吸附，而非极性树脂吸附黄酮的量偏小。

(2)微波提取法。微波具有试剂用量少、加热均匀、提取批量大、选择性好等优点。以微波辐射的方式可加快反应速度，在提取黄酮类化合物上取得很好的效果。

(3)超声波辅助提取法。它利用超声波具有的机械效应、空化效应和热效应，通过增大介质分子的运动速度、增大介质的穿透力来提取生物有效成分，近年来越来越受到人们的广泛重视。超声波提取具有节时、节能、节料、提取率高的特点。

三、实验仪器、材料和试剂

(1)仪器：分光光度计、电子天平、恒温水浴锅、真空泵、布氏漏斗、250 mL 容量瓶、试管。

(2)材料：茶叶粉末。

(3)试剂：无水乙醇、芦丁标准品、亚硝酸钠、氢氧化钠、硝酸铝试剂(以上均为分析纯)。

四、实验步骤

1. 绘制标准曲线

总黄酮含量测定采用 $Al(NO_3)_3-NaNO_2$ 分光光度方法，黄酮与铝离子在碱性条件下与亚硝酸钠形成黄酮的铝络合物，生成稳定的黄色。黄色的深浅与黄酮含量呈一定的比例关系，可与芦丁标准品进行对照，于 510 nm 波长比色定量测定。

本实验中茶叶总黄酮含量测定的标准品为芦丁。准确称取于 115 ℃烘干至恒重的芦丁 25 mg，用 70%的乙醇溶解并定容至 250 mL，使其浓度为 100 μg/mL。用 70%乙醇将芦丁溶液稀释成 10 种不同浓度(0 μg/mL、10 μg/mL、20 μg/mL、30 μg/mL、40 μg/mL、50 μg/mL、60 μg/mL、70 μg/mL、80 μg/mL、90 μg/mL、100 μg/mL)的溶液 5 mL，分别量取不同浓度的芦丁溶液 1 mL，同时加入 70%乙醇 1 mL、5% $NaNO_2$ 溶液 0.3 mL，混匀后静置 6 min，加入 10% $Al(NO_3)_3$ 溶液 0.3 mL，混匀，静置 6 min，再加入 4% NaOH 溶液 2 mL，混匀，静置 20 min，于 510 nm 波长处测定吸光度(A)。测得线性回归方程。

2. 提取茶叶中的黄酮类化合物

称取 1 g 茶叶粉末于烧杯中，加入 20 mL 70%乙醇，用保鲜膜封口，置于 80 ℃恒温水浴锅内 1 h，抽滤后得滤液。

3. 测定茶叶提取液中黄酮类物质的含量

量取 1 mL 滤液，加入 70%乙醇 1 mL、5% $NaNO_2$ 溶液 0.3 mL，混匀后静置 6 min，加入 10% $Al(NO_3)_3$ 溶液 0.3 mL 混匀，静置 6 min，再加入 4% NaOH 溶液 2 mL，混匀，静置 20 min，于 510 nm 波长处测定吸光度。根据黄酮溶液的浓度与吸光度值成正比，吸光度值越大，黄酮溶液浓度越大，可测定茶叶提取液中黄酮类物质的含量。

五、注意事项

乙醇浓度、样品和乙醇溶液的固液比(g/mL)、水浴温度和水浴时间均对总黄酮的提取率和测定浓度产生影响。各个因素对茶叶黄酮提取率的影响顺序是乙醇浓度＞固液比＞水浴温度＞水浴时间。因此,实验中要严格按照实验要求进行实验,准确量取样品,以减少实验误差。实验用到的乙醇溶液浓度较高,实验时间较长,乙醇溶液要注意密封保存,防止乙醇溶液挥发,浓度减少,导致对实验产生影响。

六、实验结果与分析

(1)芦丁呈黄色粉末,按梯度稀释以后加入乙醇、亚硝酸钠、硝酸铝,并未发生变化,加入氢氧化钠以后,芦丁标准品变为橙黄色生成黄酮的铝络合物。

(2)静置 20 min,到 510 nm 下测吸光度。

(3)将茶叶粉加入 70%乙醇中,水浴 1 h 得到草绿色溶液,内有部分未溶物,抽滤得到墨绿色茶叶溶液。

(4)将得到的茶叶溶液进行梯度稀释,颜色变浅得到无色或淡黄色,加入氢氧化钠以后变为橙黄色。

本实验以已知的芦丁标准溶液的浓度为标准,与茶叶提取液中的黄酮含量相比较,相对测定出茶叶提取液中的黄酮含量。这需要确保芦丁标准溶液的浓度尽量准确,实验所需试剂的浓度只有达到分析纯,才能减少实验误差。通过芦丁标准溶液计算得到的标准曲线,可利用 Excel 得出线性方程并计算 R 值。

将实验结果记录在表 1-5-2 中。

表 1-5-2 实验结果

实验次数	芦丁含量/(mg/mL)	吸光度 A
1		
2		
3		
4		
5		
6		
7		

七、作业

黄酮类化合物有哪些功效?哪些植物中黄酮类化合物的含量较高?

实验 3　芦荟粗多糖的提取及含量测定

一、实验目的

(1)掌握水提醇沉法提取多糖的原理和方法。

(2)掌握分光光度法测定多糖含量的原理和方法。

二、实验原理

芦荟的多糖类可增强人体对疾病的抵抗力，治愈皮肤炎、慢性肾炎、膀胱炎、支气管炎等慢性病症，抑制、破坏异常细胞的生长，从而达到抗癌的目的。本实验采用水提醇沉法提取芦荟粗多糖，用苯酚-硫酸比色法测定多糖粗提物中的总糖含量。

糖在浓硫酸作用下水解生成单糖，并迅速脱水生成糖醛衍生物，然后与苯酚缩合成橙黄色化合物，并且颜色稳定，在波长 490 nm 处和一定的浓度范围内，其吸光度与多糖含量呈线性关系正比，从而可以利用分光度计测定其吸光度，并利用标准曲线定量测定样品的多糖含量。本方法可用于多糖、单糖含量的测定。

三、实验材料

1. 试剂

盐酸、无水乙醇、丙酮、乙醚、葡萄糖对照品、苯酚、浓硫酸。

2. 仪器和材料

烧杯、移液管、量筒、容量瓶、玻璃棒、旋转蒸发仪、电子天平、真空泵、电热恒温水浴锅、紫外-可见分光光度计、高速离心机、真空冷冻干燥机。

四、实验步骤

取芦荟鲜叶 50 g，洗净，去掉叶尖和叶底，在蒸馏水中浸泡 0.5 h，以除去有表皮渗出的黄色液汁。然后切去表皮，将内层凝胶置于烧杯中，加入 3 倍量的蒸馏水，置于 55 ℃恒温水浴锅中加热浸提 4h。浸提液离心分离(2 500 r/min，5 min)并过滤，将所得汁液减压浓缩，用 6 mol/L HCl 调 pH 为 3.2 左右，向经过调酸处理的芦荟浓缩汁中缓慢加入 6 倍体积的 95%乙醇，边加边搅拌，需要 15～30 min，室温下静置 2 h，离心分离(2 500 r/min，7 min)得多糖沉淀。依次用乙醇、丙酮和乙醚洗涤，然后真空干燥，最终得到的沉淀即芦荟多糖。精密称取 105 ℃干燥至恒重的无水葡萄糖 100 mg 于 100 mL 容量瓶中，加水溶解，并稀释至刻度，作为对照品溶液。此标准液 1.0 mL 含葡萄糖 1.0 mg。

精密量取该溶液 0.5 mL、1.0 mL、2.0 mL、3.0 mL、4.0 mL、5.0 mL，将其分别置于 100 mL 容量瓶中，加蒸馏水定容，吸取上述溶液各 2.0 mL，再加入 5%苯酚溶液 1.0 mL，摇匀。迅速加入硫酸 5.0 mL 摇匀。室温放置 5 min，90 ℃水浴加热 15 min，冷却至室温，以蒸馏水为参比，测定在波长 490 nm 处的吸光度，得浓度 C 与吸光度 A 的线性回归方程。

精密称取干燥至恒重的芦荟粗多糖 10 mg 于 100 mL 容量瓶中，加水溶解并稀释至刻度。取 1.0 mL,加入 5%苯酚溶液 2.0 mL,然后按上述操作,测定其吸光度,并由标准曲线方程求出溶液浓度,得出芦荟粗多糖中的总糖含量。

五、注意事项

(1)加入乙醇沉淀多糖时要边加边搅拌,时间要长一些。
(2)无水葡萄糖要干燥至恒重。

六、实验结果

将实验结果记录在表 1-5-3 中。

表 1-5-3 实验结果

实验次数	葡萄糖含量/(mg/mL)	吸光度 A
1		
2		
3		
4		
5		
6		
7		

根据绘制的标准曲线,计算芦荟样品中多糖的含量。

实验 4 柑橘皮中果胶的制备

一、实验目的

1. 了解柑橘果皮中的天然产物组分都有哪些。
2. 了解果胶的性质和提取原理。
3. 掌握果胶的提取工艺。

二、实验原理

果皮中含有大量的功能性物质,如香精油、果胶、类胡萝卜素、橙皮苷、柠檬苦素等。果胶广泛存在于水果和蔬菜中,其主要用途是用作酸性食品的胶凝剂。在果蔬中果胶多数以原果胶存在。在原果胶中,聚半乳糖醛酸可被甲基部分地酯化,并且以金属离子桥与多聚半乳糖醛酸分子残基上的游离羧基相连接。原果胶不溶于水,用酸水解时这种金属离子桥被破坏,即得到可溶性果胶,再进行纯化和干燥即得到商品果胶。甲氧基化的半乳糖醛酸残基数与半乳糖醛酸残基总数的比值称为甲基氧化度或酯化度。果胶的胶凝强度的大小是果胶的重要质量标准之一。影响胶凝强度的主要因素是果胶的分子量及酯化度。酯化度越大，胶凝强度越大，同时胶凝速度也加快。一般果胶的酯化度为50%～75%。本实验采用酸法萃取、酒精沉淀这一种简单的工艺路线来提取果胶。

三、实验仪器与试剂

(1)仪器：烧杯(50 mL、250 mL、500 mL)、电炉、纱布、电子天平、锥形瓶、胶头滴管、石棉网、pH试纸、玻璃棒、温度计、恒温水浴锅、蒸发皿、表面皿、洗瓶。

(2)试剂：柑橘皮、0.25%～0.3% HCL溶液、1%氨水、95%乙醇、砂糖、柠檬酸、柠檬酸钠、蜂蜜。

四、实验步骤

1. 原材料处理

称取新鲜柑橘皮(图1-5-2)40 g并用水漂洗干净后，于250 mL烧杯中加水约120 mL，加热到90 ℃，保持10 min。取出用水冲洗后切成尺寸约1 cm大小的颗粒，在250 mL烧杯中用50～60 ℃的热水漂洗，直至漂洗水为白色，果皮无异味为止。

图1-5-2　新鲜柑橘皮

2. 酸法萃取

将洗净的果皮放入锥形瓶中，加水50～60 mL，加入0.25%～0.3%的HCI调节pH值为2.0～2.5(用玻璃棒蘸取少量溶液滴于pH试纸上，与比色卡对比)。用保鲜膜封口后放入恒温水浴箱(温度设置为90 ℃左右)，提取1 h。隔一段时间测量pH值，并及时补充水分和盐酸。趁热用四层纱布过滤。

3. 酒精沉淀

将溶液冷却后，用1%稀氨水调pH为3～4，在不断搅拌下加入95%乙醇，按果胶：乙醇＝1：1.3(体积比)的量加入，然后静置15 min，让果胶完全沉淀。用四层纱布滤取果胶，将酒精废液回收。

4. 干燥

将果胶置于表面皿上，用恒温水浴箱干燥，称重，计算产量。

5. 色素提取

称取柑橘皮5～6 g，清洗剪碎后放入锥形瓶中，加入20 mL乙醇，用保鲜膜封口，50～60 ℃恒温水浴2h。将溶液过滤，滤液置于小烧杯中，蒸干后加1～2 mL水，如图1-5-3。

图1-5-3　果胶成品

五、数据记录与处理

果胶的质量的计算公式为

$$m=m_{总}-m_1$$

式中，m——果胶的质量；

$m_{总}$——表面皿和果胶总重量；

m_1——表面皿的质量。

由于果胶中含有一定量的水分，所以实际产量按5%计算。

七、实验结果分析

(1)在提取过程中，果胶分子易发生部分水解和降解，影响果胶产率。

(2)温度、时间、酸的类型、水与皮的比率、溶液的pH对果胶的提取影响也很大。

(3)在酸法萃取操作中，果胶不能完全溶解萃取出来。

(4)用纱布过滤时在纱布上有残留，会有部分损失。

(5)将果胶转移到表面皿上蒸干后，部分果胶会残留在表面皿上。

七、注意事项

(1)在称好柑橘皮后，要用水清洗柑橘皮，以除去泥土杂质和施用的化肥农药等。

(2)把柑橘皮放入90 ℃的水中保持10 min目的是灭酶，以防果胶发生酶解。

(3)漂洗的目的是除去色素等，以免影响果胶的色泽和质量。为了提高漂洗的效率和效果，将果皮颗粒转裹在四层纱布里漂洗，每次漂洗都要稍微挤压干再进行下一次漂洗。

(4)使用酸法萃取加热时，水分和盐酸挥发会引起pH发生变化，因而每隔一段时间要补充水分和盐酸，控制pH为2.0～2.5.

实验5　水蒸气蒸馏法提取萜类及挥发油

一、实验目的

(1)了解水蒸气蒸馏的基本原理和应用，掌握水蒸气蒸馏的方法。

(2)掌握萜类和挥发油的提取原理及方法。

二、基本原理

水蒸气蒸馏的操作是将水蒸气通入有机物中，或将水与有机物一起加热，使有机物与水共沸而蒸馏出来的过程。水蒸气蒸馏是分离和提纯有机物质的常用方法。当两种互不相溶的液体混合在一起时，混合物的蒸气压应为各组分蒸气压之和。由于两种组分互不相溶，彼此相互影响很小，混合物中每一组分在某温度下的分压等于其纯态时在该温度下的蒸气压。

当混合物受热至各组分的蒸气压之和等于外界大气压时混合物即沸腾。例如，把苯胺和水的混合物加热至 98.4 ℃，混合物开始沸腾。因为在 98.4 ℃时，苯胺的蒸气压为 42mmHg，水的蒸气压为 718mmHg，两者相加等于 760mmHg。显然，苯胺一水混合物的沸点既低于苯胺的沸点（184.4 ℃），又低于水的沸点。因此，沸点高于 100 ℃的有机物利用水蒸气蒸馏，可以在低于 100 ℃的温度下蒸馏出来。根据气体分压定律，水蒸气蒸馏的混合蒸汽中个别气体分压（P_A、$P_水$）之比等于它们的摩尔数之比（n_A、$n_水$表示这两种物质在一定容积的气相中的摩尔数），即 $P_A : P_水 = n_A : n_水$，因为馏出液是由蒸汽冷凝而来的，馏出液中 A 与水的摩尔数之比同样是 $n_A : n_水$。$n_A = W_A/M_A$，$n_水 = W_水/M_水$，（M_A、$M_水$分别为 A 和水的分子量，W_A、$W_水$分别为 A 和水的重量）。因此，$W_A/W_水 = (M_A n_A)/(M_水 n_水) = (M_A P_A)/M_水 P_水$）。由上式可见，馏出物中有机物和水的相对重量与其蒸气压和分子量成正比。式中 $P_水$可通过手册查得，P_A 可近似地以大气压与 $P_水$ 之差计算（$P_A = P_{大气} - P_水$），$P_{大气}$可由气压计上读得。

例如，将苯胺与水的混合物进行水蒸气蒸馏，混合沸腾（98.4 ℃）时，查水的蒸气压为 718 mmHg，大气压为 760 mmHg，P 苯胺＝760－718＝42(mmHg)。因为苯胺的分子量为 93，所以馏出液中苯胺与水的重量比为：$W_{苯胺}/W_水 = (93 \times 42)/(18 \times 718) = 1/3.3$，即每蒸出 3.3 g 水能够带出 1 g 苯胺。由于苯胺略溶于水，所以这个计算所得的仅为近似值。

从以上公式和计算可以看出，水蒸气蒸馏的效率与有机物的分子量 M_A和蒸气压 P_A有关，M_A越大，P_A越高，水蒸气蒸馏的效率也越高。但由于分子量越大的物质，其蒸气压越低，因而实际上很难两全。

由上述原理可见，使用水蒸气蒸馏分离提纯有机物应具备以下条件：①不溶于水或难溶于水；②与水长时间煮沸不发生化学变化；③在 100 ℃左右，必须具有一定的蒸气压（至少 5 mmHg以上，一般不少于 1.3332 kPa）。

水蒸气蒸馏常用于下列几种情况：①某些沸点高的有机物，在常压下蒸馏虽可与副产品分离，但其本身易遭到破坏；②混合物中含有大量树脂或不挥发性杂质，采取普通蒸馏、萃取等方法都难以分离；③从较多固体反应物中分离出被吸附的液体；④从天然物中提取精油等。

三、基本操作

1. 水蒸气蒸馏装置

如图 1－5－4，主要由水蒸气发生器、长颈圆底烧瓶、直形冷凝管和接受器组成。水蒸气蒸馏有两种方法：一种方法是将水蒸气发生器产生的水蒸气通入盛有被蒸物的烧瓶中，使被蒸物与水一起蒸出；另一种方法是将水加入装有被蒸物的烧瓶中，与普通蒸馏方法相同，直接加热烧瓶，进行蒸馏，这是一种简化的水蒸气蒸馏方法；当蒸馏时间较短，不需耗用大量水蒸气时，可采用这种方法。

（1）水蒸气发生器 A。水蒸气发生器 A 是金属制品，也可用圆底烧瓶代替。器内盛水（1/2～2/3）。长玻璃管 B 为安全管（0.5～1 m），管的下端几乎插到发生器的底部（距底部 1 cm）。当容器内气压太大时，水可沿着玻璃管上升以调节内压。如果蒸馏系统发生阻塞，则水便会从玻璃管的上口喷出，此时应检查圆底烧瓶内的水蒸气导管下口是否被堵塞。

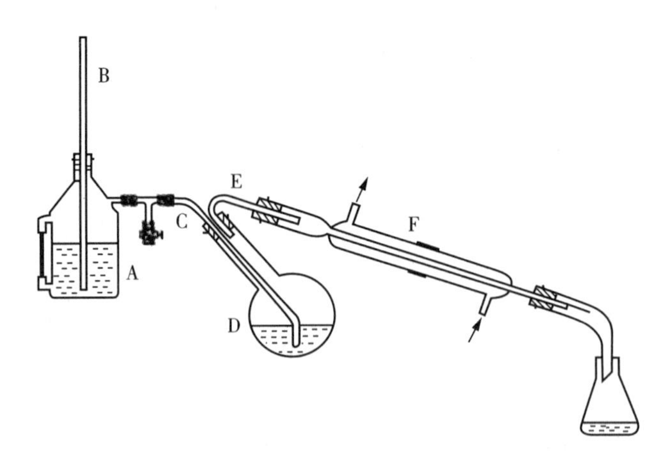

图 1-5-4 水蒸气蒸馏装置

(2)长颈圆底烧瓶 D。长颈圆底烧瓶是蒸馏器(加入样品体积不超过 1/3),用铁夹在颈下部夹紧,并和桌面成 45°,以免飞溅起的液体被水蒸气带进冷凝管中。瓶口配双孔软木塞,一孔插入水蒸气导管 C(弯成约 125°与 T 形管相连),其末端应弯曲,使之垂直正对瓶底中央并接近瓶底,以便水蒸气和被蒸馏物质充分接触并起搅动作用。此管的外径一般不小于 7 mm,以保证水蒸气畅通。另一孔插入水蒸气导出管 B(为 30°),此管应略为粗一些,其外径约为 10 mm,以便水蒸气能畅通地进入冷凝管中。若管 E 的直径太小,蒸气的导出将受到一定的阻碍,这会增加烧瓶 D 的压力,导管 E 在弯曲处前的一段应尽可能短些,在弯曲处后一段则允许长些,因为它可起到部分的冷凝作用。

由于许多反应是在三口瓶中进行的,直接用该三口瓶作为水蒸气蒸馏的蒸馏瓶就可避免转移的麻烦和产物的损失。

(3)直形冷凝管。直形冷凝管可以使水蒸气充分冷却。由于水的蒸发热较大,所以冷却水的流速也宜稍大一些。

(4)T 形管。发生器 A 的支管和水蒸气导入管 C 之间用一个 T 形管相连接,在 T 形管的支管上套一段短橡皮管,用螺旋夹旋紧,打开螺旋夹,可以及时放掉水蒸气冷凝形成的水滴。在操作中,如果发生不正常现象,则应立刻打开 T 形管的夹子,使之与大气相通。

2. 操作

仪器安装好后,把要蒸馏的物质倒入烧瓶 D 中,其量约为烧瓶容量的 1/3,操作前,水蒸气蒸馏装置应经过检查,必须严密不漏气。开始蒸馏时,先把 T 形管上的夹子打开,用直接加热法将发生器内的水加热至沸腾。当有大量的水蒸气从 T 形管的支管流出时再旋紧夹子,让水蒸气通入烧瓶中,这时可以看到瓶中的混合物翻滚不息,不久就会在冷凝管中出现水蒸气冷凝为乳浊液,流入接受器。调节火焰,使瓶内混合物不致飞溅得太厉害,并控制馏出液的速度为 2~3 滴/s。为了使水蒸气不致在烧瓶内过多冷凝(如被蒸馏的物料较多,温度又较低),可先在圆底烧瓶下放一个石棉网,用小火加热。在操作时,要随时注意安全管中的水柱是否发生不正常的上升现象,以及烧瓶中的液体是否发生倒吸现象。一旦发生这种现象,应立刻打开 T 形管上的夹子,移去火源,找出发生故障的原因,这样才可继续蒸馏。当馏出液澄清透明不再含有有机物质的油滴时,一般即可停止蒸馏。此时应首先打开 T 形管的夹子，然后移去火源，否则D中的液体会倒吸到A中。蒸馏期间，应及时排出T形管中的冷凝水。

四、实验仪器样品

水蒸馏发生器，长颈圆底烧瓶，蒸馏装置（减压），直形冷凝管，接引管，长玻璃管，T形管，橡皮管（附螺旋夹），三角烧瓶，分液漏斗、研钵、蒸馏样品（八角茴香或橙皮），二氧甲烷，无水亚硫酸钠等。

五、实验步骤

（1）设备安装，参照基本原理部分。

（2）样品准备

① 10 g干果（固体物质）于研钵中粉碎，倒入蒸馏瓶，加入蒸馏水30 mL。

② 2～3个橙子皮，剪碎，加入蒸馏烧瓶，并加入水约30 mL。

（3）水蒸气蒸馏。先把T形管上的夹子打开，加热水蒸气发生器使水迅速沸腾，当有水蒸气从T形管的支管冲出时，再夹上止水夹，让水蒸气通入烧瓶中，与此同时，接通冷却水，用100 mL三角烧瓶收集馏分。蒸馏期间，应及时排出T形管中的冷凝水。当馏分澄清透明不再有油状物时，即可停止蒸馏，先打开止水夹，然后停止加热，把馏分倒入分液漏斗中，静置分层，将水层弃去。（以下为选做部分）

（4）收集馏出液60～70 mL，于分液漏斗中每次用10 mL二氯甲烷萃取3次，合并。倒入锥形瓶中，加入适量无水亚硫酸钠干燥30 min以上，除去部分水分。

（5）干燥完毕的样品，于50 mL蒸馏烧瓶水浴加热蒸馏（二氯甲烷沸点40.4 ℃），待快完毕后，改用水泵减压蒸馏。除去残留的二氯甲烷，留下橙黄色油状液体（橙皮产物）。

六、作业

（1）与普通蒸馏相比，水蒸气蒸馏有何特点？在什么情况下采用水蒸气蒸馏的方法进行分离提取？

（2）在蒸馏过程中若发现水从安全管顶端喷出或发生倒吸现象，应如何处理？

实验6　人参中人参皂苷的提取分离及鉴定

一、实验目的

（1）通过实验进一步掌握三萜类化合物的理化性质及提取、分离和检识方法。

（2）学习和掌握简单回流提取法、两相溶剂萃取法、旋转蒸发器、大孔树脂柱色谱等基本实验操作技能。

二、基本原理

人参为五加科植物人参（*Panax ginseng C. A. Mey.*）的干燥根，是传统的名贵中药，始载于我国第一部本草专著《神农本草经》。栽培者称为“园参”，野生者称为“山参”。人参具有大补元气、复脉固脱、补脾益肺、生津、安神的功能，用于体虚欲脱、肢冷脉微、脾虚食少、肺虚喘咳、津伤口渴、内热消渴、久病虚羸、惊悸失眠、阳痿宫冷、心力衰竭、心源性休克等的治疗。

人参的化学成分很复杂，有皂苷、挥发油、糖类及维生素等。经现代医学和药理研究证明，人参皂苷为人参的主要有效成分，它具有人参的主要生理活性。人参的根、茎、叶、花及果实中均含有多种人参皂苷(Ginsenosides)。截至2023年，文献报道从人参根及其他部位已分离确定化学结构的人参皂苷有人参皂苷－Ro、－Ra1、－Ra2、Rb1、－Rb2、－Rb3、－Rc、－Rd、－Re、－Rf、－Rg1、－Rg2、－Rg3、－Rh1、－Rh2及－Rh3等50余种人参皂苷。

根据皂苷元的结构可分为A、B、C三种类型：①人参二醇型－A型；②人参三醇型－B型；③齐墩果酸型－C型。A型和B型皂苷均属于四环三萜皂苷，其皂苷元为达马烷型四环三萜，A型皂昔元称为20(S)－原人参二醇[20(S)－protopanaxadiol]。B型皂昔元称为20(S)－原人参三醇[20(S)－protopanaxatriol]。C型皂苷则是齐墩果烷型五环三萜的衍生物，其皂苷元是齐墩果酸(Oleanolic acid)。

人参的总皂苷含量约为4%，人参皂苷大多数是白色无定形粉末或无色结晶，味微甘苦，具有吸湿性。人参皂苷易溶于水、甲醇、乙醇，可溶于正丁醇、乙酸、乙酸乙酯，不溶于乙醚、苯等亲脂性有机溶剂。水溶液经振摇后可产生大量的泡沫。人参总皂苷无溶血作用，分离后，B型和C型人参皂苷有显著的溶血作用，而A型人参皂苷有抗溶血作用。人参中除含有皂苷外，还含有脂溶性成分，如挥发油、脂肪、甾体化合物及大量的糖类等，这些成分对人参皂苷的分离和精制有干扰，只有除去，方可得到纯度较高的皂苷。

本实验以人参根为原料提取分离人参总皂苷，利用人参总皂苷易溶于甲醇、不溶于乙醚的性质采用分离精制；对提取的总皂苷采用检测三萜类化合物通性的理化检识方法——泡沫试验及显色反应进行初步定性检识；最后根据人参总皂苷中各单体皂苷分子结构中糖基个数和羟基数不同而极性大小不同的性质，通过薄层色谱法对人参总皂苷进行进一步分离和专属定性检识。采用溶剂法进行初步提取去杂；然后根据皂苷在含水丁醇中有较好的溶解度的性质采用萃取法进行分离，再用沉淀法或大孔吸附树脂法进行进一步分离提取。

三、实验材料

1. 仪器

索氏提取器、加热装置、减压蒸馏装置、分液漏斗、60目筛、滤纸、烧杯、试管、D101型、大孔树脂柱(包括泵及软管)、水浴锅、硅胶-CMC薄层板、超声波仪、展层缸、紫外灯。

2. 试剂

人参根，甲醇，乙醚，丙酮，三氯化锑一氯仿饱和溶液(①精馏氯仿：用蒸馏水洗涤市售氯仿2～3次，加一些煅烧过的碳酸钠或无水硫酸钠进行干燥，并在暗色烧瓶中蒸馏。②三氯化锑一氯仿饱和溶液：用少量精馏氯仿反复洗涤三氯化锑，直到氯仿不再显色为止。再将三氯化锑放在干燥器中，用硫酸干燥。用干燥的三氯化锑和精馏氯仿配制饱和溶液，正丁醇、浓硫酸、冰醋酸、醋酸酐、20%五氯化锑的氯仿溶液(或不含乙醇和水的三氯化锑饱和的氯仿溶液)、乙酸乙酯、乙醇、人参皂苷 Rb1、Re、Rg1 对照品。

四、实验内容

1. 人参总皂苷的提取分离(任选一种方案)

(1)方案一

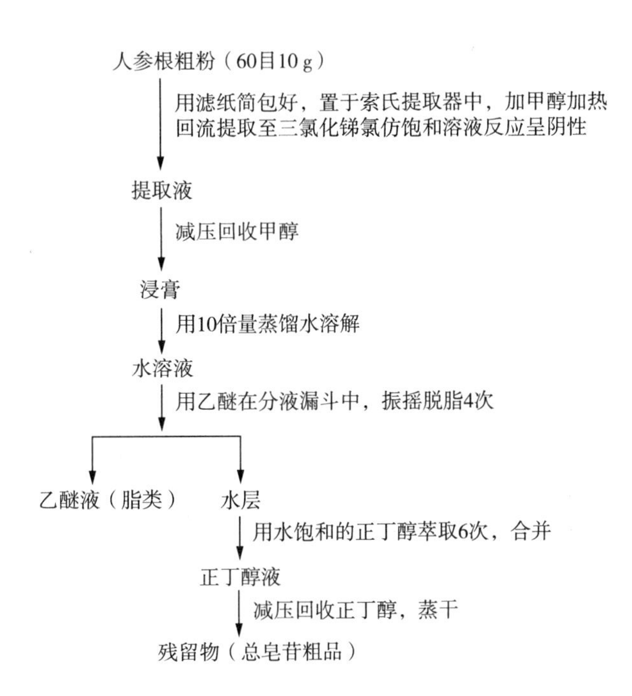

(2)方案二

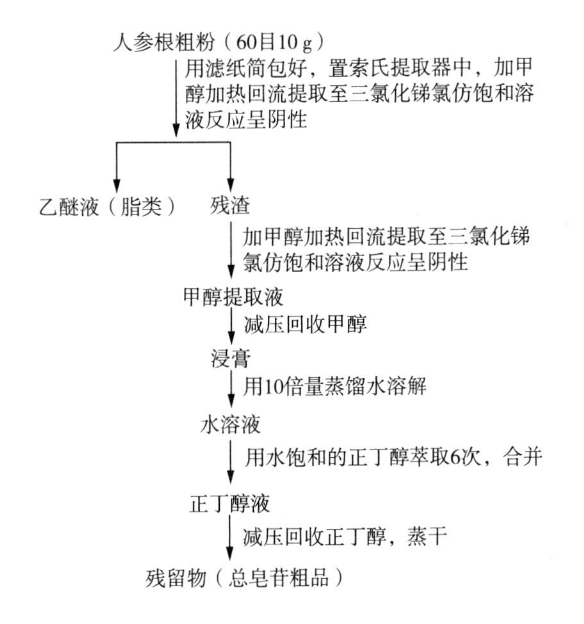

2. 人参总皂苷的分离精制

将人参总皂苷粗品分为两份。

(1)沉淀法

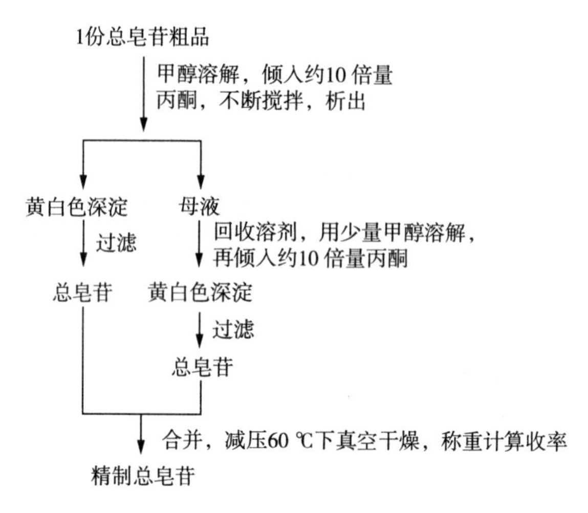

(2)大孔树脂柱色谱法

大孔树脂色谱法是近年来用于分离和富集天然化合物的一种常用方法，应用大孔树脂分离皂苷，主要用于皂苷的富集和初步分离。将含有皂苷的水溶液通过大孔树脂柱吸附后，先用水洗脱除去糖和其他水溶性杂质，然后改用不同浓度的甲醇或乙醇进行梯度洗脱。极性大的皂苷可被低浓度的甲醇或乙醇洗脱下来，极性小的皂苷可被高浓度的甲醇或乙醇洗脱下来。

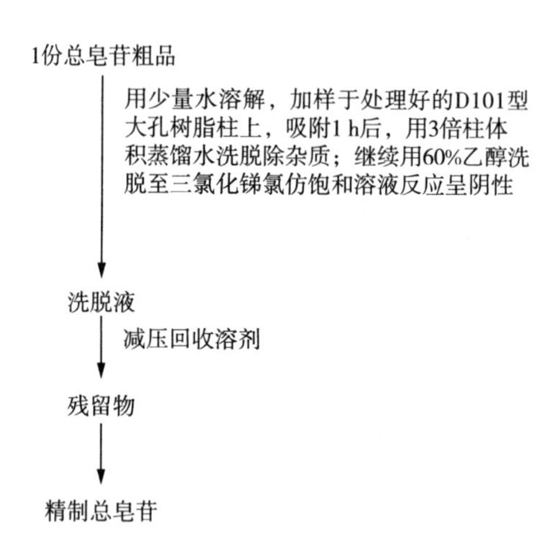

3. 人参皂苷的鉴定

(1)理化检识

① 泡沫试验。取人参根粗粉 1 g，加水浸泡(1∶10)1 h 或置于 80 ℃水浴上温浸 30 min，过滤得到滤液供以下试验。

取供试液 2 mL 于试管中，紧塞试管口后猛力振摇，试管内的液体会产生大量的持久性的似蜂窝状泡沫(示有皂苷)。

注:含蛋白质和黏液质的水溶液虽也能产生泡沫,但不持久,放置后会很快消失。

② 显色反应。

a. 醋酐-浓硫酸反应(Liebermann - Burchard 反应)。取样品适量,加冰醋酸 0.5 mL 使其溶解,续加醋酐 0.5 mL 搅匀,再于溶液的边沿滴加 1 滴浓硫酸,观察并记录现象。

b. 三氯甲烷-浓硫酸反应(Salkowski 反应)。取样品适量,加三氯甲烷 1 mL 使其溶解,沿试管壁加入等量的浓硫酸,分别置于可见光及紫外灯下,观察并记录现象。

c. 五氯化锑反应(Kahlenberg reaction)。取样品适量,加入五氯化锑的氯仿溶液反应呈紫色,或将样品的氯仿或醇溶液点于滤纸上,喷 20%五氯化锑的氯仿溶液(或不含乙醇和水的三氯化锑饱和的氯仿溶液),干燥后 60 ℃～70 ℃加热,显色,观察并记录现象。

(2)色谱检识

薄层色谱如下:

① 吸附剂:硅胶- CMC 薄层板。

② 样品溶液:称取由沉淀法及大孔吸附树脂法制得的精制总皂苷各一份,加甲醇制成 1 mL含 2mg 的样品溶液。

③ 对照品溶液:称取人参皂苷 Rb1、Re、Rg1 对照品,加甲醇制成 1 mL 含 2mg 的对照品混合溶液。

④ 对照药材溶液:取人参对照药材粉末 1 g,加氯仿 40 mL,置于水浴上回流 1 h,弃去氯仿液,药渣挥干残存溶剂,加水 0.5 mL 拌匀湿润后,加水饱和的正丁醇 10 mL,超声处理 30 min,吸取上清液,加氨试液 3 倍量,摇匀,将其放置分层,取上层液蒸干加入甲醇溶解,使其成 1 mL,作为对照药材溶液。

⑤ 展开剂:A. 氯仿-甲醇-水(65 ∶ 35 ∶ 10)10 ℃以下放置后的下层溶液;B. 氯仿-乙酸乙酯-甲醇-水(15 ∶ 40 ∶ 22 ∶ 10)10 ℃以下放置后的下层溶液。

⑥ 显色剂:10%硫酸乙醇溶液。

⑦ 显色方式:10%硫酸乙醇溶液喷雾后,105 ℃加热至斑点显色清晰,分别置于日光及紫外灯(365 nm)下检视。

五、实验说明及注意事项

(1)进行萃取操作时,注意振摇不能过度剧烈,以防产生乳化现象。

(2)在使用旋转蒸发器进行甲醇提取液减压浓缩时,因含皂苷易产生大量泡沫发生倒吸现象,故应注意观察随时调整水浴温度及旋转蒸发器转速,避免事故的发生。

(3)在连续回流提取过程中,水浴温度不宜过高,应与溶剂沸点相适应。此外,可加快冷凝水的流速,以增加冷凝效果。

(4)回收乙醚的蒸馏操作时不必另换蒸馏装置。只将索氏提取器中的滤纸筒取出,再照原样装好,继续加热回收烧瓶中的溶剂,待溶剂液面增加至高虹吸管顶部弯曲处 1 cm 处,暂停回收,取下提取器,将其中乙醚移置另外容器中,如此反复操作,即可完成回收乙醚的操作。

(5)在连续提取过程中,欲检查有效成分是否提取完全,可取提取器中的提取液数滴,滴于白瓷皿中，挥散溶剂，观察有无残留物，或滴于滤纸片上，然后进行醋酐-浓硫酸反应或三氯化锑氯仿饱和溶液反应。若反应呈阴性，则表示已提尽。

(6)大孔树脂在使用前应按说明书处理好，加乙醇浸泡 24 h 后，再用乙醇洗脱至流出液与 3 倍水混合后不呈混浊，继续用蒸馏水洗至无醇为止备用。

六、作业

(1)三萜皂苷可用哪些反应进行鉴定？如何与甾体皂苷区别？

(2)试设计一种以人参茎叶为原料提取分离人参总皂苷的工艺流程，并说明提取、分离原理。

(3)使用乙醚作为提取溶剂时，操作中应注意哪些事项？

实验 7　β-胡萝卜素和番茄红素的提取分离与测定

一、实验目的

(1)掌握从胡萝卜或番茄中提取分离 β-胡萝卜素和番茄红素的原理与方法。

(2)巩固用柱色谱和薄层色谱分离、检测有机化合物的实验技术。

(3)学会用分光光度法测定 β-胡萝卜素和番茄红素的方法。

二、实验原理

β-胡萝卜素和番茄红素分子中的碳骨架是由 8 个异戊二烯单位连接而成的，它们是四萜类化合物。它们的分子中都有一个较长的 π—π 共轭体系，能吸收不同波长的可见光，因而它们都呈现一定的颜色，β-胡萝卜素是黄色物质，番茄红素是红色物质，所以又把它们叫作多烯色素。

胡萝卜素是最早被人们发现的一个多烯色素。后来，人们又发现了许多在结构上与胡萝卜素类似的色素，于是就把这类物质叫作胡萝卜色素类化合物，或者类胡萝卜素。这类化合物大多难溶于水，易溶于弱极性或非极性的有机溶剂，因此又把这类物质叫作脂溶性色素。胡萝卜素广泛存在于植物的叶、花、果实中，尤以胡萝卜中含量最高。胡萝卜素有 α、β、γ 三种异构体，在生物体中以 β-异构体含量最多，生理活性最强。在动物体内，胡萝卜素在酶的作用下可转化为维生素 A，因此，胡萝卜素又被叫作维生素 A 原。胡萝卜素在人和高等动物体内具有重要的生理功能，是人和高等动物生存不可缺少的营养物质。

番茄红素是胡萝卜素的开链异物体。番茄红素在成熟的红色植物果实，如番茄、西瓜、胡萝卜、草莓、柑橘等中含量最高，其中含量最多的是番茄。因为番茄红素不具有维生素 A 原活性，所以长期以来不被人们重视。但近年来研究表明，番茄红素是一种优越的天然色素和生物抗氧化剂，它可以预防前列腺癌、乳腺癌和消化道(结肠、直肠与胃)癌的发生，在预防心血管疾病、动脉硬化等各种与衰老有关的疾病及增强机体免疫力方面具有重要作用。正因为如此，近年来国内外对番茄红素的研究方兴未艾，不仅有大量的研究文章公开发表，还有一些相关产品面市。番茄红素作为新型保健食品、食品添加剂、化妆品和药品具有广阔的市场前景。

β-胡萝卜素和番茄红素的分子式均为 C40H56，分子量为 536.85，β-胡萝卜素的熔点为 184 ℃，番茄红素的熔点为 174 ℃。β-胡萝卜素和番茄红素是不饱和碳氢化合物，难溶于甲醇、乙醇，可溶于乙醚、石油醚、正已烷、丙酮，易溶于氯仿、二硫化碳、苯等有机溶剂。

根据β-胡萝卜素和番茄红素的上述性质，可利用石油醚、乙酸乙酯等弱极性溶剂将它们从植物材料中浸提出来。然后，根据它们对吸附剂吸附能力的差异，用柱色谱进行分离，用薄层色谱检测分离效果，并根据它们在可见光区有强烈吸收的性质，用紫外-可见分光光度法进行测定，β-胡萝卜素的最大吸收峰为 451 nm，番茄红素的最大吸收峰为 472 nm。

三、仪器与试剂

1. 仪器

三角瓶(50 mL)、分液漏斗(150 mL)、蒸馏瓶(50 mL)、普通蒸馏装置(或减压蒸馏装置)、色谱柱、硅胶薄层板、量筒、烧杯、试管、分光光度计、层析缸。

2. 试剂

番茄(或番茄酱)或胡萝卜、食盐、丙酮、乙酸乙酯、石油醚(60～90 ℃)、乙醇、无水硫酸镁、氧化铝(层析用，100～200 目)、硅胶(层析用，200～300 目)、无水硫酸钠、石油醚(60～90 ℃)∶乙醇(2∶1)(*V*/*V*)、石油醚∶丙酮(3∶2)(*V*/*V*)。

四、实验内容与步骤

1. 类胡萝卜素的提取

方法一：

(1)称取 20g 新鲜番茄果肉，捣碎，置于 50 mL 三角瓶中，再加入 5g 食盐，用玻棒搅拌，使食盐与番茄果肉充分混合均匀，设置一定时间，便会看到果肉组织中的水分大量渗出。脱水时间持续 15～30min，随后将脱除下来的水分滤入 150 mL 分液漏斗中。

(2)向经过食盐脱水的番茄果肉中加入 10 mL 丙酮，用玻棒搅拌，并静置 5～10min，然后将丙酮提取液也滤入分液漏斗中。

(3)向经过丙酮处理的番茄果肉中加入 10 mL 乙酸乙酯浸提 5min。浸提过程中应不时振摇三角瓶，使番茄果肉与溶剂充分接触；若室温过低，则可将三角瓶置于温水浴中温热，但应注意不能使浸提溶剂明显挥发损失。5 min 后将提取液也滤入分液漏斗中，并用玻棒轻压残渣尽量使溶剂流尽。再用乙酸乙酯重复提取 2 次，每次 10 mL，合并提取液至分液漏斗中。

(4)充分振摇分液漏斗中的混合溶液，静置，完全分层后，分去水层，有机层(酯层)再用蒸馏水洗 2 次，每次 8～10 mL，弃去水层。酯层自分液漏斗上口倒入干燥的小三角瓶中，加入适量无水硫酸镁(或无水硫酸钠)干燥 15min(注意：应避光)。

(5)将干燥后的酯层滤入 50 mL 干燥的蒸馏瓶中，水浴加热，小心蒸馏(最好减压蒸馏)浓缩至 1～2 mL。所得浓缩液即类胡萝卜素样品。

方法二：

称取 20 g 新鲜番茄果肉，捣碎，置于 50 mL 三角瓶中，用 15 mL 石油醚（60～90 ℃）与乙醇的混合溶剂（2∶1，V/V）浸提 5 min。然后将提取液滤入 150 mL 分液漏斗中。再用石油醚—乙醇混合溶剂重复提取 2 次，每次 15 mL。合并提取液至分液漏斗中。

以下步骤同方法一（4）、（5）。

2. 类胡萝卜素的柱色谱分离

方法一：

选一支 1.5 cm×20 cm 色谱柱，用适量层析用氧化铝（100～200 目）作为吸附剂干法装柱，高度为 10～20 cm，要求紧密匀实。分离方式为梯度洗脱，第一步用石油醚（60～90 ℃）洗脱。先沿色谱柱管壁滴加 5～8 mL 石油醚至柱体（各方向要均匀），待溶剂液面降至氧化铝柱面顶端时，用滴管迅速地小心滴加 5～10 滴样品至柱子中，待样品液面即将在柱面上消失时，沿管壁小心滴加石油醚 3～5 滴，冲洗粘在管壁上的有色物质。如此重复操作 3～4 次，直至管壁冲洗干净为止。随后，在管内加入尽可能多的石油醚进行洗脱，第一步收集到的洗脱液为黄色。待洗脱液清亮无色后用石油醚∶丙酮＝3∶2（V/V）的混合液洗脱，第二步收集到的洗脱液为红色。最后用丙酮将前两步不能洗脱的剩余组分洗脱下来。分别收集三步洗脱液，用作薄层色谱检测及分光光度法测定。

方法二：

操作步骤与方法一基本相同，只是分离方式不一样。本方法用石油醚作流动相进一步洗脱，分别接收不同颜色的洗脱液，作后续步骤实验用，并将本方法的分离效果与方法一进行比较。

3. 类胡萝卜素的薄层色谱检测

对得到的类胡萝卜素样品及柱色谱分离得到的样品分别进行薄层分析，以检查柱色谱分离效果。薄层层析板预先用硅胶 G 制备并活化（110 ℃，1 h），展开剂为石油醚（60～90 ℃）∶丙酮＝3∶2（V/V）。薄层分离后观察斑点位置，计算各斑点的 Rf 值，并明确各斑点归属。在本实验条件下，薄层检测结果：β-胡萝卜素，黄色，Rf 值为 0.89；番茄红素，深红色，Rf 值为 0.84。

4. 类胡萝卜素的分光光度法测定

取柱色谱分离后得到的样品，用石油醚适当稀释至仪器测量范围，然后用 721 型分光光度计分别在 420～520 nm 范围测定它们的光密度 E，并做出 E—λ 曲线（每隔 10 nm 测定一次光密度）。指出各自最大吸收峰 λ_{max}，并与标准吸收对照鉴定。

注释：

（1）新鲜番茄果肉组织中含有大量水分，类胡萝卜素处在含水量很高的细胞环境中，有机溶剂不易渗透进去，因此，为了提高提取效率，减少提取溶剂用量，应首先用食盐对番茄果肉进行脱水处理。经食盐一次脱水处理后，番茄果肉里仍然含有一定量的水分，致使所用提取溶剂还是无法进入细胞内很好地将类胡萝卜素溶出，故选用弱极性溶剂丙酮对之进一步脱水，同时也会溶出部分类胡萝卜素。为了最大限度地减少类胡萝卜素的损失，故应将脱除下来的水分及这一步的丙酮浸提液都滤入分液漏斗中合并处理。经丙酮处理后的番茄果肉便可直接加入有机溶剂浸提。如果用番茄酱或胡萝卜做原料提取类胡萝卜素，食盐脱水及丙酮进一步脱水处理这些步骤便可省去。

(2)浓缩提取液时应当用水浴加热蒸馏瓶,最好用减压蒸馏,并且不可蒸得太快、太干,以免使类胡萝卜素受热分解破坏。

(3)如果用乙酸乙酯提取胡萝卜素,提取液浓缩至 1～2 mL 后,应停止蒸馏,拆卸仪器,将蒸馏瓶敞口,让剩余的乙酸乙酯挥发至干,然后加入适量石油醚溶解,所得溶液即类胡萝卜素样品,用于下一步实验。切不可将经过浓缩的乙酸乙酯提取液直接用于柱色谱分离。

(4)在提取及柱色谱分离两步中,本实验分别提供了两种方法。在实验过程中,可将全班学生分为两批,分别按不同方法进行实验,实验结束后,再让学生通过比较得出应有的结论。

五、作业

(1)根据本实验结果,试提出一个从植物材料中提取、分离、鉴定植物色素的一般流程。

(2)在柱色谱分离类胡萝卜素实验中,黄色物质、红色物质各是什么色素? 试就实验现象做出解释。

(3)在类胡萝卜素的薄层色谱检测中,你究竟观察到几个斑点? 它们的 Rf 值各是多少? 如实记录实验现象,并对实验现象做出解释。

实验 8　大蒜细胞 SOD 的提取和分离

一、实验目的

通过大蒜细胞 SOD(Superoxide dismutase,超氧化物歧化酶)的提取与分离,学习和掌握蛋白质及酶的提取与分离的基本原理和操作方法。

二、实验原理

SOD 是一种具有抗氧化、抗衰老、抗辐射和消炎作用的药用酶。它可催化超氧负离子(O_2^-)进行歧化反应,生成氧和过氧化氢。大蒜蒜瓣和悬浮培养的大蒜细胞中含有较丰富的 SOD,通过组织或细胞破碎后,可用 pH 为 7.8 的磷酸缓冲液提取出来。由于 SOD 不溶于丙酮,可用丙酮将其沉淀析出。

植物叶片在衰老过程中会发生一系列生理生化变化,如核酸和蛋白质含量下降、叶绿素降解、光合作用降低及内源激素平衡失调等。这些指标在一定程度上反映了衰老过程的变化。近来大量研究表明,植物在逆境胁迫或衰老过程中,细胞内自由基代谢平衡被破坏而有利于自由基的产生。过剩自由基的毒害之一是引发或加剧膜脂过氧化作用,造成细胞膜系统的损伤,严重时会导致植物细胞死亡。自由基是具有未配对价电子的原子或原子团。生物体内产生的自由基主要有超氧自由基(O_2^-)、羟自由基(OH)、过氧自由基(ROD)、烷氧自由基(RO)等。植物细胞膜有酶促和非酶促两类过氧化物防御系统,超氧化物歧化酶(SOD)、过氧化氢酶(CAT)、过氧化物酶(POD)和抗坏血酸过氧化物酶(ASA - POD)等是酶促防御系统的重要保护酶。抗坏血酸(VC)、VE和还原型谷胱甘肽(GSH)等是非酶促防御系统中的重要抗氧化剂。SOD、CAT等活性氧清除剂的含量水平和O_2^-、H_2O_2、OH和O_2等活性氧的含量水平可作为植物衰老的生理生化指标。

SOD是含金属辅基的酶。高等植物含有两种类型的SOD:Mn-SOD和Cu. Zn-SOD,它们可催化下列反应:

$$O^{2-}+O^{2-}+2H+SOD \rightarrow H_2O_2+O_2$$

$$H_2O_2+CAT \rightarrow H_2O+1/2O_2$$

由于超氧自由基(O_2^-)为不稳定自由基,寿命极短,测定SOD活性一般为间接方法。并利用各种呈色反应来测定SOD的活力。邻苯三酚在碱性条件下可迅速自氧化,释放出O_2^-,生成带色的中间产物,在420 nm有最大吸收峰。邻苯三酚自氧化产生的中间产物在40 s～3 min这段时间,生成物与时间有较好的线性关系。

颜色深→SOD逐渐增多→颜色浅,即酶活力越大,颜色越浅。

三、实验器材、材料和试剂

1. 器材

恒温水浴锅、冷冻高速离心机、可见分光光度计、玻璃研钵、玻棒、烧杯、量筒、精密pH试纸。

2. 材料和试剂

(1)新鲜蒜瓣。

(2)A液:pH为8.2,0.1mol/L三羟甲基氨基甲烷(Tris)-盐酸缓冲溶液(内含lmmol/EDTA-2Na)。称取1.211 4 gTri和37.2 mgEDTA2Na溶于62.4 mL 0.1 mol/L盐酸溶液中,用蒸馏水定容至100 mL.(缓冲液需要调pH为8.2)

(3)B液:4.5 mmol/L邻苯三酚盐溶液。称取邻苯三酚(A.R)56.7 mg溶于少量10 mmol/L盐酸溶液,并定容到100 mL。

(4)10 mmol/L盐酸溶液。(注:常用的浓盐酸是37%～38%,密度为1.19g/mL,浓盐酸摩尔浓度约11.7)

(5)0.05 mol/L磷酸缓冲液(pH为7.8)(自查,先分别配置pH为7.8的Na_2HPO_4和NaH_2PO_4溶液,后以适当配比组成)。

(6)氯仿-乙醇混合液:氯仿∶无水乙醇=3∶5。

(7)丙酮:用前须预冷至4～10 ℃。

四、实验步骤

1. 组织细胞破碎

称取3g大蒜蒜瓣,置于预冷研钵中,加入少量的石英砂及5 mL 0.05mol/L磷酸缓冲液,冰浴上研磨成匀浆,移入15 mL离心管。用5 mL磷酸缓冲液冲洗研钵,洗涤并入离心管中,磷酸缓冲液的最终体积为10 mL,全部转入离心管中,在5 000 r/min下离心15 min,取上清液(提取液)。留出1 mL备用,准确量取剩余上清液体积。

2. 除杂蛋白

在上清液中加入 0.25 体积的氯仿-乙醇混合液搅拌 15 min,5 000 r/min 离心 15 min,得到的上清液为粗酶液。留出 1 mL 备用,准确量取剩余的上清液体积。

3. SOD 的沉淀分离

在粗酶液中加入等体积的冷丙酮,搅拌 15 min,5000 r/min 离心 15 min,得到 SOD 沉淀。将 SOD 沉淀溶于 5 mL 0.05 mol/L 磷酸缓冲液(pH 为 7.8)中,得到 SOD 酶液。留出 1 mL 备用,准确量取剩余的上清液体积。

4. SOD 酶活性测定

(1)将上述提取液、粗酶液和酶液分别取样,测定各自的 SOD 活力。SOD 活力测定加样程序见表 1-5-4。

表 1-5-4　SOD 活力测定加样程序

试剂	空白管	*OD*1		*OD*2	
		对照管	SOD 提取液	SOD 粗酶液	SOD 酶液
A 液/mL	3.00	3.00	3.00	3.00	3.00
SOD 液	0	0	0.1	0.1	0.1
蒸馏水	2.00	1.80	1.7	1.7	1.7
室温下放置 20 min					
B 液	0	0.2	0.2	0.2	0.2
OD 值					

(2)加入邻苯三酚后迅速混匀,准确计时 4 min,加一滴浓盐酸停止反应,420 nm 测吸光值(OD)。

五、结果

(1)酶活力单位 $U/\mathrm{mL}=2(OD1-OD2)\times 5/0.1$

(1 mL 反应液中,每分钟抑制邻苯三酚自氧化速率达到 80%时的酶量)

总活力 U=活力单位×总体积

比活力 U/mg=活力单位/蛋白质浓度

纯化倍数=粗酶液(酶液)比活力/提取液比活力

回收率=粗酶液(酶液)总活力/提取液总活力

(2)根据所得结果计算出提取液、粗酶液和酶液酶活力单位、总活力、比活力、纯化倍数、回收率,并写出计算过程。

注意事项:提取酶液时,为了尽可能保持酶的活性,尽可能在冰浴中研磨,在低温中离心。

实验 9　黄连中黄连素的提取分离和鉴定

一、实验目的

(1)学习并掌握生物碱的提取方法和原理。

(2)学习减压蒸馏的操作技术。

(3)熟悉黄连素的化学结构、性质、提取原理和分离方法及其相关知识的综合作用。

二、实验原理

黄连为我国特产药材之一,抗菌力很强,对急性结膜炎、口疮、急性细菌性痢疾、急性肠胃炎等均有很好的疗效。黄连中含有多种生物碱,除以黄连素(俗称小檗碱 Berberine)为主要有效成分外,尚含有黄连碱、甲基黄连碱、棕榈碱和非洲防已碱等。由于野生和栽培及产地不同,黄连中黄连素的含量为 4%～10%。含黄连素的植物很多,如黄柏、三颗针、伏牛花、白屈菜、南天竹等均可作为提:取黄连素的原料,但以黄连和黄柏含量为高。

取黄连素的原料,但以黄连和黄柏含量为高。黄连素是黄色针状体,微溶于水和乙醇,较易溶于热水和热乙醇中,几乎不溶于乙醚。黄连素(也称小檗碱)属于生物碱,是中草药黄连的主要有效成分,含量可达 4%～10%。除了黄连中含有黄连素,黄柏、白屈菜、伏牛花、三颗针等中草药中也含有黄连素,其中以黄连和黄柏中含量最高。

黄连素有抗菌、消炎、止泻的功效,对急性菌痢、急性肠炎、百日咳、猩红热等各种急性化脓性感染和各种急性外眼炎症都有效。黄连素是黄色针状体,微溶于水和乙醇,较易溶于热水和热乙醇中,几乎不溶于乙醚。黄连素的盐酸盐、氢碘酸盐、硫酸盐、硝酸盐均难溶于冷水,易溶于热水,故可用水对其进行重结晶,从而达到纯化的目的。

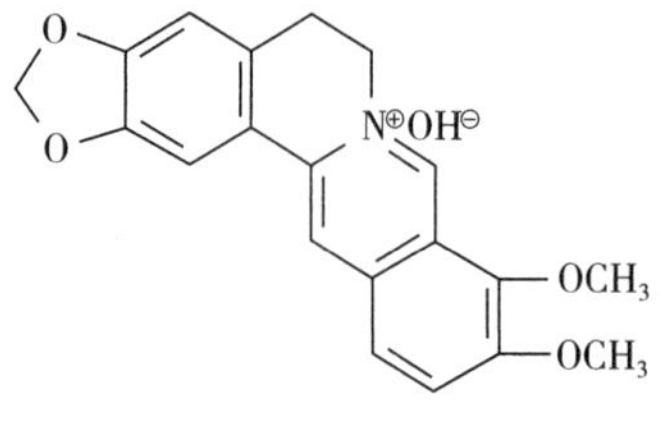

黄连素在自然界多以季铵碱的形式存在,结构如下:从黄连中提取黄连素,往往采用适当的溶剂(如乙醇、水、硫酸等)。在脂肪提取器中连续抽提,然后浓缩,再加以酸进行酸化,得到相应的盐。粗产品可以采取重结晶等方法进一步提纯。

O
O
$N^{\oplus}OH^{\ominus}$
$-OCH_3$
$-OCH_3$

图 1-5-5　季铵碱分子结构

黄连素被硝酸等氧化剂氧化,转变为樱红色的氧化黄连素。黄连素在强碱中部分转化为醛式黄连素,在此条件下,再加几滴丙酮,即可发生缩合反应,生成丙酮与醛式黄连素缩合产物的黄色沉淀。

三、实验仪器与药品

1. 仪器

150 mL 圆底烧瓶、回流冷凝管、锥形瓶烧杯、减压过滤装置、循环水泵、薄层板、点样毛细管展开缸熔点测定仪、紫外光谱仪、红外光谱仪。

2. 药品

黄连、95%乙醇、1%醋酸、浓盐酸蒸、馏水薄层层析、氧化铝或硅胶。

四、实验操作

1. 溶剂的提取

称取 10 g 黄连，将其切研碎磨烂，放入圆底烧瓶中，加入 100 mL 95%乙醇，装上回流冷凝管，加热回流 0.5 h，静置浸泡 1h，减压过滤，滤渣重复上述操作处理两次(后两次提取可适当减少乙醇用量和缩短浸泡时间)。合并三次所得滤液即黄连素提取液。

2. 分离纯化

将提取液在循环水泵下减压蒸馏回收乙醇，至烧瓶内残留液体呈棕红色糖浆状，停止蒸馏。然后在加入 1%的醋酸(30～40 mL)，加热溶解残留物，减压过滤，除去不溶物。将滤液移入三角烧瓶中，在滤液中滴加浓盐酸，至溶液混浊为止(约 10 mL)。用冰水冷却上述溶液，降至室温下以后即有黄色针状的黄连素盐酸盐析出。减压过滤，所得结晶用冰水洗涤两次，再用丙酮洗涤一次，烘干，可得黄连素盐酸盐的粗产品。

将粗产品(未干燥)放入 100 mL 烧杯中，加水至刚好溶解，加热至沸，用石灰乳调节 pH 为 8.5～9.8，冷却后滤去杂质，滤液继续冷却到室温，即有游离的黄连素针状体析出，减压过滤，将结晶置于烘箱内，于 50～60 ℃干燥，即得黄连素(图 1-5-6)。

图 1-5-6　黄连素

五、黄连素的检验

方法一：取盐酸黄连素少许，加入浓硫酸 2 mL，溶解后加入几滴浓硝酸，即呈樱红色溶液。

方法二：取盐酸黄连素约 50 mg，加入蒸馏水 5 mL，缓缓加热，溶解后加入 20%氢氧化钠溶液 2 滴，显橙色，冷却后过滤，滤液加丙酮 4 滴，即发生浑浊。放置后生成黄色的丙酮黄连素沉淀。

实验 10　丁香精油的提取

一、实验目的

(1)学习水蒸气蒸馏的基本原理及其应用。

(2)掌握水蒸气蒸馏提取丁香精油。

二、实验原理

精油(Essential oils)也称挥发油(Volatile oils),是存在于植物体中的一类具有芳香气味,在常温下能挥发,可随水蒸气蒸馏出来的油状液体的总称。精油是天然香精、香料的重要组成部分,由于天然香料有着合成香料无法代替的、独特的香韵,以及大多不存在毒副作用等原因,其生产畅销不衰。因为植物精油不仅在医药护理等方面应用广泛,在日用食品工业及化学工业中还是十分重要的原料,所以植物精油提取分离已成为研究植物精油的热点。香精油的提取方法有蒸馏法、浸提法、压榨法、吸收法、酶提取法、微波提取法、超声波提取法、超临界流体萃取(Supercyitical fluid extraction,SFE)、微胶囊-双水相萃取。蒸馏法可分为共水蒸馏和水蒸气蒸馏。共水蒸馏是指将植物粗粉加水浸泡后,直接加热蒸馏出水和精油,冷却后,分离出精油。此法简单方便,但植物原料直接受热,易使精油的某些成分分解并使部分原料焦化,影响精油的质量。水蒸气蒸馏是指将植物粉碎后放入蒸馏器中,通入水蒸气,精油随水蒸气一起馏出。它避免了共水蒸馏的过热或焦化。水蒸气蒸馏是目前应用广泛的一种方法,适用于挥发性的、水中溶解度不大的成分的提取,设备简单、容易操作、成本低。但是,水蒸气蒸馏也存在缺点,由于操作温度较高会引起精油中热敏性化合物的热分解和易水解成分的水解。基于水蒸气蒸馏存在的问题,人们开始致力于改进蒸馏设备,出现了加压串蒸、连续蒸馏、带复馏柱蒸馏蜗轮式快速水蒸气蒸馏等形式。本实验采用常用的水蒸气蒸馏分离提取丁香精油。当水和不(或难)溶于水的化合物一起存在时,整个体系的蒸气压力根据道尔顿分压定律,应为各组分蒸气压力之和,即

$$P=P_{水}+P_{A}$$

式中,P_{A}——与不(或难)溶化合物的蒸气压。

当 P 与外界大气压相等时,混合物就沸腾。这时的温度即它们的沸点,混合物的沸点将比任何组分的沸点都要低一些,而且在低于 100 ℃的温度下随着水蒸气一起蒸馏出来。

三、实验用品

(1)装置:水蒸气蒸馏装置(图 1-5-7)、分液漏斗。

(2)试剂:丁香、水。

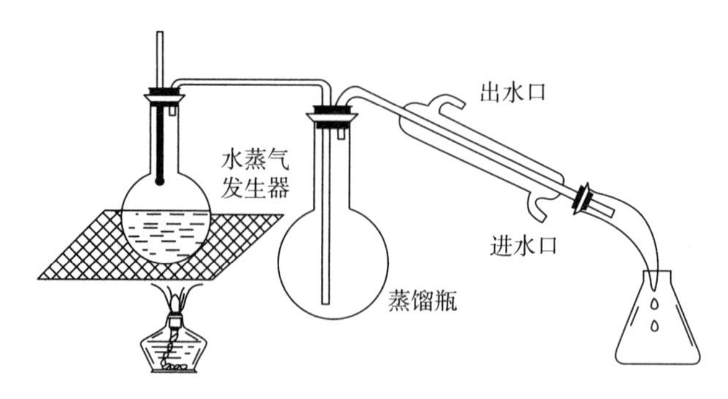

图 1-5-7 水蒸气蒸馏装置

四、实验步骤

按图 1-5-7 安装水蒸气蒸馏装置。在水蒸气发生器的烧瓶中加入约 180 mL 的水及几粒沸石，在蒸馏烧瓶中加入 5 g 丁香粉和 5 mL 的沸水。加热水蒸气发生烧瓶，接通冷凝水，开始通入水蒸气，蒸馏 1 h，馏出液为丁香精油与水的白色乳浊液，微波加热 1 min，得到油水完全分离的、澄清透明的水、油两相液体，转入分液漏斗分液，取下层的油相，即产品丁香精油，约 0.6 g。

五、注意事项

(1)水蒸气导管应尽可能短些，以减少水蒸气冷凝。

(2)水蒸气导管尽可能按近蒸馏烧瓶底部。

(3)为使水蒸气不致在烧瓶中冷凝过多而增加混合物的体积。在通入水蒸气时，可在烧瓶下用小火加热。

(4)蒸馏过程中，经常检查安全管的水位是否正常，有无倒吸现象，并及时排除。

(5)蒸馏速度为 2～3 滴/s。

(6)结束蒸馏时，先旋开螺旋夹，再移去热源，否则会倒吸。

(7)若有堵塞现象，则应立即打开止水夹，移去热源，使水蒸气发生器与大气相通，避免发生事故(如倒吸)，待故障排除后再进行蒸馏。

参考文献：

[1] 浦周芳，韩丽琴，曹宏梅．茶叶中茶多酚提取及含量测定的研究[J]．食品研究与开发，2013，34(17)：83—85.

[2] 王紫琪．亲水性人参皂苷的提取分离及分析方法研究[D]．长春：吉林大学，2019.

[3] 潘训海，罗惠波．生物工程专业实验指导[M]．成都：西南交通大学出版社，2012.

[4] 原龙，王新，杨平．大蒜中超氧化物歧化酶提取工艺的研究[J]．西安工程大学学报，2009，23(1)：71—73.

第6章 分子生药学

实验1 常见药的一般性状描述和显微标本的制作

一、实验目的

(1)掌握生药性状的一般描述。
(2)掌握粉末制片、表面片的制作方法。
(3)熟悉徒手切片的操作方法。

二、实验仪器药品与材料

1. 仪器

显微镜、镊子、解剖针、刀片、载玻片、盖玻片、培养皿、吸水纸、酒精灯。

2. 材料

蒸馏水、水合氯醛试液、稀甘油等。

3. 药品

黄连、三七、党参、天麻、元胡、麻黄、川木通、黄柏、杜仲、厚朴、番泻叶、石韦、大青叶、金银花、玫瑰花、辛夷花、山楂、马兜铃、枸杞子、女贞子、连翘、车前子、桃仁、苦杏仁、细辛、鱼腥草、水蛭、地龙、全蝎、蜈蚣、茯苓、猪苓、海金沙等。

三、实验内容

首先判断和确定该生药属于根、茎、叶、花、果的哪种,然后根据各自的性状特点进行鉴别。

(一)根及根茎类

取黄连、三七、党参,观察。

1. 来源

判断是根、根茎,或者既有根又有根茎;是属于单子叶植物,还是双子叶植物或蕨类植物。

2. 形态

形态为圆柱形、圆锥形、纺锤形或不规则形等,是否去皮、完整,纵切片或横切片,以及分枝情况(纤维状、块状、叉状或束状)。

3. 大小

注意长度、直径等。

4. 表面特征

表面色泽、叶迹、皮孔、皱纹,以及有无鳞叶等。

5. 质地与断面

质地坚或软、断面是否粉质、平坦或纤维状、粗糙或平坦。

6. 横断面

色泽,皮层与中柱的比例(根)或皮部、木部及髓部的比例(根茎),射线的分布及排列,形成层明显与否,以及排列情况等。

7. 气和

味气芳香、微弱或特异,味苦、甘、咸、辛、辣、淡等。

(二)茎类

类似根茎。取天麻、元胡、麻黄、川木通,观察。

(三)皮类

取黄柏、杜仲、厚朴,观察。

(1)来源判断是茎皮还是根皮。

(2)形态板片状、弯曲、槽状、筒状或双筒状。

(3)大小注意长、宽、厚度。

(4)表面特征观察外、内表面色泽,光滑程度,有无皮孔,凸凹沟纹等,皮孔的分布和形状如何。

(5)质地与折断面坚硬、软韧或松脆等;断面粉质,颗粒状、平坦或纤维状,有无丝状牵连、黏性等;

(6)横断面各部组织排列情况,界限是否清楚,比例、色泽。

(7)气味:有无特殊臭气或味。

(四)叶类

取番泻叶、石韦、大青叶,观察。

叶类生药常破碎、皱缩,除了对其进行描述,常挑选完整或比较完整的叶片在温水中软化展开后,再观察。

(1)来源判断其为单叶还是复叶,是双子叶植物还是单子叶植物的叶。

(2)形状皱缩,破碎或完整,有无叶柄、托叶、叶鞘;以及叶端、叶基、叶缘、叶脉等形态。

(3)表面特征:上、下表面色泽,光滑或有无毛茸、腺点等。

(4)质地:草质、革质、膜质、肉质等。

(5)气味及其他。

(五)花类

取金银花、玫瑰花、辛夷花,观察。

(1)来源是单花、花序或仅花的某一部分,是花蕾还是已开放的花朵,双子叶植物还是单子叶植物的花。

(2)花萼、花冠整齐或不整齐;离瓣或合瓣,着生情况,色泽等。

(3)雄蕊、雌蕊数目、形状,着生情况,是单性花还是两性花等。

(4)以花序入药的,注意花序类型。

(5)气味及其他。

(六)果实类

取山楂、马兜铃、枸杞子、女贞子、连翘,观察。

(1)来源:单果、聚合果或复果,干果或肉果等。

(2)形状:球形、扁球形、卵形、椭圆形等,长度、直径,厚度。

(3)表面特征:色泽、有无缩萼、干缩后的皱纹、毛茸、棱角、肋线、凸凹情况。

(4)质地脆、坚、干燥或肉质,外果皮、中果皮、内果皮的情况。

(5)断面子房室数,胎座类型,外果皮、中果皮和内果皮界限明显与否。

(6)种子有无、数目、形状、大小、色泽等。

(7)气味及其他。

(七)种子类

取车前子、桃仁、苦杏仁,观察。

(1)形状大小:圆球形、类球形或扁球形、肾形,心形等,测定长度、直径和厚度。

(2)表面特征:纹理、突起、色泽、毛茸、脐点、合点、种脊、硬度等。

(3)种皮:内、外种皮,色泽,质地等情况。

(4)胚乳:胚乳有无、色泽等。

(5)胚:位置、形状、大小及胚根、子叶等情况。

(6)气味及其他。

(八)全草类

取细辛、鱼腥草,观察。

全面观察,重点进行描述。

(九)动物类

取水蛭、地龙、全蝎、蜈蚣等。注意是动物的整体、部分或者分泌物等,描述其外形特征,以及大小、色泽、质地、断面和气味等。

(十)其他

取茯苓、猪苓、海金沙,观察。

(十一)显微标本片的制作

1. 徒手切片法

徒手切片法为生药显微鉴定的常用制片方法之一。本法操作简便、节省时间,只需一刀片即可切成薄片,不染色或经简单染色,用水封片后观察,具体方法如下。

取新鲜材料或预先固定好的或软化的材料一段,长约 2 cm;坚硬的材料可用水煮、50%乙醇∶甘油(1∶1)浸泡,软化后再切片。若材料过软时,则可置于 70%～95%乙醇中浸泡 20～30 min。切片时,以左手的拇指和食指夹住材料,中指夹住材料的底部,左臂贴身,左手固定不动,将材料上端露出食指 2～3 mm,不宜过长,用右手的拇指和食指挟持刀片的两侧,使刀片呈水平方向(与材料横切面平行),移动右臂使刀口向内自左前方,向右后方拉削,便可切成薄片,切勿来回拉锯,要一次切下,中途不能停顿,切时可先在材料切面或刀刃上润湿，切下的薄片用湿毛笔刷下放入有水的培养皿中备用，选取最薄的切片放在载玻片上观察，也可用0.1%番红溶液给细胞核及木质化、栓质化的细胞壁染色后，再观察。刀片用后立即擦干水或再涂上液体石蜡，下次备用。

2. 表皮制片法

表皮制片法适用于观察叶片、花萼、花瓣、雄蕊及浆果、草质茎及根茎等的表皮显微鉴定特征。较薄的材料可整体封藏，其他材料可撕取或削取表皮制作。若为干的材料，如较薄的叶(如薄荷叶)、花类生药可用冷水浸泡至能伸展、恢复原样后，用刀片在表面轻轻浅划一刀，用小镊子从切口处撕取表皮，切去带表皮下部组织的那部分表皮。若为较软的浆果类，可直接削取表皮；若为较硬的浆果类，则需要软化处理。最后用水合氯醛试液透化，加入甘油封藏。

3. 粉末制片法

粉末制片法是用于制备粉末状生药、以生药粉末制备的中成药及其原料药材粉末的显微鉴定制片法，是生药显微鉴别中常用的制片方法。一般是先将药材烘干、粉碎，过5～6号筛。取粉末适量(约半粒大米粒大小)，加水(不透化，观察淀粉粒)，或加水合氯醛，加热、透化，再加稀甘油(观察细胞、草酸钙结晶等后含物)，或加乙醇(观察橙皮昔或菊糖团块)。试以大黄粉或甘草粉进行实验。

4. 注意

制作好的临时标本片，要求封藏剂适度，不足时，可用滴管从盖玻片的边缘滴加少许，盖玻片边缘多余的液体，可用吸水纸从玻片的一端吸去。

四、作业

(1)对打星号生药的性状进行描述。

(2)试用徒手切片法、表面制片法和粉末制片法制备若干生药标本，并观察特征。

(3)怎样区别双子叶植物与单子叶植物的根茎。

(4)根与根茎在生药形态上有何异同?

(5)临时装片方法有哪几种? 透化目的是什么? 用水合氯醛透化时应注意什么?

实验2 几种生药的性状与显微鉴别及微量升华法

一、实验目的

(1)掌握不同药用部位生药的性状及显微鉴定方法。

(2)熟悉中药成分微量升华的方法，并了解其在中药鉴别上的应用。

二、实验仪器与材料

1. 仪器

显微镜、载玻片、盖玻片、吸水纸、酒精灯、水浴锅、蒸发皿、紫外光灯、100 g阻尼天平，以及微量升华器、温度计等。

2. 试剂、药品

蒸馏水、水合氯醛试液、稀甘油、30％硝酸、乙醇、盐酸、漂白粉、5％没食子酸乙醇溶液、5％硫酸、碘化铋钾、碘化汞钾、乙醚、冰醋酸、浓硫酸、10％氢氧化钾、1％三氧化铁试液、1％氢氧化钠试液、香荚兰醛试剂等。

3. 材料

取下列生药的原生药、横切片和粉末：黄连（*Coptis chinensisFranch.*）、黄柏（*Phellodendron amurense Rupr*）、番泻叶（*Cassia angustifolia Vahl.*）、小茴香（*Foeniculum Vulgare Mill*），以及下列药材的干燥粗粉：大黄（*Rheum palmatum L.*）的根和根茎、牡丹皮（*Paeonia suffruticosa Andr.*）的根皮。

三、内容与方法

（一）几种生药的性状及显微鉴定

1. 黄连

(1)性状鉴别：观察黄连的药材标本，注意其形状、大小、表面颜色、有无须根及鳞叶或叶柄残基、节间长短、质地、断面色泽、气味等特征。着重从根茎形状、大小、过桥长短等方面比较味连、雅连、云连等黄连商品药材。

① 味连：多集聚成簇，形如鸡爪，节密生成结节状隆起，有“过桥”，表面黄褐色，断面鲜黄色。

② 雅连：单枝，似蚕形，有“过桥”、较长，表面棕黄色，有的中空。

③ 云连：单枝，较细小，钩状蝎尾形，有“过桥”，表面棕黄色，断面黄棕色。

(2)显微鉴别。

① 镜检味连根茎横切片，自外向内观察下列组织。

木栓层为数列扁平细胞，外侧有时可见鳞叶组织。皮层较宽，薄壁组织中有石细胞散在，单个或成群；常可见根迹维管束和叶迹维管束。中柱鞘纤维，成束存在，或伴有少数石细胞。维管束，外韧型，断续环列；韧皮部狭窄；形成层细胞扁平，射线明显，束间形成层不明显；木质部均木化，由导管、管胞、木纤维、木薄壁细胞组成，木纤维较发达。髓部，由薄壁细胞组成，无石细胞。薄壁细胞均含淀粉粒。雅连与味连相似，但髓部尚有多数石细胞群。云连的皮层、中柱鞘及髓部均无石细胞。

② 取黄连粉末，先后以蒸馏水和水合氯醛试液透化后装片观察，注意下列特征：淀粉粒多单粒，类圆形、肾形或卵圆形，直径 2～10 μm，少数可见脐点；复粒较少，由 2～4 分粒组成。②石细胞鲜黄色，类圆形、类方形或不规则形，直径 25～64 μm，壁厚，孔沟及纹孔明显。中柱鞘纤维鲜黄色，多成束，纺锤形或长梭形，较粗短，壁厚末端尖，壁孔明显。木纤维鲜黄色，成束，较细长，壁稍厚，管胞具缘纹孔明显，韧型纤维单纹孔，有的呈裂隙状。导管主要为孔纹导管，少数为具缘纹孔、螺纹、网纹、梯纹导管，均较细小。鳞叶表皮细胞绿黄色或黄棕色，略呈长方形或类方形，无细胞间隙，壁呈微波状弯曲或作连珠状增厚。

2. 黄柏

(1)性状鉴别。取黄柏药材标本进行观察。

① 川黄柏：呈板片状或浅槽状，长宽不一，厚 0.3～0.6 cm，外表面黄褐色或黄棕色，内

表面暗黄色或淡棕色。质硬，断面纤维性，呈裂片状分层，深黄色。气微，味苦，嚼之有黏性。

② 关黄柏：皮片较川黄柏薄，0.2～0.4 cm，外表面黄棕色或棕黄色，具有不规则纵裂纹，内表面黄绿色或黄棕色。质较硬，断面鲜黄色或黄绿色。气微，味苦，有黏性。

(2)显微鉴别：镜检黄柏横切面组织切片。

① 川黄柏：木栓层，由多列长方形细胞组成，内含棕色物质(去掉外皮者，无木栓层)。皮层，狭窄，散有众多石细胞群及纤维束。韧皮部，外侧有少数石细胞，纤维束切向排列呈断续的层带，并形成晶纤维。射线宽2～4列细胞。黏液细胞随处可见。

③ 关黄柏：石细胞众多，呈长圆形，纺锤形、长条形或不规则分枝状，长径35～80 μm，壁厚，孔沟与层纹明显。纤维鲜黄色，常成束，周围细胞含草酸钙方晶，形成晶纤维。草酸钙方晶极多，直径12～30 μm。淀粉粒呈球形，直径不超过10 μm。黏液细胞可见，呈类球形，直径32～42 μm。

与川黄柏的不同点是木栓细胞呈方形，皮层较宽广，石细胞略少，射线较平直。取黄柏粉末，分别用醋酸甘油和水合氯醛液透化后装片，镜检。

川黄柏不同于关黄柏的特征是石细胞大多呈分枝状，呈圆形者直径40～128 μm。

3. 番泻叶

(1)性状鉴别：狭叶番泻叶，小叶片多完整平坦，呈长卵形、卵状披针形或披针形。长2～6 cm，宽0.4～1.5 cm，全缘，叶端尖或有尖刺。叶基略不对称。上面黄绿色，下面浅黄绿色，两面均有稀毛茸，叶脉略突起。有叶脉及叶片压迭线纹(加压打包时造成)。气微而特异，味苦，稍有黏性。尖叶番泻叶，叶片呈披针形或卵形，略卷曲，长2～4 cm，宽0.7～1.2 cm，叶端尖或微凸。叶基不对称，表面绿色，下面灰绿色，微有短毛，无压叠纹，质地较薄脆，微呈革质状。气微而特异，味苦。

(2)显微鉴别。

① 镜检番泻叶横切面，两种叶的横切面构造大致相同：

表面细胞中常含大量黏液质，上下表皮均有气孔。叶肉组织为等面型，上下均有一列栅栏细胞。上面栅栏细胞较长，约长150 μm，下面栅栏细胞较短，长50～80 μm，海绵组织细胞中含草酸钙簇晶。主脉维管束的上、下两侧，有微木化的中柱鞘长纤维层，外有含草酸钙棱晶的薄壁细胞，形成晶纤维。

② 取番泻叶粉末，用醋酸甘油水装片和水合氯醛液透化后装片，镜检下列特征：表皮细胞多角表，垂周壁平直，气孔平轴式，副卫细胞为2个(狭叶番泻叶气孔副卫细胞多为3个)。非腺毛，单细胞，长100～350 μm，壁厚，多疣状突起，基部稍弯曲，尖叶番泻叶的毛较多。晶纤维较多，草酸钙方晶直径12～15 μm。薄壁细胞含草酸钙簇晶，直径8～30 μm。

4. 小茴香

(1)性状鉴别。长圆柱形，两端稍尖，顶端残留化桩基，基部带果柄。分果背面有5条纵棱隆起，具有特异的甜香气，压碎时更显著，味微甜。

(2)显微鉴别。

① 小茴香分果横切面观察。外果皮：一列扁平细胞。中果皮：接合2个油管，背面每二棱线间各1个，共有油管6个；棱线处有维管柱。维管柱的内外两侧围有特异的木化网纹细胞。内果皮：一列扁平细胞，细胞长短不一。种皮细胞扁长，含棕色特质。内胚乳细胞含众

多细小糊粉粒，其中包有草酸钙小簇晶。有种脊维管束。

② 小茴香粉末制片并观察：镶嵌细胞，每组5～8个狭长细胞，组间不规则。油管碎片，分泌细胞多角形。网纹细胞壁厚，具有大型网孔，木化。糊粉粒细小，内含草酸钙小簇晶，分布在多角形的内胚乳细胞中。

(二)微量升华法

微量升华法是指利用中药中所含的某些化学成分，如咖啡碱、牡丹酚、薄荷脑、蒽醌类化合物等，在一定温度下能升华的性质，获得升华物，在显微镜下观察其形状、颜色及化学反应。

微量升华法的方法是取金属片（长宽同载玻片），将其安放在有圆孔的石棉网上，金属片上放一个小金属圈（直径约1.5 cm，高度约0.8 cm）对准石棉板上的圆孔，圈内加入中药粉末适量，圈上放一个载玻片。在石棉网下圆孔处用酒精灯徐徐加热数分钟，至粉末开始变焦，去火待冷，则有结晶状升华物附着于上面的载玻片。将载玻片取下反转，升华物向上，在显微镜下观察结晶形状，并可加化学试液，观察其反应。必要时可用显微熔点测定器测定结晶的熔点。

(1)取大黄粉末少量，将其置于微量升化器金属圈中，上面覆盖一个载玻片，徐徐加热，至载玻片上有淡黄色物质出现时，将载玻片取下，调换另一个载玻片，随着温度的不断升高，如此连续调换载玻片，并记录温度至中药粉末开始变焦为止。在显微镜下观察各载玻片上微量升华结晶的颜色和形状，注意结晶形状随着温度升高后的变化。在各升华物上加1%氢氧化钠试液1滴，颜色有何变化？说明什么？

(2)取牡丹皮粉末少量，同上法收集微量升华物，在显微镜下观察结晶颜色和形状，于结晶上加入1%三氯化铁试液1滴，注意显色情况。

表1-6-1　微量升华法形态及化学反应结果

药材	升华性成分	升华物形态特征	化学反应结果
大黄	蒽醌类	黄色梭针状结晶(120 ℃) 黄色树枝状结晶(150 ℃) 黄色羽毛状结晶(180 ℃)	遇碱溶解并显红色
牡丹皮	牡丹酚	长柱状针状羽状结晶	三氯化铁结晶溶解而显暗紫色
薄荷	薄荷脑	油状物	加硫酸2滴及香草醛结晶适量，初显黄色，再加水1滴即变紫红色
儿茶	儿茶素	无色树枝状结晶	
斑蝥	斑蝥素	白色柱状或小片状结晶	滴加氢氧化钡溶液形成簇状排列的针晶族
茶叶	茶叶碱	白色针状结晶	

四、作业

(1)绘制各生药横切面、粉末简图。

(2)总结各生药微量升华物的特征及化学反应结果。

(3)黄连与黄柏石细胞有何特点?
(4)微量升华用于生药鉴别有何特点?
(5)大黄升华物结晶可呈现几种形状? 羽毛状结晶出现在何时?

实验 3　生药质量标准及质量控制

一、目的要求

(1)掌握生药质量标准的组成。
(2)熟悉生药质量标准制定和控制方法。

二、实验仪器与材料

(1)仪器:高效液相色谱仪、721 型可见分光光度计、索氏提取器一套、显微镜、载玻片、盖玻片、水合氯醛试液、斯氏液、稀甘油、冰醋酸等;分析用化学试剂,包括 HPLC 级甲醇、超纯水、其他为分析纯。
(2)实验材料:槐花或槐米。

三、内容及方法

参考《中华人民共和国药典(2005 年版　一部)》第 246 页,如下法进行实验。
[名称]槐花
[汉语拼音] Huaihua
[拉丁名] *Flos Sophorae*
[来源]本品为豆科植物槐 Sophora japonica L. 的干燥花及花蕾。夏季花开放或花蕾形成时采收,及时干燥,除去枝、梗及杂志。前者习称槐花,后者习称槐米。
[性状]槐花皱缩二卷曲,花瓣多散落。完整者花萼钟状,黄绿色,先端 5 浅裂;花瓣 5,黄色或黄白色,1 片较大,近圆形,先端微凹,其余 4 片长圆形。雄蕊 10,其中 9 个基部连合,花丝细长。雌蕊圆柱形,弯曲,体轻,气微,味微苦。
[鉴别](1)本品粉末黄绿色。花粉粒类球形或钝三角形,直径 14～19 μm。具 3 个萌发孔。非腺毛 1～3 细胞,长 86～66 μm,气孔不定式,副卫细胞 4～8 个。草酸钙方晶少见。
(2)取本品粉末 0.2 g,加甲醇 5 mL,密塞,振摇 10 min,滤过,滤液作为供试品溶液。另取芦丁对照品溶液,加甲醇制成每毫升含 4 mg 的溶液,作为对照品溶液。照薄层色谱法(《中华人民共和国药典(2005 年版　一部)》附录 VIB)试验,吸取上述两种溶液各 10 μL 分别点于同一硅胶 G 薄层板上,以醋酸乙酯－甲酸－水(8∶1∶1)为展开剂,展开,取出,晾干,喷以三氯化铝试液;待乙醇挥干后,置紫外光灯(365 nm)下检视。供试品色谱中,在与对照品色谱相应的位置上,显相同颜色的荧光斑点。
[检查]水分照水分测定法(《中华人民共和国药典(2005 年版　一部)》附录 IX H)测定,不得过 11.0%;总灰分槐花不得过 14.0%;槐米不得过 9.0%;酸不溶性灰分槐花不得过

8.0%;槐米不得过 3.0%。

[浸出物]照醇溶性浸出物测定法项下的热浸法(附录 XA)测定,用 30%甲醇作溶剂,槐花不得少于 37.0%;槐米不得少于 43.0%。

[含量测定]总黄酮对照品溶液的制备精密称取在 120 ℃干燥至恒重的芦丁对照品 50 mg置于 25 mL 量瓶中,加适量甲醇,在水浴上微热使溶解,放冷,加甲醇至刻度,摇匀。精密量取 10 mL,置 100 mL 量瓶中,加水至刻度,摇匀(每毫升含无水芦丁 0.2 mg)。标准曲线的制备精密量取标准溶液 1.0 mL、2.0 mL、3.0 mL、4.0 mL、5.0 mL、6.0 mL,分别置 25 mL量瓶中,各加水至 6.0 mL,加 5%亚硝酸钠溶液 1.0 mL,摇匀,放置 6 min,加 10%硝酸铝溶液 1.0 mL,摇匀,放置 6 min,加氢氧化钠试液 10 mL,再加水至刻度、摇匀,放置 15 min,以相应试剂为空白,照紫外-可见分光光度法(附录 VA),在 500 nm 波长测定吸收度,以吸收度为纵坐标,以浓度为横坐标,绘制标准曲线。测定法取本品粗粉约 1 g,精密称定,置索氏提取器中,加适量乙醚,加热回流至提取液无色,放冷,弃去醚,再加甲醇 90 mL,加热回流至提取液无色,放冷,将甲醇提取液转入 100 mL 量瓶中,用少量甲醇洗涤容器,洗液并入同一量瓶中,加甲醇至刻度,摇匀。精密量取 10 mL,置 100 mL 量瓶中,加水至刻度,摇匀。精密量取 3.0 mL,置 25 mL 量瓶中,照标准曲线项下的方法,自"加水至 6.0 mL"起,依法测定吸收度,从标准曲线中读出相当于芦丁标准品浓度,换算成槐米生药样品中芦丁的百分含量。

本品按干燥品计算,含总黄酮以无水芦丁计,槐花不得少于 8.0%;槐米不得少于 20.0%。芦丁照高效液相色谱法(附录 VI D)测定。

色谱条件与系统适用性试验以十八烷基硅烷键合硅胶为填充剂,以甲醇 1%冰醋酸溶液(32∶68)为流动相,检测波长为 257 nm。理论板数按芦丁峰计算应不低于 2 000。

对照品溶液的制备取在 120 ℃减压干燥至恒重的芦 J 对照品适量,加甲醇制成每毫升含 0.1 mg 的溶液,即得。

供试品溶液的制备取本品粗粉(槐花约 0.2 g、槐米约 0.1 g),精密称定,置具塞锥形瓶中,精密加入甲醇 50 mL,称定重量,超声处理(功率 250 W、频率 25 KHz)30 min,放冷,再称定重量,用甲醇补足减失的重量,滤过。精密取续滤 2 mL,置 10 mL 量瓶中,加甲醇稀释至刻度,摇匀,即得。

测定法分别精密吸取对照品溶液与供试品溶液各 10 μl,注入液相色谱仪,测定,即得。本品按干燥品计算,含无水芦丁($C_{27}H_{3}OO_{16}$)槐花不得少于 6.0%,槐米不得少于 15.0%。

[炮制]槐花除去杂质及灰屑。炒槐花(略);槐花炭(略)。

[性味与归经]苦,微寒。归肝、大肠经。

[功能与主治]凉血止血,清肝泻火。用于便血,痔血,崩漏,吐血,肝热目赤,头痛眩晕。

[用法与用量]5~9 g

[贮藏]置干燥处,防潮,防蛀。

四、作业

(1)记录实验操作过程和结果。

(2)紫外可见分光光度法与高效液相色谱法测定芦丁含量的原理是什么?在测定时应

注意哪些方面？

(3)进行生药成分测定时，什么条件下可考虑选用比色法？

实验 4　植物组织培养实验

一、实验目的

(1)掌握植物组织培养的概念，认识植物组织培养的依据、特点和类型，了解植物组织培养在现代经济发展中的应用。

(2)具备植物组织培养的基本认知能力和基本技能。

二、实验背景及原理

植物组织培养是指通过无菌操作，把植物的外植体接种于人工配置的培养基上，在人工控制的环境里进行培养，使其成为完整植株的方法。20 世纪初，细胞全能性理论设想的提出是植物组织培养技术的萌芽。1902 年，Haberlandt 发表了植物组织培养第一篇论文，预言植物的体细胞在一定条件下，可以如同受精卵一样，具有潜在发育成植株的能力。1922 年，Haberlandt 的学生 W. Kotte 和美国的 Robbins 采用无机盐、葡萄糖和各种氨基酸培养豌豆和玉米的茎尖，结果形成缺绿的叶和根，能进行有限的生长。1934 年，美国植物生理学家 White 培养番茄的根，他在包含无机盐和蔗糖的培养基中加入了酵母浸出液，结果建立了第一个活跃生长的无性繁殖系，并能进行继代培养。1941 年，Overbeek 等首次把椰子汁(CM)加入培养基中，使曼陀罗的心形期幼胚离体培养至成熟。20 世纪 60 年代以后，植物组织培养进入了迅速发展阶段，研究工作更加深入与广泛。1960 年，Cocking 等用酶分离原生质体获得成功，开创了植物原生质体培养和体细胞杂交工作。

1. 植物组织培养的基本原理

植物细胞具有全能性，即生物体的细胞具有使后代细胞形成完整个体的潜能。离体的植物组织或细胞(也称外植体)，在培养了一段时间以后会通过细胞分裂形成愈伤组织(愈伤组织的细胞排列疏松而无规则，是一种高度液泡化呈无定形状态的薄壁细胞)。由高度分化的植物组织或细胞产生愈伤组织的过程称为植物组织的脱分化，或者叫作去分化。脱分化产生的愈伤组织继续进行培养，又可以重新分化成根或芽等器官，这个过程叫作再分化。将再分化产生的试管苗移栽到大田，可以发育成完整的植物体。

2. 植物组织培养的应用

(1)快速繁殖优良种苗，具有周期短、增殖率高、不受季节限制的特点，能在短时间内快速培养出大量的植物，而且使不能或很难繁殖的植物进行繁殖。

(2)无病毒苗的培养，采用茎尖培养的方法，得到无病毒植株。该方法已在很多作物，如马铃薯、甘薯、草莓、苹果、菊花等的常规生产上得到应用。

(3)在育种上的应用，植物组织培养技术还为育种提供了许多新的手段和方法，如用花药培养单倍体植株；用原生质体进行体细胞杂交和基因转移；用子房、胚和胚珠完成胚的试管发育和试管受精等；种质资源的保存等。

(4)工厂化育苗，具有繁殖速度快、整齐、生长周期短、遗传性稳定等特点，特别是对一些需要保持其优良遗传性的植株，有更重要的作用。

(5)生产细胞产物，这些细胞产物包括蛋白质、脂肪、糖类、药物、香料、生物碱等。目前三七、紫草和银杏的细胞产物都已经实现了工厂化生产。

3. 植物组织培养的新技术展望。

(1)植物无糖组织培养技术。该技术用二氧化碳气体代替培养基中的糖作为组培苗生长的碳源，采取人工环境控制的手段，提供适宜不同种类组培苗生长的条件，充分发挥植株自身的光合能力，使之由异养型转变为自养型，从而达到快速繁殖优质种苗的目的。

(2)植物开放式组培技术。植物开放式组培是在使用抗菌剂的条件下，利用塑料杯代替组培瓶，在自然开放的有菌环境中进行的植物组培。

(3)新型光源的应用。目前的新型光源有 LED、CCFL、SILHOS 等。

(4)组培容器的改进。改进容器形态，扩大体积，增加单位培养面积中组培苗的数量；同时，改良容器和封口材料，以达到优质、通气、隔菌、方便、耐久的目的。

(5)多因子综合控制技术。多因子综合控制技术是指利用大型组培设施，对组培苗生长过程中的 CO 浓度、光照、温度、湿度等环境因子进行综合控制的技术。

四、实验仪器和材料及试剂

(1)仪器：电炉、pH 计、铝锅、玻璃棒、电子天平、量筒、加样器及枪头、洗耳球、橡胶导管、高压灭菌锅、剪刀、超净工作台、酒精灯、滤网、手术刀(11 号)、镊子、灭菌培养皿、培养瓶、显微镜、培养箱

(2)材料及试剂：琼脂粉、蔗糖、大量元素(N、K、Ca、Mg、P))母液、微量元素(Mn、Zn、B、I、Mo、Cu、Co)母液、铁盐母液、有机(肌醇、甘氨酸、VBe、VBs、VB)母液、激素、蒸馏水、pH 为 4.00 及 6.86 的缓冲液、1 mol/LNaOH 溶液、自来水、升汞、无菌水、75%酒精。

五、实验方法

1. MS 培养基配制

(1)MS 大量元素母液(20×)的配制。

① $NHNO_3$：16.5 g。

② KNO_3：19.0 g。

③ $CaCl_2$：4.40 g。

④ $MgSO_4 \cdot 7H_2O$：3.70 g。

⑤ $KHPO_4$：1.70 g。

⑥ 去离子水：500 mL。

(2)MS 微量元素母液(100×)配制

① $MnSO_4 \cdot 4H_2O$：223.0 mg。

② $ZnSO_4 \cdot 7H_2O$：86.0 mg。

③ H_3BO_3：62.0 mg。

④ KI:8.3 mg。

⑤ $Na_2MoO_4 \cdot 2H_2O$:2.5 mg。

⑥ $CuSO_4 \cdot 5H_2O$:0.25 mg。

⑦ $CoCl_2 \cdot 6H_2O$:0.25 mg。

⑧ 去离子水:500 mL。

(3)铁盐母液(100×)的配制。

① $FeS0_4 \cdot 7H_2O$:278.0 mg。

② Na_2-EDTA:373.0 mg。

③ 去离子水:500 mL。

(4)MS有机母液(100×)的配制。

① 肌醇:1 000 mg。

② 甘氨酸:20 mg。

③ 盐酸吡哆素(VB_6):5 mg。

④ 烟酸(VB_3):5 mg。

⑤ 盐酸硫胺素(VB_1):1 mg。

⑥ 去离子水:100 mL。

(5)激素的配制。

① KT、6-BA:用少量的1 mol/LHC1溶解后,加热水定容。

② NAA、IAA、IBA、2,4-D:用少量的95%乙醇溶解后,加热水定容。配好的母液须贮存于2~4 ℃的冰箱中,定期检查有无沉淀或微生物的污染,如果出现霉菌、浑浊或沉淀,则不可再用。

(6)配制MS培养基。

① 琼脂粉(可调整):5~6 g。

② 蔗糖(可调整):30 g。

③ 大量元素母液:50 mL。

④ 微量元素母液:10 mL。

⑤ 铁盐母液:10 mL。

⑥ 有机母液:10 mL。

⑦ 激素BA2.0和NAA0.2各2 mL。

⑧ 蒸馏水1 000 mL,加入1 mol/L NaOH溶液调节pH为5.8。

按照配方加样完成,调节完pH后于电炉上加热(校正计pH时因为受温度的影响与标准液4.00和6.86不等属于正常现象,但校正值应该在其附近)。加琼脂粉之时边加边搅拌,并且在加热过程中也须不断搅拌保证琼脂粉的均匀分布。加热煮沸至澄清透明后用导管分装至每瓶50 mL左右,再经过封装,高压蒸汽灭菌(121 ℃,20 min)后取出放置在洁净干燥处,培养基的配制完成。

说明:也可使用MS干粉培养基直接配置,无须配母液。琼脂粉分散度好,边搅拌边分装,无须加热。

2. 无菌操作

因为整个组织培养的过程是要求无菌环境的,所以操作中也要达到无菌操作的要求,主要包括以下几点：

(1)操作应该是在超净工作台中完成的，并且在操作之前应该将工作台中的紫外灯打开照射 15 min 以上。操作之前以酒精喷洒或者用泡在 75%乙醇中的棉球擦拭台面。

(2)进入超净工作台的物品均要先用 75%的乙醇喷洒擦拭，包括双手。

(3)操作过程中保证所有的操作均是在靠近酒精灯的地方完成的，操作的器械及封闭培养瓶时培养瓶口和棉塞均须在火焰上烧一下，但注意不要将棉塞烧着。

(4)操作用的器械(如镊子、接种棒、手术刀)均泡在 95%的酒精中，使用时在酒精灯的火焰上反复烧两三次，待其冷下来后再操作。要注意手术刀的灭菌，因为其卡槽处灭菌困难，所以将其在酒精灯上反复灼烧三次直至红热。

(5)操作完成后清理超净工作台的台面。用泡过 75%乙醇的棉球擦拭台面，并将紫外灯打开照射 15 min。

3. 建立体系

(1)获得外植体。在校园内获取整株的连钱草(本实验也可以选用其他的草本植物)。连钱草有以下特征：茎为四棱柱形、两叶相对而生、匍匐于地生长。将获得的连钱草带回实验室用剪刀从连钱草上剪下带有嫩芽(两叶对生处及茎建)的外植体，大约 0.5 cm 长度，一共 30～40 个。

注意事项：剪好前后最后都用水洗，剪之前尽量洗得干净些。获得的外植体不要太小以利于操作。

(2)消毒。先将剪好的外植体包入纱布中，将该体系用橡皮筋固定在水龙头上用流水清洗 1～2 h。无菌操作，将外植体在 1%升汞中消毒 10 min，再用灭菌水清洗 6 次左右。消毒完用滤网滤过获得外植体，清洗时同样如此。

注意事项：可多次利用升汞，不要将其倒掉。

(3)转入。将外植体转入装有培养基的锥形瓶中，注意芽朝上。每瓶转入 4～5 棵，将外植体转入时万不可使培养基将外植体淹没。将棉塞在酒精灯的火焰上烧一下后塞在瓶口和牛皮纸上，放入培养箱中培养，每隔一段时间观察生长状况。注意事项：栽入时芽尖朝上，装有培养基的锥形瓶打开时要注重瓶口在火焰旁灭菌，盖上塞子时同样要如此操作，最后包上牛皮纸，用橡皮筋拴紧。

4. 快速繁殖

在超净工作台上准备好所需的实验设备，如酒精灯、75%酒精、培养基、培养皿、手术刀、镊子等。

无菌操作，从锥形瓶中取出一株麦冬于半开培养皿中，取培养皿时手接触部分朝向酒精灯，开口朝脸，在其中进行切割，获得拥有芽的小株，根部黑色部分应切掉。将切好的芽用镊子夹住放到培养基中。每瓶培养基中呈正方形状放四个芽，不要使芽被培养基完全淹没。

将培养瓶封好后放入培养箱中，经常观察其生长状况。

5. 剥取茎尖

取植株芽尖(将嫩芽外的叶片尽量剥除)，在显微镜下进行操作，切割芽尖，左手拿镊子，右手拿手术刀(一般要切除 1～3 次包在外面的两片叶子，最后看到的茎尖呈椭圆乳黄色或白色)。整个过程在超净工作台上完成。

六、作业

将整个过程用照片记录下来，并附上说明。

实验5　麦冬遗传多样性分析

一、实验目的

（1）掌握植物DNA提取和检测方法。
（2）掌握ISSR、条形码等分子标记技术的原理及在植物遗传多样性研究中的运用。
（3）了解种质资源遗传多样性研究对种质资源的合理开发与利用的现实意义。

二、实验原理和背景

麦冬又名麦门冬，为百合科（Liliaceae）植物麦冬*Ophiopogonjaponicus*（*Thunb.*）*Ker*－*Gawl*的干燥块根，为常用滋阴中药，《神农本草经》。将其列为上品。麦冬有滋阴润肺、益胃生津、清心除烦的功效。麦冬类植物四季常绿，生态适应性广，在阴处阳地均能生长良好，繁殖又容易，是理想的观叶地面覆盖植物。

种质资源是药材生产的源头，种质的优劣对产量和质量有决定性的影响，种质资源研究特别是种质资源遗传多样性的研究在药用植物开发中具有重要意义。我国麦冬类植物资源丰富、分布广泛，以产于浙江杭州一带者为道地药材，品质最优。由于各地用药习惯不同，以麦冬或野麦冬为品名的药材很多，常用的有麦冬、山麦冬、大麦冬等，功效上与传统麦冬有一定的差异；杭麦冬、川麦冬、湖北麦冬和福建麦冬是我国主要的商品麦冬，其易混淆品在市场上经常出现，主要有阔叶山麦冬和淡竹叶等。为保证安全用药，需要加强麦冬的检测和鉴定，防止其易混淆品流入市场。

《中国药典》收载的麦冬0. *japonicus*（*Thunb.*）*Ker*－*Gawl*及山麦冬属的两种植物湖北麦冬*L. spicata*（*Thunb.*）*Lour. Var. Prolifera Y. T. Ma*和短葶山麦冬*L. muscari*（*Decne.*）*Bailey*是目前国内应用最多的麦冬类药材。

商品麦冬包括杭麦冬、川麦冬、湖北麦冬和福建麦冬。目前国内主流商品麦冬类药材为川麦冬和湖北麦冬，比例约各占50%，浙麦冬已减产至近乎消失，短葶山麦冬产量少。川麦冬生长于海拔600～3 400 m的山坡、山谷潮湿处、沟边或林下，作为麦冬0. *Japonicus*（*Thunb.*）*Ker*－*Gawl*）中的上品，是四川和浙江的道地药材，不仅具有很好的药用价值，还常常被作为饮品使用。湖北山麦冬在湖北襄阳、老河口、钟祥、宜城和谷城等地广泛栽培。商品称为湖北麦冬，作为麦冬药用，是山麦冬的栽培变种，生长周期短，药材生产面积大，产量高，成本低，可作为当代麦冬“新兴品种”之一。短葶山麦冬是百合科山麦冬属植物，生于海拔50～1 000 m的山坡、林下、路旁，分布于华东地区，是山麦冬两种药材来源的第二种，主产于福建，又名福建山麦冬。山麦冬*Ophiopogonjaponilus*（*Thunb.*）*Ker*－*Gawl.* 江苏习称土麦冬、野韭菜，浙江天台称蓝花麦冬、韭叶麦冬。除东北、内蒙古、青海、新疆、西藏各省区外，其他地区广泛分布和栽培，只作为地方用品使用。

中药鉴定已作为一个独立的学科，在传统鉴定方法基础上，形成中药基原鉴定、形状鉴定、显微鉴定、理化鉴定、生物鉴定五大方法学体系。性状是指中药的宏观特征，从整体来看，宏观特征主要包括形、色、气、味等，中药的形状鉴定方法归纳为形状、大小、表面、颜色、质地、断面、气、味八个方面，被称为性状鉴定的要点。显微是指中药的微观性状，微观性状是通过显微观察来实现的，主要研究组织、细胞和内含物的特征。生物鉴定是指对中药中信息物质的检测和对中药药效和毒性作用的生物效应指标的检测，其中信息物质具有专属性，能够表达中药的本质的基本特征，一般可针对蛋白质、RNA 或 DNA、多糖等物质进行分析，建立具有专属性特征的鉴定方法。不同生物含有不同的基因组 DNA；同种生物含有相同的 DNA 序列，保持同种生物体的遗传性状，又具有多态性，这种多态性可以是由个体、种属或变异等引起的。由于这种 DNA 序列是相对稳定的，因而可以利用现代分子生物学技术构建 DNA 指纹图谱。已有的研究表明，DNA 指纹图谱具有高度的个体特异性，其基因多态性比形态学、组织和化学水平上检测更准确、更可靠。目前，DNA 指纹图谱在药材鉴别、中药材生产质量管理规范(Good Agricultural Practice)实施、道地药材研究、遗传育种和种质资源研究，以及中成药质量控制等方面显示出重要的价值和应用前景。CTAB(Cetyltriethyl Ammonium Bromide，十六烷基三甲基溴化铵)法是植物 DNA 提取的经典方法。CTAB 是一种阳离子去污剂，既能有效溶解植物的细胞膜，裂解细胞又能有效沉淀多糖，用于处理多糖成分较多的组织。CTAB 还能与核酸形成复合物，该复合物在高盐溶液(>0.7 mol/L)中溶解，在低盐溶液中则沉淀析出，而大部分的蛋白质及多糖仍溶于低盐溶液中，为此，通过离心就可将这两类物质分开。然后将此复合物沉淀重新溶于高盐溶液中，再加入乙醇，此时 CTAB 溶于乙醇，而核酸沉淀析出，达到分离的目的。因为 DNA 中如果含有酚类和多糖类物质会影响 PCR 的效果，DNA 浓度也是一个关键因素，所以需要对 DNA 浓度、纯度和相对分子量等基本情况有所了解。紫外光谱分析是定性和定量检测 DNA 的有效方法之一，其原理基于 DNA(RNA)分子在 260 nm 处有特异的紫外吸收峰，并且吸收强度与系统中 DNA 或 RNA 的浓度成正比，该法的特点是准确、简便，但所需仪器较昂贵，所提取 DNA 的纯度可用 OD260 和 OD280 的比值来评判。OD260/OD280 对 DNA 而言大约为 1.8，高于 1.8 可能有 RNA 污染，低于 0.9 时，可适当稀释样品。紫外分光光度法可以通过 OD260 和 OD280 测出 DNA 的浓度和纯度，但不能区分 DNA 的超螺旋、开环、现状三种构型，也不能区分染色体 DNA，其他 DNA 多数选用琼脂糖凝胶法进行鉴定。

1985 年，美国 Kary Mullis 等利用一种耐热性聚合酶(Taq 酶)首创了被称为聚合酶链式反应的 DNA 体外扩增技术——PCR(Polymerase Chain Reaction，聚合酶锥式反应)。它利用体内 DNA 复制的原理，以合成的一对寡核苷酸片段为引物，在耐热 Taq DNA 聚合酶催化下经过几十次变性、退火、延伸的循环，使两段引物之间的 DNA 片段大量扩增，能在短时间内将不同生物材料 DNA 成指数递增而获得扩增产物带型的遗传多态性，从而使人们从 DNA 水平上鉴定物种的亲缘关系与进化地位成为可能。目前，PCR 技术已被广泛用于各个领域的研究工作，但遗憾的是，标准 PCR 需要被测生物样品基因组的序列信息，并以此设计引物，这给大规模研究不同物种遗传多样性带来了一定的局限性。简单序列重复区间(Inter - Simple Sequence Repeat,ISSR)分子标记是在 SSR 标记基础上发展起来的一种新技术,由加拿大蒙特利尔大学的 Zietkiewicz 等提出,其基本原理是在 SSR 的 5′或 3′端加锚十几个嘌呤或嘧啶碱基,然后以此为引物,对两侧具有反向排列 SSR 的一段基因组 DNA 序列进行扩增。重复序列和锚定碱基是随机选择的,引物通常为 16～18 个碱基。扩增产物经过聚丙烯酰胺或琼脂糖凝胶电泳分离后,每个引物可以产生比 RAPD 方法更多的扩增片段,因此,ISSR 标记是一种快速、可靠、可以提供有关基因组丰富信息的 DNA 指纹技术。ISSR 标记呈孟德尔遗传,在多数物种中是显性的,目前已被广泛用于植物品种鉴定、遗传作图、基因定位、遗传多样性、进化及分子生态学研究中。

三、实验材料和仪器

1. 实验材料

山麦冬(*Ophiopogonjaponicus*(Thunb.) Ker - Gawl)、湖北麦冬(*Liriope muscari*(Thunb.)Lour. var. *Prolifer* a Y. T. Ma)、短葶山麦冬(L. muscari(Dene)Bailey)、川麦冬(*Ophiopogon Japonicus Ker—Gawl*)用液氮研磨至细粉后,冷冻保存。

2. 实验试剂

RNase、Marker 为 100 bp ladder(100 bp、200 bp、300 bp、500 bp、600 bp、700 bp、800 bp、900 bp、1 000 bp、1 200 bp、1 500 bp、2 000 bp、3 000 bp)购自上海生工生物工程有限公司,CTAB、Tris、EDTA、β - SH、溴化乙锭、RAPD 和 ISSR 引物(详见表 1 - 6 - 2)购自上海生工生物工程有限公司。异戊醇、氯仿等常规试剂均为分析纯。

表 1 - 6 - 2　RAPD 和 ISSR 所用引物

RAPD 所用引物		ISSR 所用引物	
引物号	碱基序列	引物号	碱基序列
S01	CCT GGG CTT C	UBC807	AGA GAG AGA GAG AGA GT
S02	CCT GGG CTT G	UBC811	GAG AGA GAG AGA GAG AC
S03	CCT GGG CTT A	UBC815	CTC TCT CTC TCT CTC TG
S04	CCT GGG CTG G	UBC835	AGA GAG AGA GAG AGA GYC
S06	CCT GGG CCT A	UBC842	GAG AGA GAG AGA GAG AYG
S13	CCT GGG TGG A		
S25	ACA GGG CTC A		

3. 实验试剂的配制

(1)1 mol/LTris - HCl(pH 为 8.0):在 80 mL 水中溶解 12.11 g Tris 碱(三羟甲基氨基甲烷),加入浓 HCl 4.2 mL,溶液冷至室温后,调节 pH,定容至 100 mL,高压灭菌。

(2)0.5 mol/L EDTA(PH 为 8.0):在 80 mL 水中加入 18.61 g Na_2-EDTA · $2H_2O$,在磁力搅拌器上加热搅拌,调 pH 至 8.0 溶解(约需 2.0g NaOH),定容至 100 mL,高压灭菌。

(3)2×CTAB提取缓冲液：称取2.00 g CTAB和8.19 g NaCl，加入10 mL Tris - HCl(1 mol/L，pH为8.0)和4 mL EDTA(0.5 mol/L，pH为8.0)，定容至100 mL，高压灭菌。

TE缓冲液：取1.0 mL Tris - HCl(1 mol/L，pH为8.0)和0.2 mL EDTA(0.5 mol/L，pH为8.0)，定容至100 mL，高压灭菌。

(4)5×TBE缓冲液：54.0 g Tris碱，27.5g硼酸，20 mL EDTA(0.5mol/L，pH为8.0)，定容至1 000 mL。

(5)EB(溴化乙锭)：称取0.01 g溴化乙锭加入1.0 mL H_2O中溶解，室温避光保存。

(6)1.0%琼脂糖凝胶：称取1.0 g琼脂糖加入100 mL 0.5 X TBE中，在微波炉中将悬浮液加热至琼脂糖完全溶解，冷却至60 ℃，加入EB至0.5 μg/mL，充分混匀。

(7)2% CTAB的提取缓冲液(2% CTAB，100 mmol/L Tris - HCl，20 mmol/LEDTA，1.4 mol/L NaCl)，其他浓度的CTAB的提取缓冲液仅改变CTAB的含量，其他成分不变。

(8)TE缓冲液：取1 mL Tris - HCl(1 mol/L，pH为8.0)和0.2 mL EDTA(0.5 mol/L，pH为8.0)加蒸馏水至100mL，高温高压灭菌，室温保存。

四、实验步骤

(一)形态学鉴定

查阅相关资料，对麦冬样品进行区分。

(二)显微鉴定

查阅相关资料，显微镜下观察麦冬样品特征部位，并进行标注。

(三)分子标记鉴定

1. 麦冬样品DNA提取

植物细胞中含有较多的多糖、多酚等次生产物，多糖、多酚类物质对DNA的提取及其纯度有较大影响。多酚类物质易氧化，而呈褐色。通常在提取过程中加入β-巯基乙醇，防止多酚的氧化。多糖对所提DNA的纯度影响较大，若所提取的DNA中含有多糖，则琼脂糖凝胶电泳后，应多糖不带电荷，不能涌动，吸附少量DNA而停留在点样孔，使点样孔出现较亮条带。故在DNA提取中应尽量去除多糖和多酚。本实验采用常用的提取植物基因的方法——CATB法，基本步骤如下。

(1)取适量叶片粉末于EP管中，加入2 μL 2%β-巯基乙醇，加核分离缓冲液至1 mL(样品发黄时可多加)，振摇数次，6 000 r/min，离心1.5 min，小心倾去上清。

(2)加入700 μL经65 ℃预热的CTAB的提取缓冲液和4 μL 2 %β-巯基乙醇，颠倒混匀，于65 ℃温育30 min. 每隔几分钟轻轻颠倒一下。

(3)取出离心管，冷至室温，加入等量氯仿-异戊醇(24∶1)，轻轻颠倒混匀10 min。

(4)12 000 r/min离心10 min，将上清液转入另一EP管中。

(5)向上清液中加入1% RNA酶，37 ℃水浴30 min(室温也可)。加入等体积氯仿-异戊醇(24∶1)混匀，以12 000 r/min的转速离心10 min.

(6)取上清加入2/3体积－20 ℃预冷的异丙醇，－20 ℃放置30 min或过夜，再8 000 r/min离心10 min，小心倾去上清液。

(7)分别用70%乙醇和无水乙醇洗涤沉淀两三次,在超净工作台上风干。

(8)加入100 uL TE缓冲液充分溶解,于4 ℃保存备用,若长期保持,则−20 ℃保存备用。

(9)取上述DNA溶解液,用1.0%琼脂糖凝胶电泳,观察电泳结果。

2. DNA含量测定

(1)琼脂糖凝胶电泳检测:用1.0%的琼脂糖凝胶电泳检测所提取的基因组DNA,凝胶加EB(0.5 μg/μL)染色。DNA样品上样量为5 μL,与1 μL体积的Loading Buffer溶液混合均匀上样,电泳条件为0.5X TBE,以5~7 V/cm的电压电泳。电泳结束后用凝胶成像分析系统观察,并拍照。

(2)紫外分光光度法检测:用核酸蛋白仪测定模板DNA浓度,用TE缓冲液稀释基因组DNA,并用TE缓冲液作空白,设定好参数,参数包括日期、检测波长、稀释倍数和光路长度等。完成空白的校正后,测DNA浓度,记录仪器自动生成的260 nm、280 nm处的紫外吸收值、A260/A280比值和DNA的浓度。

3. RPDA扩增

经优化所得的PCR扩增体系为总体积为25 μL,其中含有基因组模板DNA 1 μL(约60ng),10×buffer 2.5 μL,Mg^{2+} 2.0 mmol/L,Taq酶1.5 U,dNTPs0.2 mmol/L,引物0.5 μmol并加入石蜡油一滴,短暂离心。

PCR反应程序:94 ℃预变性5 min;94 ℃变性45 s,37 ℃退火45 s,72 ℃延伸90 s,40次循环,72 ℃延伸7 min,4 ℃保存。PCR产物于1.5%琼脂糖凝胶电泳,紫外分析仪上观察并照相。

4. 数据分析

根据电泳结果记录清晰可重复的电泳条带,对同一引物的扩增产物,迁移率相同的条带一记为一个位点,扩增有带记为1,扩增无带记为0. 数据采集由人工完成,人工判读时遵循以下三个原则:①只记录易于辨认的条带,排除模糊不清的条带;②排除在所要比较的泳道中无法准确标识的条带;③迁移率相同,但强度不同的条带,当强带的强度超过弱带的两倍时,视为新带处理,仅仅那些可重复的条带才被记录。扩增产物以0、1统计建立数据矩阵表,将采读的数据输入Excel建立原始表征数据矩阵,用于进一步分析。

采用SPSS 16.0软件分析,用分层聚类法(hierarchical cluster),选择类间平均连锁法(between group linknage)聚类,距离测量方法采用Pearson crrelation法。使用软件进行聚类分析,得到任意两样品间的遗传距离,绘成聚类树系图。应用POPGENE1. 32软件对所得数据分析多态位点百分比(PPL)、观测等位基因数(Na,Observed Number of alleles)、有效等位基因数(Ne, Effective number of alleles)、Shannon信息指数(I, Shannon's Information index)和Nei's(1973)

5. DNA条形码

反应体系:25 μL体系:Mix 13 μL,引物1.0 uL(2.5 μmol/L)模板DNA 1 μL(约30 ng)加水至25 uL。

四种引物及其反应条件如下见表1-6-3。

表 1-6-3 植物药 DNA 条形码通用引物序列及反应条件

片段	引物名称	引物序列(5′→3′)	反应条件
ITS2⁻	ITS2F ITS3R	ATGCGATACFRGGTGTGAAT GACGCPICTCCAGACTACAAT	94 ℃,5 min 94 ℃,30 s 56 ℃,30 s 72 ℃,45 s(40 次) 72 ℃,10 min
psbA－trnH	fwd rev	GTATGCAIGAACCFAATGETC CGCCATGGIGGATTCACAATCCE	94 ℃,4 min 94 ℃,30 s 56 ℃,1 min 72 ℃,1 min(35 次) 72 ℃,10 min
matK	3F－KIM 3R－KIM	CGTACAGTACTTTGTGTTTACGAG ACCCACGTCCAICTGGAGAATCTTGTTC	94 ℃,1 min 94 ℃,30 s 56 ℃,20 s 72 ℃,50 s(35 次) 72 ℃,5 min
rbcL	rbcLa－F rbcLa－R	AFGTCACCACAAACAGAGAETAAAGC GTAAATCAAGTCCACCECC	94 ℃,4 min 94 ℃,30 s 56 ℃,1 min 72 ℃,1 min(35 次) 72 ℃,10 min

PCR 产物送测序公司测序,结果经 Blast 与 NCBI 中标准序列进行比较。

五、实验结果分析

1. 形态学鉴定

川麦冬(图 1-6-1 和图 1-6-2)为百合科沿阶草属,叶宽 23.5 cm,叶脉 4～8 条,花葶向下弯曲,稍短于叶或近等长,长 7～15 cm,花序长 2～7 cm,花被片在盛开时多少展开,下垂,子房半下位,花柱细长,圆柱形,基部不宽阔。结实,早期果皮破裂露出绿色的种子,成熟后变蓝色。

图 1-6-1 川麦冬(花)

图 1-6-2 川麦冬(果实)

湖北山麦冬为百合科植物山麦冬属植物，多年生草本，叶丛生、革质、条形，长 15～30 cm，宽 0.2～0.6 cm，先端急尖或钝，茎基部包以褐色的叶鞘，腹面深绿色，背面粉绿色。花葶长 15～30 cm，总状花序顶生，长 4.5～9 cm，花淡紫色或蓝紫色，通常几朵聚生；花梗长 0.3～ 0.4 cm，花被雄蕊 6 枚，花丝长 0.2 cm、花药狭矩形，黄色，与花丝几乎等长。子房上位，中轴胎座，3 室，每室胚珠 2 枚，花柱高约 2 mm，圆柱形，柱头 3 裂。花期为 6～8 月，在花的后期或花脱落后花序长出叶簇或小苗，花葶枯死，不形成果实。

山麦冬(图 1-6-3 和图 1-6-4)根稍粗，直径 1～2 mm，有时分枝多，根状茎短，木质，具地下走茎。叶先端急尖或钝，具 5 条脉，中脉比较明显，边缘具细锯齿。花葶通常长于或近等长于叶，少数稍短于叶，总状花序长 6～15(～20) cm，具多数花：花通常(2～)3～5 朵簇生于苞片腋内；子房近球形，花柱长约 2 mm，稍弯，柱头不明显。种子近球形，直径约 5 mm。花期为 5～7 月，果期为 8～10 月。

图 1-6-3　山麦冬

图 1-6-4　山麦冬(果实)

短葶山麦冬是百合科山麦冬属植物，根状茎短，根稍粗，近末端常膨大，不具有地下走茎。花葶近等长于或短于叶。花序总状，具花数十朵，花被片矩圆形，白色或淡紫色，花丝长约 2 mm，花药长约 2 mm，花柱的柱头不明显。

2. 显微鉴定

显微鉴定见表 1-6-4。

表 1-6-4　显微鉴定

项目	山麦冬	湖北麦冬	短葶山麦冬	川麦冬
形状	纺锤形，两端狭尖	纺锤形或长圆形	纺锤形，稍扁	纺锤形
颜色	多呈淡黄色	多呈淡黄色	淡黄色至棕黄色	多呈黄白色
表面	纵纹较粗	细纵纹	粗纵纹	细纵纹
断面	蜡质样且呈纤维性	蜡质样	中柱细小	角质样
木心	直径 0.4～0.8 cm	直径 0.2～0.4 cm	0.3～0.8 cm	直径 0.3～0.6 cm
气味	气弱，味淡	气弱，味微甜	味甘，微苦	气微香，味微甜

（续表）

项目	山麦冬	湖北麦冬	短葶山麦冬	川麦冬
根被	1～2 列细胞	1～2 列细胞	3～6 列细胞	3～5 列细胞
针晶束	28～48μm	24—60—80 μm	25—46 μm	25—56—82 μm
石细胞	少数散在	1—2 列	1 列	1 列
韧皮部束	19 个	6—9—13—15 个	16～20 个	16～22 个
髓部	非木化薄壁细胞	木化薄壁细胞	木化薄壁细胞	非木化薄壁细胞

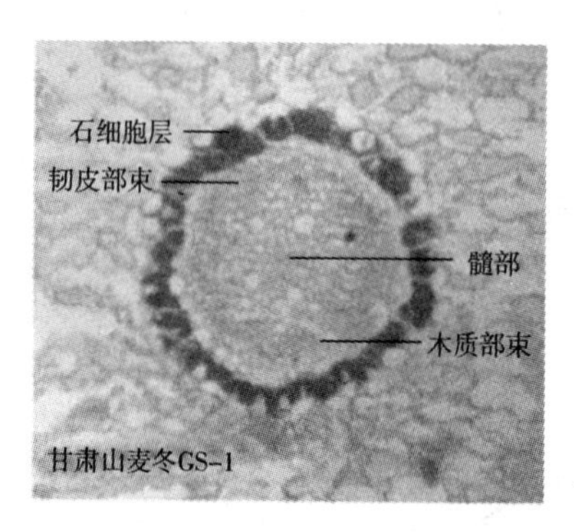

(a)GS—1:石细胞 1 层,韧皮部束 10 个

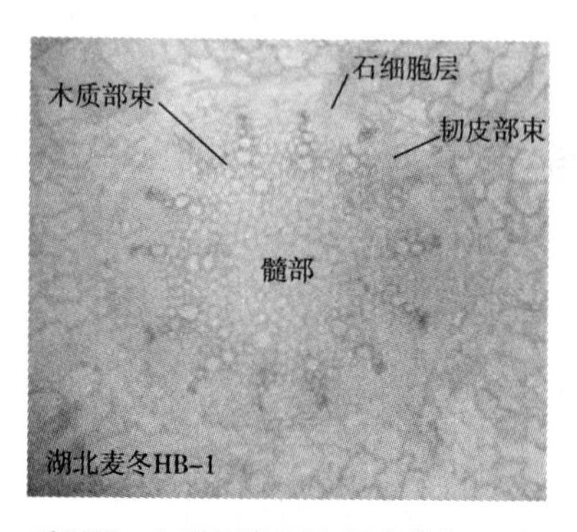

(b)HB—1:石细胞 1 层,韧皮部束 14 个

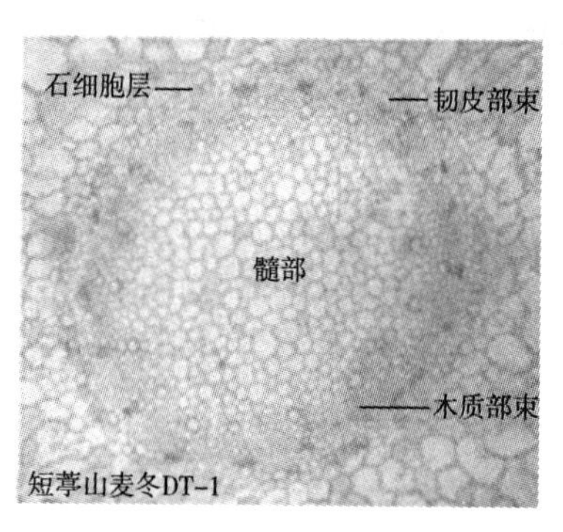

(c)DT—1:石细胞 1 层,韧皮部束 19 个

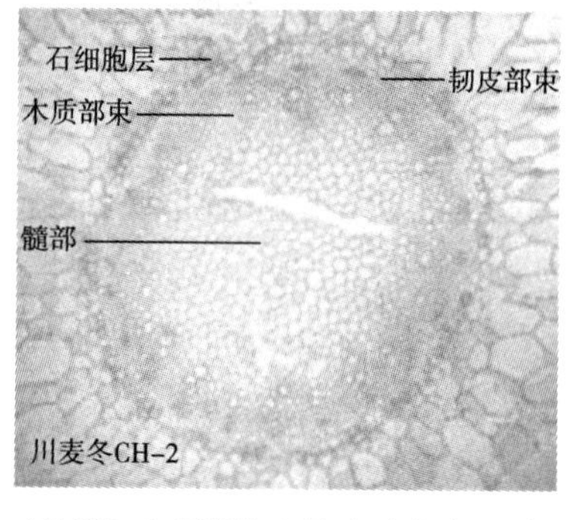

(d)CH—2:石细胞 1 层,韧皮部束 21 个

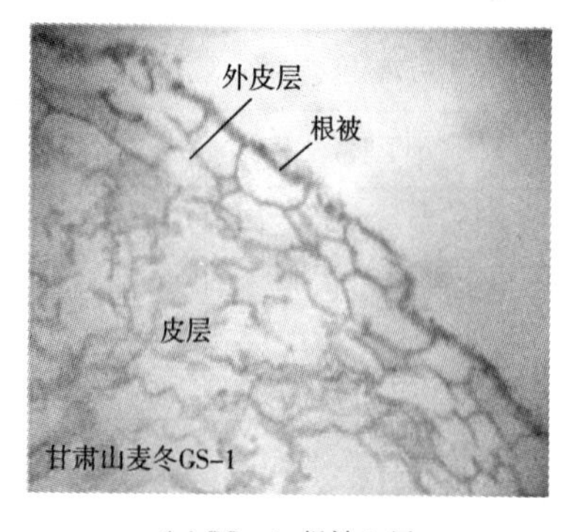

(e)GS—1:根被 1 层

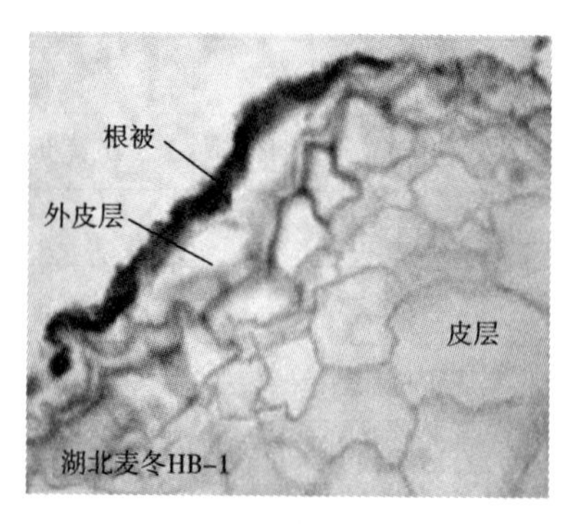

(f)HB—1:根被约 3 层

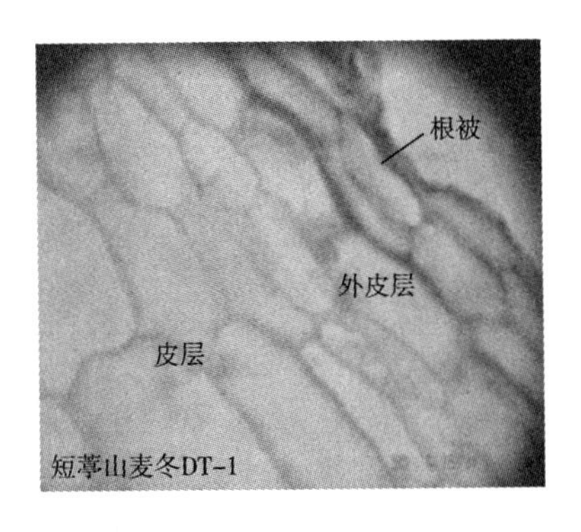

(g)DT－1:根被 3 层

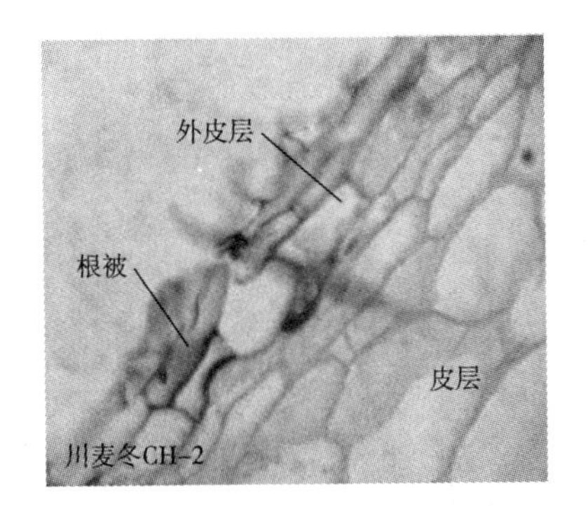

(h)CH－2:根被 1 层

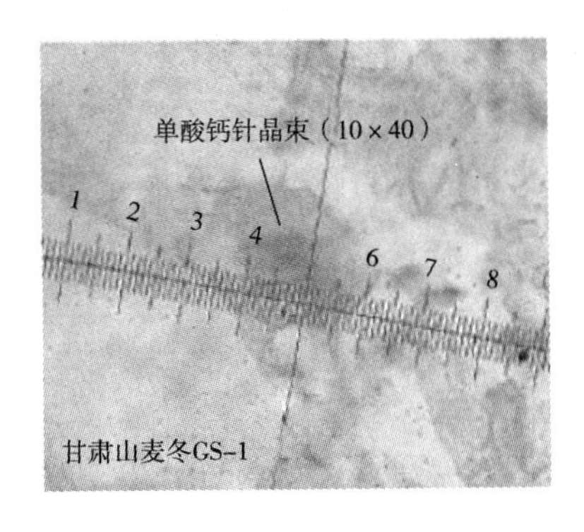

(i)GS－1:显微 1.2～1.6 cm,实际 30～40 μm

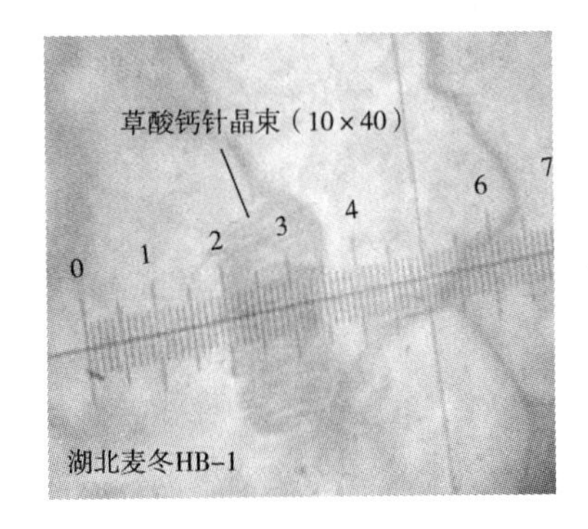

(j)HB－1:显微 1.1～1.6 cm,实际长 27.5～40 μm

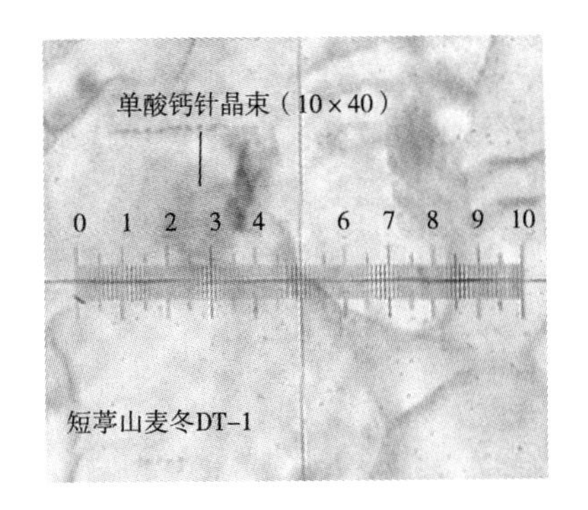

(k)DT－1:显微 1.3～1.7 cm,实际 32～42 μm

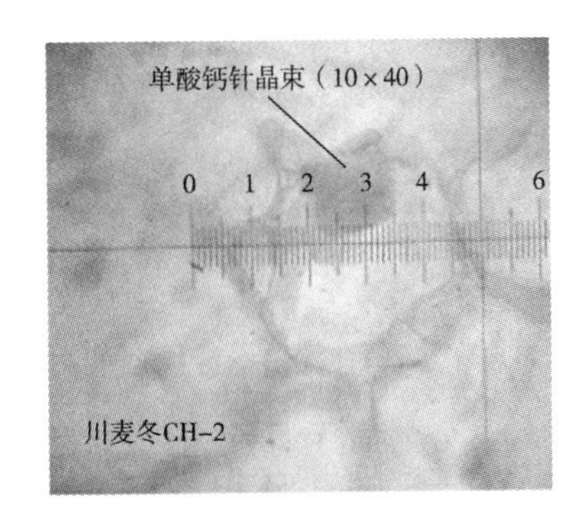

(l)CH－2:显微 1.0～1.5 cm,实际长 25～37.5 μm

图 1－6－5　显微结构

3. 分子鉴定

(1)麦冬 DNA 提取。提取四种麦冬 DNA 后进行凝胶电泳,结果见图 1－6－6。

(2)PCR 扩增。引物:psbA－trnH、matK、rbcL 简写分别为 P、M、R,加 Mix,PCR 扩增。

(3)DNA 测序序列对比,见图 1－6－7。

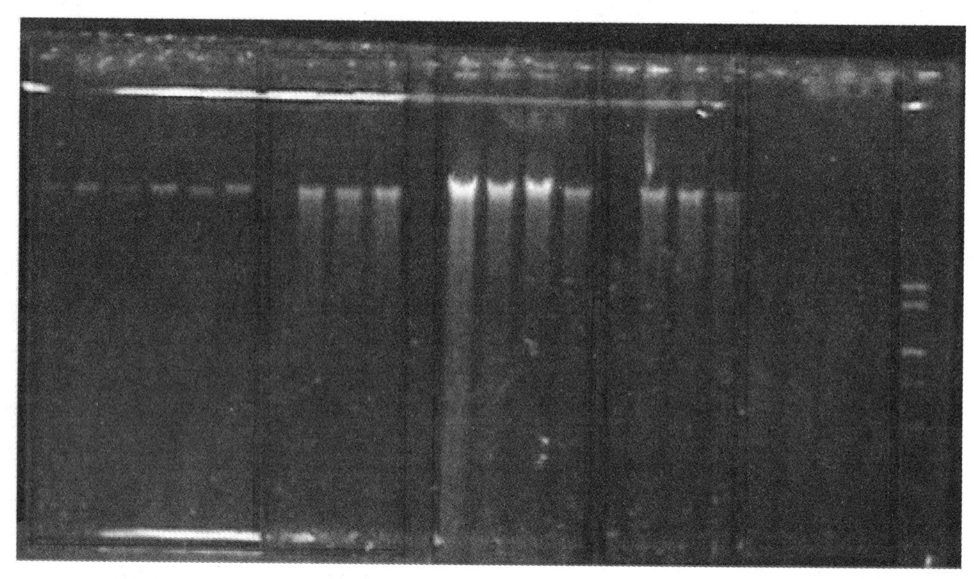

连钱草　短葶山麦冬　川麦冬　山麦冬　湖北麦冬Mark

图 1-6-6　麦冬 DNA 凝胶电泳图

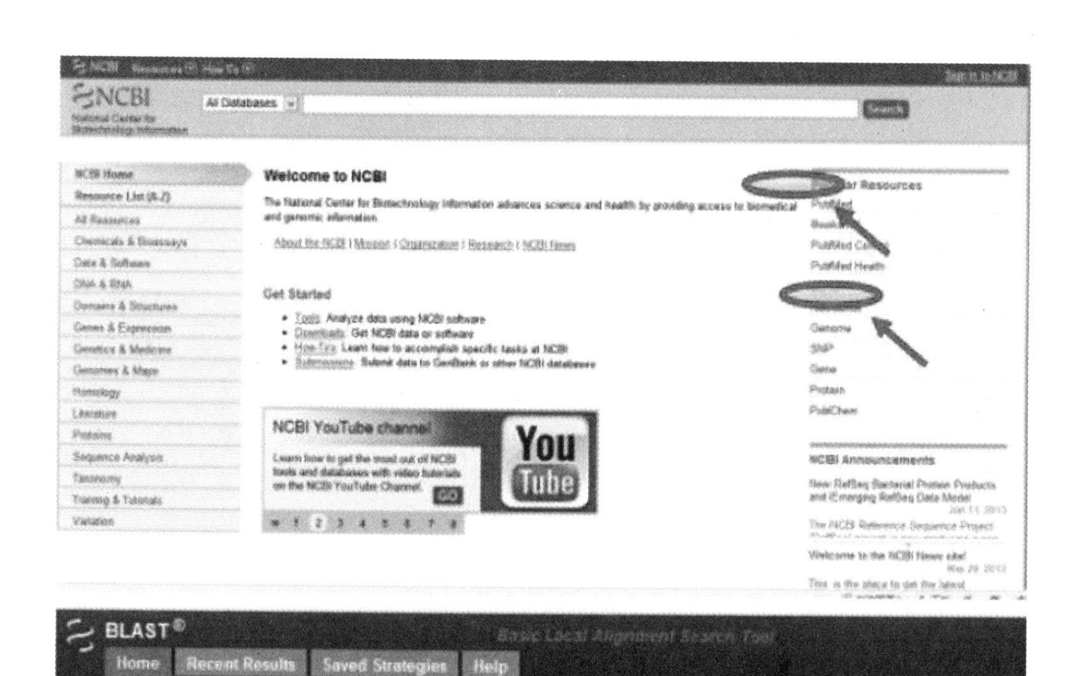

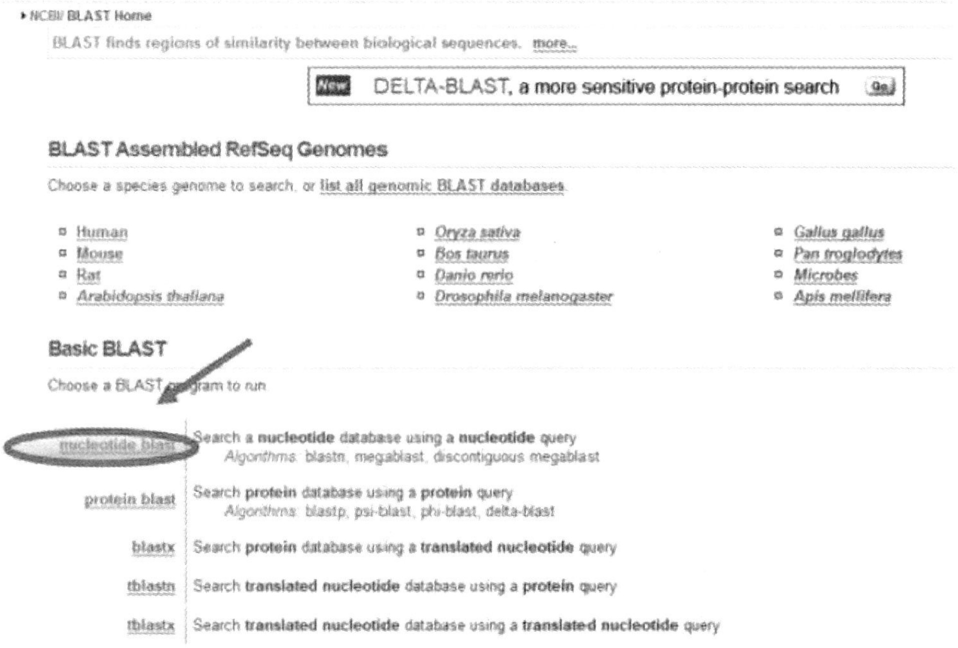

▸ NCBI/ BLAST Home

BLAST finds regions of similarity between biological sequences. more...

New DELTA-BLAST, a more sensitive protein-protein search Go

BLAST Assembled RefSeq Genomes

Choose a species genome to search, or list all genomic BLAST databases.

- Human
- Mouse
- Rat
- *Arabidopsis thaliana*
- *Oryza sativa*
- *Bos taurus*
- *Danio rerio*
- *Drosophila melanogaster*
- *Gallus gallus*
- *Pan troglodytes*
- Microbes
- *Apis mellifera*

Basic BLAST

Choose a BLAST program to run.

nucleotide blast	Search a **nucleotide** database using a **nucleotide** query *Algorithms:* blastn, megablast, discontiguous megablast
protein blast	Search **protein** database using a **protein** query *Algorithms:* blastp, psi-blast, phi-blast, delta-blast
blastx	Search **protein** database using a **translated nucleotide** query
tblastn	Search **translated nucleotide** database using a **protein** query
tblastx	Search **translated nucleotide** database using a **translated nucleotide** query

BLASTN programs search nucleotide databases using

Enter Query Sequence

Enter accession number(s), gi(s), or FASTA sequence(s) Clear

Query subrange

From

To

```
TATGTGATACTTGGTGTGAATTGCAGAATCCCGTGAACCATCGAGTCTTTGAACGCAAGTTGCGCCCGAGGCTATCCGGCC
GAGGGCACGCCTGCCTGGGCGTCACGCCTCGCGTCGCTCCGTGCACCCCGTCCCGATGAGGCGGCGGGTGCGGATGCGGAG
ATTGGCCCCCCGTGCCTGACGGCGCGGCGGGTCGAAGTGCGTACCGCCGGTCGGGACGGACGCGGCGAGTGGTGGACGGAC
ACGTACGGCGCTGAACGTCCGCCTCCGCCCCCCGGCCACGGCGGTACATGCAAGGAACCCACGCCGAGCATCCCTCGGAACA
CGACCCCAGGTCAGGCGGGGCCACCCGCTGAGCTTAAGCATATCAATAAGCGGAGGAGAAGAAACTTACCAGGATTCCCCT
```

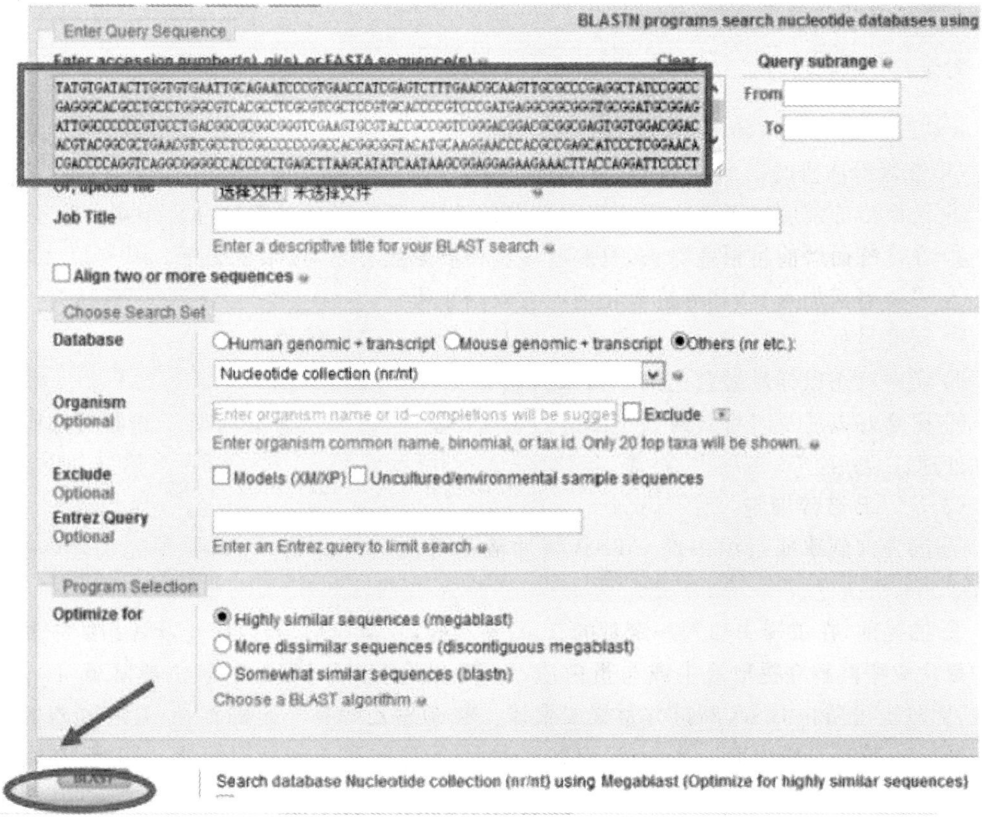

Or, upload file 选择文件 未选择文件

Job Title

Enter a descriptive title for your BLAST search

☐ **Align two or more sequences**

Choose Search Set

Database ○Human genomic + transcript ○Mouse genomic + transcript ◉Others (nr etc.):

Nucleotide collection (nr/nt)

Organism Optional

Enter organism name or id--completions will be sugges ☐ Exclude

Enter organism common name, binomial, or tax id. Only 20 top taxa will be shown.

Exclude Optional ☐ Models (XM/XP) ☐ Uncultured/environmental sample sequences

Entrez Query Optional

Enter an Entrez query to limit search

Program Selection

Optimize for

◉ Highly similar sequences (megablast)

○ More dissimilar sequences (discontiguous megablast)

○ Somewhat similar sequences (blastn)

Choose a BLAST algorithm

BLAST | Search database Nucleotide collection (nr/nt) using Megablast (Optimize for highly similar sequences)

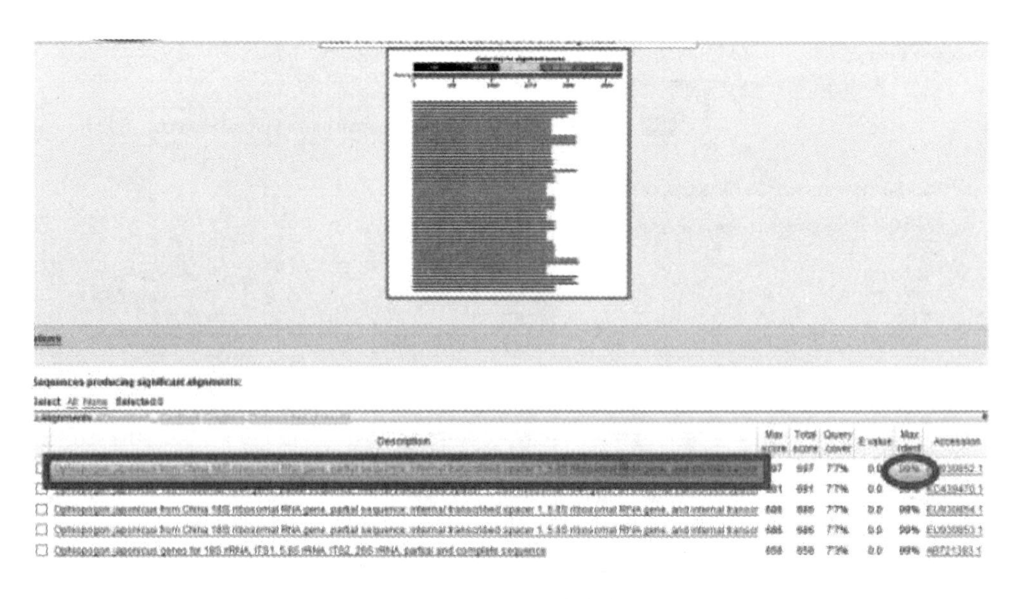

图 1-6-7　DNA 测序序列对比

六、作业

分析整理比对结果。

附录：

1. CTAB 法提取植物 DNA

(1)液氮冷冻研磨。

① 液氮冷冻前应吸干植物组织表面多余的液体，否则形成的小冰晶会影响研磨效果。

② 在冷冻研磨前将根茎除去，只剩叶片会使研磨更容易，效果也更好。

③ 在研磨前加入 PVP 等抗氧化剂能有效防止褐变。

④ 研磨过程中注意观察液氮剩余量，样品发绿时要及时续加液氮。

⑤ 研磨状态以样品显白色细小粉末为佳。

⑥ 研磨好以后及时将其封装于冰冻过的 EP 管内，封装及研磨时所需的器具都应预先冷冻处理。

(2)CTAB 破碎细胞。

① 因为加到冰冻组织中的 CTAB 缓冲液很可能会被冻结，所以要预先加热(一般是 60 ℃)。

② 抽提前，在试样中加入一定量的 β-巯基乙醇，并搅拌均匀，以防止叶片组织中酚类物质的氧化成醌溶解在提取液中或与蛋白质、DNA 结合，影响 DNA 的解链或降低 Taq 酶的活性，同时也可防止 DNA 断链并重聚二聚体。β-巯基乙醇有一定的毒性，具有强烈的刺激性气味。β-巯基乙醇浓度过高，上清液黏度太大，导致转移上清液时困难。因此，在能够防止酚类物质氧化的前提下，应使用最低浓度。

③ 加入缓冲液和 β-巯基乙醇后迅速混匀并放入 65 ℃水浴中温育，使大部分蛋白质变

性，有助于从 DNA 中除去污染物，温育时间长短可以根据需要加以调整。

④ 对于放置很长时间的植物，其 DNA 提取比较困难，会有酚、醌等污染，可以用核分离缓冲液进行漂洗。

⑤ CTAB 中 EDTA 浓度是影响总 DNA 提取的一个重要因素。EDTA 是一种螯合剂，能抑制 DNA 酶活性，保护 DNA 不受内源核酸酶降解，EDTA 的浓度过低会导致 DNA 降解或不完整，EDTA 的浓度过高会影响 PCR 扩增效果，通常浓度为 20～30 mmol/L 左右，可调整。

(3)等体积氯仿-异戊醇(24∶1)除蛋白。氯仿是强烈的蛋白质变性剂，能有效使蛋白质变性而除去，异戊醇用来消除氯仿产生的泡沫。

① 氯仿的沸点是 61 ℃。在加氯仿-异戊醇以前，使样品管冷却到 50 ℃或低于 50 ℃，摇动时要定时打开管口。

② 不要使样品温度降到 15 ℃以下，这可能会引起 CTAB—核酸复合物的提前沉淀。

③ 注意避免界面物质污染核酸，若界面不紧或有飘浮的组织颗粒，用等体积的氯仿异戊醇进行第二次抽提。

(4)沉淀 DNA。

① 异丙醇沉淀时应体积小、速度快，适于浓度低、体积大的 DNA 样品沉淀。一般不需低温长时间放置。但易使盐类、蔗糖与 DNA 共沉淀，且难以挥发除去。因此，最后应用 70％乙醇漂洗数次。

② 乙醇对盐类沉淀少，沉淀中所含剂量乙醇易挥发除去，不影响以后实验。但是需要量大，一般要求低温操作。

③ 一般强调，核酸沉淀在低温长时间下进行。低温长时间沉淀，易导致盐与 DNA 共沉淀，影响以后的实验。一般先加预冷的 2/3 体积的异丙醇，－20 ℃放置 30 min，再用 70％乙醇和无水乙醇分别洗涤沉淀两三次，DNA 样品足可达到实验要求。

④ 无水乙醇可去除残留氯仿，乙醇一定要吹干，否则电泳点样时，样品上漂。DNA 干燥时间可以稍长，一定要充分干燥。

⑤ 用上法沉淀植物组织 DNA 时，能观察到白色的细纤丝及纤维团，用枪头挑出或用枪吸去溶剂能有效除去其他杂质，可得到纯度较高的 DNA。

(5)保存 DNA。

① DNA 样品溶于 pH 为 8.0 的 TE，4 ℃或－20 ℃保存。

② 长期保存样品中可加入 1 滴氯仿。

2. DNA 含量测定

(1)紫外吸收法。较纯的 DNA 溶液可通过测定其 200～300 nm 的紫外吸收光谱来进行定量。

① 在波长 260 nm 紫外光下，1 OD 值的吸光度相当于双链 DNA 浓度为 50 μg/mL；单链 DNA 为 37 μg/mL 双链 DNA 样品浓度(μg/μL)＝OD260X 核酸稀释倍数×50/1 000。

② 纯的 DNA 溶液：OD260/OD280 应为 1.8，0D260/OD230 应大于 2.0。OD260/OD280 大于 1.9 时，表明有 RNA 污染；小于 1.6 时，表明有蛋白质或酚污染。OD260/OD230 小于 2.0 时，表明溶液中有残存的盐和小分子杂质，如核苷酸、氨基酸、酚等，也可能

出现既含蛋白质又含 RNA 的 DNA 溶液比值为 1.8 的情况。

(2)凝胶电泳法。琼脂糖是一种天然聚合长链状分子,可以形成具有刚性的滤孔,凝胶孔径的大小决定于琼脂糖的浓度。DNA 分子在碱性缓冲液中带负电荷,在外加电场作用下向正极泳动。DNA 分子在琼脂糖凝胶中泳动时,有电荷效应与分子筛效应。不同 DNA 的分子量大小及构型不同,电泳时的泳动率就不同,从而分出不同的区带。

① 琼脂糖凝胶电泳法分离 DNA,主要是利用分子筛效应,迁移速度与分子量的对数值成反比关系,因而就可依据 DNA 分子的大小使其分离。

② 该过程可以通过把分子量标准参照物和样品一起进行电泳而得到检测。溴化乙啶(EB)为扁平状分子,在紫外光照射下发射荧光。EB 可与 DNA 分子形成 EB - DNA 复合物,其荧光强度与 DNA 的含量成正比,据此可粗略估计样品 DNA 浓度。

③ EB 是致癌物质,切勿用手接触,更不要污染环境。

④ 制胶的时候注意区分琼脂和琼脂糖,不要称错样品;加热融化选用小火长时,以便融化更均匀,也可避免爆沸;加热期间须时刻关注,若有沸腾现象要及时拉开微波炉门以停止加热;最后结果以无絮状物漂浮、澄清透明为佳;倒胶时于制胶板中间倾倒即可,无须来回倒,注意梳齿点样孔下方为黑色条带胶板,以方便点样;根据需要量制备胶块的大小,也可两边都制备点样孔,可以来回跑胶一次,量大时较省事;调节电压至 3～5 V/cm,可见到溴酚蓝条带由负极向正极移动,电泳 30～60 min;最后将凝胶置于紫外透射检测仪上,盖上防护观察罩,打开紫外灯,可见到发出荧光的 DNA 条带,观察完后照相并关闭紫外灯,取出胶块。

⑤ DNA 电泳条带的形状有时会与上样 DNA 溶液的浓度有关,浓度高时电泳条带不整齐,甚至极度变形,点样孔发亮;浓度低时,则电泳条带整齐,点样孔也不亮,只有用适宜的浓度时才能准确判定 DNA 样品质量的好坏。

⑥ 实验过程中操作要保持安静、镇定,注意样品不能混样。

3. ISSR 和 RAPD 扩增

(1)PCR 反应。ISSR 和 RAPD 都是基于 PCR 的分子标记技术,所不同的是 ISSR 利用 SSR 设计引物,并在引物的 3′端或 5′端加上 2～4 个随机核苷酸,以保证引物与基因组 DNA 中 SsR 的 3′或 5′端结合,在 PCR 反应中,锚点引物可以引起特定位点退火,导致与锚定引物互补的间隔不太大的重复序列间 DNA 片段进行 PCR 扩增,用来检测两个 SSR 之间的一段短 DNA 序列的差异:而 RAPD 则是以一个 10 碱基的任意序列的寡核苷酸片段为单引物,对未知序列的基因组 DNA 进行 PCR 扩增,然后观察、记录谱带差异,以反映 DNA 多样性的 DNA 分析技术。

① PCR 体系主要由 Mg^{2+}、dNTP、酶、模板、引物、反应缓冲液组成。Mg^{2+}:最佳的镁离子浓度对于不同的引物和模板都不同。较高的游离镁离子浓度可以增加产量,但也会增加非特异性扩增,降低忠实性。为了确定最佳浓度,从 1 mmol/L 到 3 mmol/L,以0.5 mmol/L 梯度进行镁离子浓度优化。dNTP:浓度过高可加快反应速度,同时增加碱基的错误掺入率和实验成本。低浓度时会导致反应速度下降,但可提高实验的精确性。酶:TaqDNA 聚合酶没有校正功能,浓度过高时可引起非特异性产物的扩增,过低则合成产物量较少。模板:不能有影响扩增反应的物质存在,如果模板太多,则有时可能使扩增失败。引物:引物是保证 PCR 扩增特异性的关键因素。引物浓度偏高会引起错配和非特异性产物增加,并且可增加

引物之间形成二聚体的概率，这两者还由于竞争使用酶、dNTP和引物，使DNA合成产率下降，但浓度太低有可能得不到扩增结果或产量过低。

② PCR时还应考虑反应程序，包括变性、复性和延伸的温度时间及循环次数。最佳的扩增程序提供最佳的扩增效果。模板DNA变性一般是94～95.9 ℃，30～60 s；DNA聚合酶的最佳作用温度为75～80 ℃，退火温度一般低于Tm值5 ℃，退火温度越高，PCR的保真度越高。但RAPD－PCR的退火温度根据引物长度决定一般为40 ℃以下，35～37.9 ℃最合适，退火温度在40 ℃以上，引物与模板结合不牢固，会抑制PCR产物的生成。最适的延伸温度一般定在70～75 ℃，过高的延伸温度不利于引物与模板结合。PCR其他参数选定后，其循环次数主要取决于模板DNA的浓度。一般是20～35次，次数越多非特异性产物的量越多。因此，在满足产率的前提下，应尽量减少循环次数。

③ 进行PCR时，要注意加样时避免相互污染，避免污染试剂，否则沾了液体后就必须换枪头。加PCR反应体系时，最后将酶加入，最好在冰盒上操作，保持低温环境，以免酶或DNA降解失活。最后用石蜡油液封及短暂离心，防止PCR时管中的液体挥发。

(2)凝胶电泳观察结果和凝胶回收。原理方法及注意事项同DNA含量测定中的凝胶电泳法，应注意以下几点。

① 为了后续测序工作，会用到大的梳齿孔以便增大上样量，方便凝胶回收，也避免了其他杂质的干扰，能得到较纯的样品。

② 电泳缓冲液不同。缓冲液在电泳过程中的作用是维持合适的pH，并使溶液具有一定的导电性，以利于DNA分子的迁移。电泳缓冲液还有一个组分是EDTA，加入浓度为1～2 mmol/L，目的是螯合Mg^{2+}等离子，防止电泳时激活DNA酶，此外还可防止Mg^{2+}离子与核酸生成沉淀。回收DNA片段时使用TAE缓冲系统进行电泳。TAE是使用广泛的缓冲系统，其特点是超螺旋在其中电泳时更符合实际相对分子质量(TBE中电泳时测出的相对分子质量会大于实际分子质量)，并且双链线状DNA在其中的迁移率较其他两种缓冲液快约10%，电泳大于13 kb的片段时用TAE缓冲液将取得更好的分离效果。TAE的缺点是缓冲容量小，长时间电泳(如过夜)不可选用，除非有循环装置使两极的缓冲液得到交换。DNA含量测定时选用TBE。TBE的特点是缓冲能力强，可长时间电泳，并且当用于电泳小于1 kb的片段时分离效果更好。因为TBE用于琼脂糖凝胶时易造成高电渗作用，并且因与琼脂糖相互作用生成非共价结合的四羟基硼酸盐复合物，使DNA片段的回收率降低，所以不宜在回收电泳中使用。

(3)扩增片段测序。将回收得到的DNA送到测序公司进行测序。

4. 麦冬及连钱草遗传多样性分析

(1)RAPD和ISSR条带。

① RAPD和ISSR两种标记都能产生各自有效的多态性条带，但多态性水平和检测水平及聚类结果各有不同，这可能是由引物检测机制不同引起的差异。因为RAPD标记是随机检测基因组DNA的序列信息，而ISSR标记是检测基因组DNA上简单重复序列之间的序列信息，这两种标记所检测的基因座位不同及所用的标记数量有限，所以会有一定的差异。

② 由于采用的样本量较少，删选的引物较少，故所用的RAPD和ISSR都不能充分证明

结果的可靠性。总体来看,ISSR结果优于RAPD结果,可能的原因是ISSR对PCR反映的敏感性较低:ISSR引物长度较RAPD引物长;反应退火温度较高,引物—模板复合物比较稳定。

(2)数据分析。根据电泳结果记录清晰可重复的电泳条带,对同一引物的扩增产物,迁移率相同的条带一记为一个位点,扩增有带记为1,扩增无带记为0。数据采集由人工完成,最后扩增产物以0、1统计建立数据矩阵表,将采读的数据输入Excel建立原始表征数据矩阵,用于进一步分析。

① 只记录易于辨认的条带,排除模糊不清的条带。

② 迁移率相同,但强度不同的条带,当强带的强度超过弱带的两倍时,视为新带处理。

③ 仅仅那些可重复的条带才被记录。

5. DNA条形码鉴定

利用分子生物学技术进行药用植物的鉴定与区别近年来成为国内外研究热点,其中DNA条形码鉴定技术备受学术界关注。DNA条形码技术是一种新的生物鉴定方法,它应用短的、标准的DNA片段作为物种标记。在众多条形码中,ITS2片段具有更多优点,它的物种水平变异较快、序列片段较短,是具有潜力的候选DNA条形码。此外,本实验中也用了psbA—trmH、matK、rbcL这三种引物进行扩增。相比而言,matK为引物扩增结果最好,但因为本实验样本数及试验次数较少,所以不具有很强的可靠性。

实验6 发根和根癌农杆菌介导的植物基因转化技术

一、实验目的

(1)用A4发根农杆菌对黄瓜幼苗进行基因转化。

(2)学习并了解细菌对植物基因转化的过程。

(3)用LBA4404和EHA105两种根癌农杆菌对连钱草进行基因外植体的转化。

(4)了解其过程和掌握操作。

三、实验原理

1. 发根农杆菌的背景知识及其原理

(1)发根状农杆菌是一种可以在双子叶植物上诱导发根症状的土壤菌,在体外,发状根表现为快速分枝生长,这种现象的分子基础是发根农杆菌的根诱导(root - inducing,Ri)质粒上的转移DNA(transfer DNA,T - DNA)转移和整合到植物细胞的基因组上。Ri质粒上的T - DNA的基因表达导致发状根的形成. 很多植物的发状根可再生成为植株,这种植株一般表现异常,其形态变化包括叶片皱缩、节间缩短、茎间突出、可育性下降及花型态异常。通过插入突变,已经找到了T - DNA上的四个根位点(root loci,即rolA、rolB、rolC、rolD)参与发状根的形成。这些rol蛋白可能通过改变激素平衡或改变细胞对生长素和细胞分裂素的敏感性而影响发状根的发生过程。另外,Ri - DNA还含有章鱼碱生物合成的基因。章鱼碱是异常氨基酸衍生物或糖磷酸二酯，这些物质在转化植物组织中产生并分泌到周围环境，进而被农杆菌优先利用，从而给农杆菌-种相对于其他土壤菌的选择优势。由于发根农杆菌具有不需任何激素就能迅速生长和分枝的特征，发状根的培养物被利用于生产次生代谢物，其他应用包括根瘤研究、人工种子生产、根和土壤、微生物相互作用的研究，以及根介导的植物重金属去污染研究。

(2)发根农杆菌 A4 中的 Ri 质粒 Ri 质粒具有普通的质粒的特点是细菌染色体外的遗传物质，能独立复制，为闭合环状双链 DNA。它是非必要的遗传物质，一般控制细菌的次要性状，可自我复制并具有遗传的稳定性，在特殊环境中对细菌的生存起着重要的作用。它具有可转移性、可重组性、可整合性、可消除性等特点。Ri 质粒的环状基因可按功能分为 Vir、T－DNA、Ori 三个区，该三个区在对植物的浸染与表达中分工明确。

① Vir 区的功能：该区基因不发生转移，但它在 T－DNA 转移的过程中起着十分重要的作用，这个区的缺失或突变会使发根农杆菌的菌株丧失对植物的侵染能力。Vir 区七个基因群(A—G)的 A 一直处于活性表达状态而其他的六个基因通常情况下处于抑制状态。发根农杆菌感染寄主时，被损伤的植物细胞会合成特殊的小分子酚类化合物乙酰丁香酮等，此时其可以与 Vir 区 A 基因的表达产物结合，诱导其他的联合基因的活化，从而发生感染过程。

② T－DNA 区的特点与功能：T－DNA 区的基因群具有致使发状根产生(包括生长素合成)的有关基因、冠瘿碱合成的有关基因，以及某些抗性标记基因和特殊的酶切位点，其在侵染的过程中转移到寄主的细胞中与其 DNA 相整合，从而随寄主细胞中的 DNA 进行复制和表达。因为真核细胞中才具有 T－DNA 区的基因群中某些基因(如生长素合成的有关基因、冠瘿碱合成的有关基因等)的功能启动子，所以这些基因只能在寄主真核细胞中转录表达，在农杆菌中处于抑制状态。

③ Ori 区的功能：在农杆菌中启动质粒 DNA 的复制。

(3)和 Ti 质粒相比，Ri 质粒转化具有以下优点。

① Ri 质粒可以不经“解除武装”进行转化，并且转化产生的毛状根能够再生植株。

② 毛状根是一个单细胞克隆，可以避免嵌合体。

③ 可直接作为中间载体。

④ Ri 质粒和 Ti 质粒可以配合使用，建立双元载体，拓展了两类质粒在植物基因工程中的应用范围。

⑤ 毛状根适用于进行离体培养，并且很多植物的毛状根在离体培养条件下都表现出原植株次生代谢产物的合成能力。

(4)发根农杆菌将 T－DNA 转入寄主的过程：首先，受伤的植物从伤口处产生特殊的小分子酚类化合物乙酰丁香酮等，与 Vir 区 A 基因的表达产物结合，诱导其他的联合基因活化，从而发生感染过程，T－DNA 区的两端先后单链短裂，短裂下来的单链 T－DNA 被转移到植物细胞中与植物的基因组随机整合，Ri 质粒中移走的 T－DNA 区通过 DNA 复制得到修复，因此尽管发生了单链 T－DNA 的转移，发根农杆菌细胞没有因此丧失任何遗传信息。

(5)影响农杆菌转化的因素。影响农杆菌转化的因素很多，如菌株的种类、外植体材料及其生理状态、感染时间、预培养和共培养时间、活化因子的使用与否，以及所使用的抗生素种类和浓度等。

(6)提高发根农杆菌转化效率的方法。

① 农杆菌转染时,将转化材料浸在农杆菌菌液中,超声波处理可以明显提高农杆菌的转化效率。

② 植物受伤害后产生的酚类物质能够激活 Vir 基因,促进 Ri 质粒的植物细胞转移。根据这一现象,我们可以人为地在转化系统中加入某些酚类物质,起到促进基因转化的作用,如添加乙酰丁香酮(AS)、羟基乙酰丁香酮(OH－AS)等物质。

③ 向共培养及除菌培养基上添加外源激素 IBA、NAA 等,同样也可以提高毛状根的诱导率。

(7)毛状根形态学上的鉴定。被诱导出的毛状根和正常根在形态上存在着很大的差异,毛状根在无激素的培养基上生长迅速,并具有多毛根、多分枝、无向地性等特点。毛状根在液体培养基中的生长速度往往大于相应的细胞培养物或未转化的的根培养物,这些表型为判定毛状根提供了简单而又方便的依据。

2. 根癌农杆菌的背景知识及其原理

(1)根癌农杆菌的 Ti 质粒。

① T-DNA 区。T-DNA 是农杆菌侵染植物细胞时,从 Ti 质粒上切割下来转移到植物细胞的一段 DNA,称为转移 DNA。

② Vir 区,又称毒区,该区段的基因能激活 T-DNA 转移,使农杆菌表现出毒性。

③ Con 区。该区段上存在着与细菌间接合转移的有关的基因(Tra),调控 Ti 在农杆菌之间的转移。冠瘿碱能激活 Tra 基因,诱导 Ti 质粒转移,该区称为接合转移编码区

④ OrI 区,称为复制起始区,调控 Ti 质粒的自我复制。

(2)根癌农杆菌中的肿瘤诱导(Ti)质粒上有可以整合到植物基因组的转移 DNA (transfer DNA),即 T-DNA 区,不同来源的农杆菌菌株的 T-DNA 长度为 12～24 kb。T-DNA区的两侧有一对保守的同向重复序列,该序列称为 T-DNA 的边缘区(border sequences),左侧边缘区一般称为 LB 序列,而右侧边缘区则称为 RB 序列。其中 RB 序列决定了 T-DNA 的毒性和转移能力,引导 T-DNA 从根癌农杆菌细胞转移到寄主细胞,并与寄主核基因发生整合,而 LB 序列则起到限定被转移 T-DNA 片段的大小,当没有 LB 序列时,T-DNA 片段的末端随机终止。

研究发现,农杆菌转化真菌除了需要 T-DNA 边界,还需要 Vir 基因的活化和 VirDI/VirDZ,以及控制转移复合体形成的 VirB 或 VirD4 的存在。T-DNA 能发生转移主要依赖 Ti 质粒上一系列毒性区,即 Vir 区基因的表达,该区位于 T-DNA 以外的 30～40 kb 的一个区域内,Vir 区中含有 VirA、VirB、VirC、VirD、VirE、VirG 和 VirH 等多个基因段,每个基因段又分别含有多个基因。虽然这些基因本身与 T-DNA 的转移与整合没有关系,但在这些基因编码的多种蛋白质共同作用下,T-DNA 以单拷或多拷贝的形式随机整合到寄主染色体上,完成 T-DNA 由农杆菌向寄主转移及整合的过程,其中 VirA、VirG 蛋白和染色体编码的 ChvE 蛋白作为转化过程的调控蛋白,VirA 可自我磷酸化得到活化,从而活化了 VirG 并使之结合在毒力区域的特定部位,引起 VirB、VirC、VirD、VirE、VirF、VirH 等与转移有关的操纵子的表达,产生的 T-DNA 单链以类似细菌接合转移的方式将 T-DNA 复合物转入

寄主细胞，整个过程都受某些酚类化合物和某些单糖的诱导，如乙酰丁香酮、阿拉伯糖和木糖侧。研究表明在寄主细胞中，T－DNA 会优先整合到转录活跃区，如在 T－DNA 的同源区或 DNA 的高度重复区，整合频率也会提高了。

(3)Ti 质粒转化具有很多优点。

① 该转化体系转化成功率高，效果好。

② 农杆菌 Ti 质粒转化系统机理是研究最清楚、方法最成熟、应用也最广泛的转化方法。

③ 转化的外源基因以低拷贝为多数，遗传稳定性好且多数符合孟德尔遗传规律，因此转基因植株能较好地为育种提供中间选育材料。

④ 农杆菌 Ti 质粒转化系统操作比较容易，需要的仪器设备简单，易于推广。

(4)菌体识别和附着位点在植物细胞壁上存在着碳水化合物、蛋白质和果胶组成的农杆菌附着受体位点，位于完整细胞的表面。在农杆菌细胞壁上也存在着吸附到植物细胞壁的结合位点，由位于细胞外膜的蛋白质和脂多糖构成。农杆菌附着到植物细胞上后，分泌出果胶酶等物质，消化植物细胞壁，从而形成农杆菌侵入植物细胞的通道。

四、实验仪器设备、材料和试剂

1. 仪器设备

紫外分光光度计、MP6001 型电子天平(上海恒平仪器有限公司)、AL104 型精密电子天平(梅特勒-托利多仪器上海有限公司)、LDZX－30KBS 型立式压力蒸汽灭菌器(上海申安医疗器械厂)、SW－0J－2F 型超净工作台(苏净集团苏州安泰空气技术有限公司)、SPX－250B－D 型微电脑全温振荡培养箱(上海博迅实业有限公司医疗器械厂)、DHG－9023 型电热恒温鼓风干燥箱(上海精密仪器设备有限公司)、THZ－C 型台式恒温振荡箱(太仓市华美生化仪器厂)、1 000 mL 烧杯、棉塞、牛皮纸、橡皮筋、托盘、酒精灯、打火机、接种棒、镊子、记号笔、250 mL 三角烧瓶、培养皿、100 mL 容量瓶、10 mL 带塞试管，试剂瓶、移液器及枪头、移液管、洗瓶、吸水纸。

2. 材料和试剂

发根农杆菌 A4，根癌农杆菌 LBA4404，EHA105，75%乙醇，0.1% HgCl2，无菌水，MS 培养基，0.5 mg/L 的 NAA、IA、BA 0.1 mg/L IAA、Beef extract(牛肉浸膏)、Yeast extract(酵母膏)、Peptone(蛋白胨)、Sucrose(蔗糖)、$MgSO_4 \cdot H_2O$、Agar(琼脂)、YEB 液体培养基、20%甲醇。

五、实验步骤

1. 连钱草植株的消毒

将种子在 75%乙醇中浸泡 30～60 min，转入 0.1% $HgCl_2$ 中 25 min，用无菌水洗三次，接种于 MS 培养基中，在 26 ℃ 3 000 lx 光强的培养室中培养试材。

2. 活化菌种用的 YEB 固体培养基的配制

(1)YEB 固体培养基成分。

(2)Beef extract(牛肉浸膏)5 g/L。

(3)Yeast extract(酵母膏)1 g/L。

(4)Peptone(蛋白胨)5 g/L。

(5)Sucrose(蔗糖)5 g/L。

(6)$MgSO_4 \cdot H_2O$ 0.5 g/L。

(7)Agar(琼脂)1.5 g/100 mL,pH 为 7.0,取 100 mL 的烧杯,按使用量依次加入牛肉浸膏、酵母膏、蛋白胨、蔗糖、$MgSO_4 \cdot H_2O$、琼脂、蒸馏水,混合均匀,通过 pH 计调节到 7.0,分装后,在高压灭菌锅中灭菌。

3. 发根和根癌农杆菌的活化

将装有 EHA105,LBA4404、A4 的安瓿瓶开封,加入 0.5 mL 的无菌水,使冷冻菌体溶解呈悬浮状,取 0.2 mL 菌体悬浮液,在 YEB 琼脂固体培养基上画线,25 ℃培养使其长成单菌落。

4. 菌种培养时 YEB 液体培养基配制

(1)YEB 液体培养基成分。

(2)Beef extract(牛肉浸膏)5 g/L。

(3)Yeast extract(酵母膏)1 g/L。

(4)Peptone(蛋白胨)5 g/L。

(5)Sucrose(蔗糖)5 g/L。

(6)$MgSO_4 \cdot H_2O$ 0.5 g/L。

选择 1 L 的大烧瓶,依次加入上述培养基成分后,加蒸馏水至 1 L 混合均匀,分装至 100 mL的锥形瓶中,每瓶中加入 50 mL,在高压灭菌锅中灭菌 20 min。

5. 农杆菌菌株的培养

挑取单菌落转接到 YEB 液体培养基中,至摇床上,110 r/min,25 ℃,暗处培养 2 天,测菌体 OD 值,OD600 值达到 0.5~0.8 时,即可用于连钱草的转化。

6. 外植体的转化

从连钱草无菌苗上切取适当大小的叶片及下胚轴切段,用 MS 培养基预培养 2 天,浸于 0D600 为 0.5 的农杆菌菌液中 5 min,取出后用无菌试纸吸干多余的菌液,放回原培养基中共培养 2 天,转入含有 Km 50 mg/L、Cef(头孢霉素)500 mg/L 的培养基中脱菌诱导发状根。

7. 观察发根情况

观察培养箱中转化的连钱草叶片上的发根情况。假如连钱草叶片被感染,则要将连钱草叶片转移到新的放有抗生素的 MS 培养基中。

8. 将转染的根癌农杆菌 4404 和 EHA 进行 DNA 的提取

采用 CATB 法提取 DNAP161。

(1)取适量叶片粉末于EP 管中,加入 2 μL 2%β-巯基乙醇,加核分离缓冲液至 1 mL(样品发黄时可多加),振摇数次,6000 r/min,离心 1.5 min,小心倾去上清。

(2)加入 700 μL 经 65 ℃预热的 CTAB 的提取缓冲液和 4 μL2%β-巯基乙醇,颠倒混匀,于 65 ℃温育 30 min. 每隔几分钟轻颠倒一下。

(3)取出离心管,冷至室温,加入等量氯仿-异戊醇(24∶1)轻轻颠倒混匀 10 min。

(4)12000 r/min 离心 10 min,将上清液转入另一 EP 管中。

(5)向上清液中加入 1 %RNA 酶,37 ℃水浴 30 min(室温也可)。加入等体积氯仿-异戊醇(24∶1)混匀,以 12000 r/min 的转速离心 10 min.

(6)取上清液加入 2/3 体积 -20 ℃预冷的异丙醇,-20 ℃放置 30 min 或过夜,再 8 000 r/min离心 10 min,小心倾去上清液。

(7)分别用 70%乙醇和无水乙醇洗涤沉淀两三次,在超净工作台上风干。

(8)加入 100 μL TE 缓冲液充分溶解,于 4 ℃保存备用,若长期保持则 -20 ℃保存备用。

(9)取上述 DNA 溶解液,用 1.0%琼脂糖凝胶电泳,观察电泳结果。

9. 电泳进行含量测定

配制 1.0%琼脂糖凝胶:称量 0.2g 的琼脂糖,将其加入适量的 0.5×TBE buffer 中,摇匀,放入微波炉(火力 20,3 min)中加热溶解。待溶液为均一无浑浊现象,取出凝胶溶液,加入 0.2 μ 1EB 核酸染料,缓缓摇匀,然后倒入制胶器中,室温下凝固。

向电泳槽中加入新鲜的 0.5×TBE buffer 电泳缓冲液,将凝胶放入电泳缓冲液中(电泳液要没过凝胶约 1 mm)。加样孔处的凝胶应在电泳槽的负极。DNA Marker 点在胶的两侧。检查电极插头是否正确,加样孔的位置为负极。电压为 5 V/cm(电泳槽的正极与负极之间的长度)。

用 1.0%的琼脂糖凝胶电泳检测所提取的基因组 DNA,凝胶加 EB(3 μg/μL)染色。DNA 样品。上样量为 5 μL,与 1 μL 体积的 Loading Buffer 溶液混合均匀上样,电泳条件为 0.5×TBE,140 V 电压,100 mA 的电压电泳,30 min。电泳结束后用紫外光下系统观察,并拍照。

10. PCR 扩增

第一次:配制反应体系。按照下列内容,将试剂加入 PCR 管中。

Mix　12.5 μL

DNA 模板/Positive control DNANegative controlDNA　10 μL

Rrolb　0.5 μL

Rrolc　0.5 μL

Nuclease - Free Water　补足 25 μL

第二次:配制反应体系。按照下列内容,将试剂加入 PCR 管中。

Mix　12.5 μL

DNA 模板/Positive control DNA/Negative controlDNA　5 μL

Rrolb　1 μL

Rrolc　1 μL

Nuclease - Free Water　补足 25 μL

第三次:配制反应体系:按照下列内容,将试剂加入 PCR 管中。

Mix　12.5 μL

DNA 模板/Positive control DNA/Negative controlDNA　5 μL

Rrolb Forward Primer(10 μM)　1 uL

rrolbReverse Primer(10 μM)　1 μL

Nuclease - Free Water　补足 25 μL

Mix　12.5 μL

DNA 模板/Positive control DNANegative control DNA　5 uL

Rrolc Forward Primer(10 μM)　1 μL

Rrolc Reverse Primer(10 μM)　1 μL

Nuclease－Free Water　补足 25 μL

充分混匀上述溶液，用石蜡油封口，将混匀后的 PCR 管放入 PCR 仪中，进行如下反应：

94 ℃预变性 3 min

94 ℃变性 50 s

55 ℃退火 50 s(34 个循环)

72 ℃后延伸 10 min

反应结束后，立即进行琼脂糖凝胶检测或者将 PCR 产物 4 ℃保存。

11. 电泳检测

配制 1.0%琼脂糖凝胶称量 0.8 g 的琼脂糖，将其加入适量的 0.5X TBE buffer 中，摇匀，放入微波炉(火力 20，3 min，然后火力 40，2 min)中加热溶解。待溶液为均一无浑浊现象，取出凝胶溶液，加入 0.2 μL EB 核酸染料，缓缓摇匀，然后将其倒入制胶器中，室温下凝固。

DNA 样品上样量为 10 μL(不需加入 Loading Buffer 溶液)，电泳条件为 0.5X TBE 溶液，140 V 电压，100 mA 的电压电泳。60 min 电泳结束后用紫外光下系统观察，并拍照。

六、作业

观察结果，进行分析比较。

参考文献：

[1] 黄璐琦，刘昌孝．分子生药学[M]．3 版．北京：科学出版社，2015.

[2] 黄玉洁．川渝麦冬资源的遗传多样性研究及 ITS 序列分析[D]．成都：四川农业大学，2014.

[3] 殷军．生药学实验[M]．2 版．北京：中国医药科技出版社，2014.

[4] 刘宁，刘全儒，姜帆，等．植物生物学实验指导[M]．3 版．北京：高等教育出版社，2016.

第 2 篇

发酵工程篇

第1章　生态酿造综合实训

实验1　生态酿造白酒及酒评综合实训

一、实验目的

生态酿造白酒与酒评专门提供学生酿制米酒、小曲白酒、白酒及白酒品评实践条件，把酿造学的基本工艺与现代科学技术相结合，在弘扬祖国古代酒文化瑰宝的基础上，结合现代酿酒工艺及科学调酒勾兑方法，使学生能更深刻地体会到我国传统酿造工艺技术的博大精深，从而能利用所学知识不断提高我国酿造工艺技术水平的目的。在实验中，要求学生在酿造米酒、小曲白酒和白酒品评的不同环节中，开展一项或多项既有探索性，又有培养学生综合分析能力的实验设计。

(1)实验项目(1)：米酒酿造。

(2)实验项目(2)：小曲白酒酿造。

(3)实验项目(3)：新型白酒勾兑。

(4)实验项目(4)：白酒品评。

根据白酒样品将样品注入洁净、干燥的品酒杯中，先轻轻摇动酒杯，然后用鼻子进行闻嗅，记录其香气特征，分类其酒香型。

二、实验原理与方案

1. 米酒酿造原理

糯米(或者大米)含有丰富的淀粉，淀粉在根霉菌淀粉酶的作用下，先转化为麦芽糖，再转化为葡萄糖。受到酒曲里酒化酶的作用，部分葡萄糖变为酒精，其味甘甜柔顺，称为甜酒。

2. 小曲白酒酿造原理

小曲白酒是以谷物、薯类或糖分等为原料，经糖化发酵、蒸馏、陈酿和勾兑制成的酒精浓度大于20%(V/V)的一种蒸馏酒。小曲白酒的生产方法分为固态发酵法和半固态发酵法两种。半固态发酵法又分为先培菌糖化后发酵和边糖化边发酵两种典型的传统工艺。广东主要的方法是先培菌糖化后发酵工艺。此工艺的特点是以药小曲为糖化发酵剂，前期固态培菌糖化，后期半固态发酵，再经蒸馏、陈酿和勾兑而成。

3. 新型白酒勾兑原理

新型白酒的生产工艺原理以固态法白酒生产的增香调味物、食品添加剂或其他增香方法进行调香，得到含有一定酒精份、口味适中的新型白酒。根据基酒及各种调酒的体验，添加各种调味液，酒用香精勾兑成优质新型白酒。这种酒也曾经是将固态法白酒（不少于10％）与液态法白酒或食用酒精按适当比例进行勾兑而成的白酒。

4. 白酒品评

白酒的色、香、味、格的形成不仅决定于各种理化成分的数量，还决定于各种成分之间的协调平衡、微量成分衬托等关系，而人们对白酒的感官检验，正是对白酒的色、香、味、格的综合性反映。这种反映是很复杂的，仅靠对理化成分的分析不可能全面地、准确地反映白酒的色、香、味、格的特点。因此，对白酒品质的鉴定，更多地依靠感觉器官的尝评方法来弥补其不足。就现阶段的实际情况而言，任何精密仪器都无法代替人的味觉和嗅觉，用气相色谱仪分析白酒类微量香味成分对 1/10 万 g 含量的物质是可测定出来的，但超过这个极限则无法检测。人的感官对 1/100 万 g 的含量的微量成分却能感觉出来，尤其有的感觉指标是不能用数据表示的。因此，虽然现代的科学仪器能把白酒的微量成分分析出来，但是仍然不能准确地测定白酒的内在质量，只能作为一种辅助的手段。

三、实验步骤

(一)米酒酿造

1. 米酒酿造曲种、仪器

糯米（或者大米）、安琪甜酒曲、安琪白酒曲、手持糖度计、发酵容器、电热恒温箱。

2. 米酒酿造原料

白糯米、大米（普通市售三级大米，淀粉含量 72％，水分含量 14％）、自来水等。

3. 试验器材

(1)手持糖度计、浸米罐、手提高压蒸汽灭菌器、电热恒温培养箱、数字式酸度计、台称(0.5 g/5 kg)。

(2)酒精测量计(0～60 ℃)、发酵罐 10 L 硬塑食品贮藏罐、白酒蒸馏器（可以用 4.5 L 家用普通高压锅，在锅顶的排气阀口连接硅胶管接玻璃冷凝器组成，自制）、电炉、保鲜纸、温度表等。

4. 米酒酿造步骤

(1)洗米：将米淘洗干净。

(2)煮饭：将米置于微波炉中煮，中间加淋饭水 1 次，黑糯米加淋饭水 3 次。

(3)用冷开水将蒸熟后的糯米摊开冲洗降温至温热(30 ℃左右)，使米粒之间不黏连为好。

(4)将温热(30 ℃左右)的米饭撒曲拌匀装入容器中抹平，容器中间搭窝留一圆孔，容器封口，放在温暖的地方(30 ℃左右)发酵 24～36 h 有酒香味即熟。

(5)测定糖度。

(6)品尝（剩余的集中发酵后蒸馏小曲白酒）。

(二)小曲白酒酿造

1. 小曲白酒酿造工艺流程

小曲白酒酿造工艺流程如下。

大米→淘洗→浸泡→沥干→蒸粮→摊饭→拌曲落埕(传统酒曲)→

培菌糖化→投水发酵(糖化酶＋活性干酵母)→蒸馏→白酒

2. 工艺操作

(1)称米、洗米。按试验要求称米、除杂、洗净(如新鲜干净米可免洗米)。

(2)蒸粮。用微波盒按料水比 1∶1.2(原粮∶水)加入开水,不加盖置于微波炉中煮25 min;取出,再按料水比 1∶0.5 加入开水(边搅拌边加入开水),加盖置于微波炉中再煮25 min。

注意不能煮烂饭,烂饭会使曲料无法拌匀,致使根霉及酵母菌的生长和代谢受到抑制,同时由于高温细菌大量繁殖、产酸过多而造成出酒率低。此外,在饭料下层,烂饭因过于紧密、不疏松使根霉及酵母缺氧而难以繁殖,某些厌氧菌则大量繁殖而产生异杂气味。

(3)摊饭、拌曲。把蒸熟的米饭从高压锅里取出,打散摊凉至室温后(约 32 ℃,冬天可稍高),将已设定并称量好的酒曲均匀撒于饭面上面,为防止出现结块的饭团,应进行反复多次搅拌(摊饭、拌曲操作时间越短越好,让优势菌尽快定殖繁殖,以降低污染)。

(4)饭料入罐、培菌和糖化。发酵罐须先洗刷干净并用沸水泡洗,用时再用沸水泡缸一次,以达到消毒的目的。把已拌匀的饭料装进陶瓷罐内,饭厚 15 cm,罐中央挖一空洞,以利于足够的空气进入饭料,进行培菌和糖化。待品温下降至设计温度时,盖上盖子(但不密封,因糖化菌属于好气菌),并根据气温状况,做好保温或降温工作。培菌糖化时间最好为 24 h,最高品温以 38 ℃为最好,不能超过 42 ℃。若温度过高,则要采取降温措施。培菌糖化成熟后可见酒窝中有 3～5 cm 的酒酿时就可以进入投水发酵阶段。测定糖度(以手持糖度计测定酒酿上清液含糖量。手持糖度计是一种通过测量水溶液的折射率来测量其浓度的仪器。所有水溶液都能使光的方向发生偏折。光的偏折可以随溶液浓度的增加而成正比增加)。

(5)投水、发酵。在培菌糖化进行 24 h 之后,即可投水进行发酵。经培菌糖化成熟的醅,应根据设计加入设定好的水投水、发酵。同时加入糖化酶(5 g/500 g 原粮)、活性干酵母(1 g/500 g 原粮),原粮水比按 1∶1.5～2.0(原粮∶水)。加水拌匀,保持室温,并注意发酵温度的调节。此后,醅液便进入后发酵期,经过 7 天,闻之有扑鼻芳香,尝之甘苦不甜,或微带酸味涩味,即表明酒醪发酵已经结束,可进行蒸馏了。

(6)蒸馏。利用蒸馏器采用直接加热法蒸馏取酒,流酒温度 38～40 ℃。将待蒸的酒醅倒于自制的蒸馏锅中,每个蒸馏锅装酒醅不超过锅身高度 4/5(若酒醅过多,沸腾时会溢出堵塞导管)。盖好锅盖连接硅胶管到冷却器上,开始蒸馏。

在蒸馏过程中,注意掌控好火力,小火蒸酒头,中火取酒身,大火追酒尾。酒头含甲醇、乙醛量高(如甲醛沸点 21 ℃、甲醇沸点甲醇 64.7 ℃,酒尾含杂醇油高(如异丁醇沸点107.9 ℃、乙缩醛沸点 102 ℃)。因为甲醇、杂醇油是酒精中对人体健康有害的微量成分,故国家质检部门规定,其含量不能超过国家标准。蒸馏开始时,要用玻璃容器接酒头液约5.0%(酒头液收集后集中存放,勿弃);酒尾收集后集中存放,勿弃,测定酒精度。酒是陈的香,刚蒸出的新酒只能算是半成品,具有较强的辛辣味和冲味,故需肉埕陈酿、贮存陈化使之变得醇厚爽口。

(三)新型白酒勾兑

(1)新型白酒是以优质酒精为基础酒,以调配而成的各种白酒。根据已知的白酒骨架成分和目的酒类型,首先选择优质酒精、各种调味白酒及加浆用水,通过计算按比例进行混合。采用以固态法白酒生产的增香调味物、食品添加剂或其他增香方法进行调香,得到含有一定酒精份、口味适中的新型白酒。根据基酒及各种调酒的体验,添加各种调味液,酒用香精,设计并确定最佳的口味配方。

(2)按清香型、浓香型,酒度先低后高顺序进行勾调。

(四)白酒品评

对白酒进行感官评定,是指评酒者通过眼、鼻、口等感觉器官,对白酒样品的色泽、香气、口味及风格特征进行分析评价。

1. 色泽

将样品注入洁净、干燥的品酒杯中,在明亮处观察,记录其色泽、清亮程度、沉淀及悬浮物情况。

2. 香气

将样品注入洁净、干燥的品酒杯中,先轻轻摇动酒杯,然后用鼻子进行闻嗅,记录其香气特征。

3. 口味

将样品注入洁净、干燥的酒杯中,喝入少量样品(约 2 mL)于口中,以味觉器官仔细品尝,记录口味特征。

4. 风格特征

通过品尝香与味,综合判断是否具有该产品的风格特征,并记录其强、弱程度。

5. 色泽与香气记分标准

记分标准采用 100 分为满分,其中色泽 10 分;香气 25 分;口味 50 分,风格 15 分。

(五)白酒香型分类

根据白酒样品将样品注入洁净、干燥的品酒杯中,先轻轻摇动酒杯,然后用鼻子进行闻嗅,记录其香气特征,分类其酒香型。

四、数据记录与处理

项目一:米酒酿造实验结果,见表 2-1-1。

表 2-1-1 米酒酿造试验设计与结果记录

组别	原料	曲种量/g	发酵时间/h	糖度/Bx	品质
(例)1	糯米 200g	4	24	26	微白透明,无沉淀,净爽,香甜可口

项目二：小曲白酒实验结果，见表2-1-2。

表2-1-2　小曲白酒酿造试验设计与结果记录

组别	原料	曲种量/g	糖化时间/h	糖度/Bx	发酵时间/h	产酒率/%	香型
(例)1	大米2 000 g	25	24	26	150	56	米香

注：① 产酒率：因需要合并双蒸，以综合产酒率计算。
② 理论产酒率100 kg淀粉产65°(20 ℃)99.33 kg。

项目三：新型白酒勾兑实验结果，见表2-1-3。

表2-1-3　新型白酒勾兑实验结果

组别	酒精/%	增香调味剂/%	食品添加剂/%	基酒/%
(例)1				

项目四：白酒品评实验结果，见表2-1-4。

表2-1-4　白酒品评打分表

组别	色泽(25分)	气味(25分)	口感(25分)	香型(25分)	总分
(例)1	清亮透明，微悬浮物，无沉淀	以具有浓郁的乙酸乙酯为主体的复合香气	绵甜爽净，香味谐调，余味悠长	浓香型酒突出的风格	80

五、结果分析

(1)米酒酿造试验评析。
(2)小曲白酒酿造试验评析。
(3)新型白酒勾兑评析。
(4)白酒品评实验评析。

六、作业

(1)完成实验记录与分析。

(2)结合生态酿造白酒及酒评实训,谈谈在酿造过程中应注意的细节,写一篇不少于300字的心得体会。

实验2 啤酒发酵综合实训

2.1 啤酒生产的认知与简单操作

啤酒发酵过程是啤酒酵母在一定的条件下,利用麦汁中的可发酵性物质进行的正常的生命活动,其代谢的产物就是所要的产品——啤酒。由于酵母类型的不同,发酵的条件和产品要求、风味不同,发酵的方式也不相同。根据酵母发酵类型不同,啤酒分成上面发酵啤酒和下面发酵啤酒。一般可以把啤酒发酵技术分为传统发酵技术和现代发酵技术。

一、传统发酵技术

传统发酵技术生产工艺流程:

充氧冷麦汁→发酵(菌种)→前发酵→主发酵→后发酵→贮酒→鲜啤酒

二、现代发酵技术

现代发酵技术主要包括大容量发酵罐发酵法(其中主要是圆柱露天锥形发酵罐发酵法)、高浓糖化后稀释发酵法、连续发酵法等,目前主要采用圆柱锥形发酵罐发酵法。

传统啤酒是在正方形或长方形的发酵槽(或池)中进行的,设备体积仅为5~30 m^2,啤酒生产规模小,生产周期长。20世纪50年代以后,由于世界经济的快速发展,啤酒生产规模大幅度提高,传统的发酵设备已无法满足生产的需要,大容量发酵设备受到重视。大容量发酵罐是指发酵罐的容积与传统发酵设备相比而言。大容量发酵罐有圆柱锥形发酵罐(图2-1-1)、朝日罐、通用罐和球形罐。圆柱锥形发酵罐是目前世界通用的发酵罐,该罐主体呈圆柱形,罐顶为圆弧状,底部为圆锥形,具有相当的高

图2-1-1 圆柱锥形发酵罐

度(高度大于直径),罐体设有冷却和保温装置,为全封闭发酵罐。圆柱锥形发酵罐既适用于下面发酵,又适用于上面发酵,加工十分方便。德国酿造师发明的立式圆柱锥形发酵罐由于其具有诸多方面的优点,经过不断改进和发展,逐步在全世界得到推广和使用。我国自 20 世纪 70 年代中期开始采用室外圆柱体锥形发酵罐发酵法(简称锥形发酵罐发酵法),目前国内啤酒生产几乎全部采用此发酵法。

1. 锥形发酵罐发酵法的特点

(1)底部为锥形便于生产过程中随时排放酵母,要求采用凝聚性酵母。

(2)罐本身具有冷却装置,便于发酵温度的控制。生产容易控制,发酵周期缩短,染菌机会少,啤酒质量稳定。

(3)罐体外设有保温装置,可将罐体置于室外,减少建筑投资,节省占地面积,便于扩建。

(4)采用密闭罐,便于 CO_2 洗涤和 CO_2 回收,发酵也可在一定压力下进行,即可做发酵罐,又可做贮酒罐,也可将发酵和贮酒合二为一,称为一罐发酵法。

(5)罐内发酵液由于液体高度而产生 CO_2 梯度(即形成密度梯度)。通过冷却控制,发酵液进行自然对流,罐体越高对流越强。由于强烈对流的存在,酵母发酵能力提高,发酵速度加快,发酵周期缩短。

(6)发酵罐可采用仪表或微机控制,操作、管理方便。

(7)锥形罐既适用于下面发酵,又适用于上面发酵。

(8)可采用 CIP 自动清洗装置,清洗方便。

(9)锥形罐加工方便(可在现场就地加工),实用性强。

(10)设备容量可根据生产需要灵活调整,容量为 20～600 m^2,最高可达 1 500 m^2。

2. 锥形发酵罐的工作原理、基本结构

(1)锥形发酵罐的工作原理。锥形罐发酵法发酵周期短、发酵速度快的原因是锥形罐内发酵液的流体力学特性和现代啤酒发酵技术采用的结果。接种酵母后,由于酵母的凝聚作用,罐底部酵母的细胞密度增大,导致发酵速度加快,发酵过程中产生的二氧化碳量增多,同时因为发酵液的液柱高度产生的静压作用,二氧化碳含量随液层变化呈梯度变化,罐内发酵液的密度也呈现梯度变化,此外,因为锥形罐体外设有冷却装置,所以可以人为控制发酵各阶段的温度。在静压差、发酵液密度差、二氧化碳的释放作用及罐上部降温产生的温差(1～2 ℃)这些推动力的作用下,罐内发酵液产生了强烈的自然对流,增强了酵母与发酵液的接触,促进了酵母的代谢,使啤酒发酵速度大大加快,啤酒发酵周期显著缩短。另外,由于提高了接种温度、啤酒主发酵温度、双乙酰还原温度和酵母接种量,利于加快酵母的发酵速度,从而使发酵能够快速进行。

(2)锥形发酵罐的基本结构

① 罐顶部分。罐顶为一圆拱形结构,中央开孔用于放置可拆卸的大直径法兰,以安装 CO_2 和 CIP 管道及其连接件,罐项还安装防真空阀、过压阀和压力传感器等,罐内侧装有洗涤装置,也安装有供罐顶操作的平台和通道。

② 罐体部分。罐体为圆柱体,是罐的主体部分。发酵罐的高度取决于圆柱体的直径与高度。由于罐直径大耐压低,一般锥形罐的直径不超过 6 m。罐体的加工比罐顶要容易,罐体外部用于安装冷却装置和保温层,并留一定的位置安装测温、测压元件。罐体部分的冷却

层有各种各样的形式，如盘管、米勒扳、夹套式，并分成2～3段，用管道引出与冷却介质进管相连，冷却层外覆以聚氨酯发泡塑料等保温材料，保温层外再包一层铝合金或不锈钢板，也有使用彩色钢板作为保护层。

③ 圆锥底部分。圆锥底的夹角一般为60°～80°，也有90°～110°，但这多用于大容量的发酵罐。发酵罐的圆锥底高度与夹角有关，夹角越小，锥底部分越高。一般罐的锥底高度占总高度的1/4左右，不要超过1/3。圆锥底的外壁应设冷却层，以冷却锥底沉淀的酵母。锥底还应安装进出管道、阀门、视镜、测温、测压等传感元件。此外，罐的直径与高度比通常为2∶1～4∶1，总高度最好不要超过16 m，以免引起强烈对流，影响酵母和凝固物的沉降。制罐材料可用不锈钢或碳钢，若使用碳钢，罐内壁必须涂以对啤酒口味没有影响的且无毒的涂料。发酵罐工作压力可根据罐的工作性质确定，一般发酵罐的工作压力控制在0.2～0.3 MPa。罐内壁必须光滑平整，不锈钢罐内壁要进行抛光处理，碳钢罐内壁涂料要均匀，无凹凸面，无颗粒状凸起。

3. 锥形发酵罐的发酵工艺

(1)锥形罐发酵的组合形式。锥形罐发酵生产工艺组合形式有以下几种。

① 发酵——贮酒式。此种方式对两个罐的要求不一样，耐压也不同，对于现代酿造来说，此方式意义不大。

② 发酵——后处理式，即一个一个罐进行发酵，另一个罐为后熟处理。对发酵罐而言，将可发酵性成分一次完成，基本不保留可发酵性成分，发酵产生的CO_2全部回收并贮存备用，然后转入后处理罐进行后熟处理。它的过程为将发酵结束的发酵液经离心分离，去除酵母和冷凝固物，再经薄板换热器冷却到贮酒温度，进行1～2天的低温贮存后开始过滤。

③ 发酵——后调整式，即前一个发酵罐类似一罐法进行发酵、贮酒，完成可发酵性成分的发酵，回收CO_2和酵母，进行CO_2洗涤，经适当的低温贮存后，在后调整罐内对色泽、稳定性、CO_2含量等指标进行调整，再经适当稳定后即可开始过滤操作。

(2)发酵主要工艺参数的确定。

① 发酵周期，由产品类型、质量要求、酵母性能、接种量、发酵温度、季节等确定，一般12～24天。通常，夏季普通啤酒的发酵周期较短，优质啤酒的发酵周期较长，淡季发酵周期适当延长。

② 酵母接种量，一般根据酵母性能、代数、衰老情况、产品类型等决定。接种量大小由添加酵母后的酵母数确定。发酵开始时：$(10\sim20)\times10^6$个/mL；发酵旺盛时：$(6\sim7)\times10^7$个/mL；排酵母后：$(6\sim8)\times10^6$个/mL；0 ℃左右贮酒时：$(1.5\sim3.5)\times10^6$个/mL。

③ 发酵最高温度和双乙酰还原温度。啤酒旺盛发酵时的温度称为发酵最高温度，一般啤酒发酵可分为三种类型：低温发酵、中温发酵和高温发酵。低温发酵：旺盛发酵温度8 ℃左右；中温发酵：旺盛发酵温度10～12 ℃；高温发酵：旺盛发酵温度15～18 ℃。国内一般发酵温度为9～12 ℃。双乙酰还原温度是指旺盛发酵结束后啤酒后熟阶段(主要是消除双乙酰)时的温度，一般双乙酰还原温度等于或高于发酵温度，这样既能保证啤酒质量，又利于缩短发酵周期。发酵温度提高，发酵周期缩短，但代谢副产物量增加将影响啤酒风味且容易染菌；双乙酰还原温度增加，啤酒后熟时间缩短，但容易染菌又不利于酵母沉淀和啤酒澄清。温度低，发酵周期延长。

④ 罐压,根据产品类型、麦汁浓度、发酵温度和酵母菌种等的不同确定。一般发酵时最高罐压控制在0.07～0.08 MPa,一般最高罐压为发酵最高温度值除以100(单位为MPa)。采用带压发酵,可以抑制酵母的增殖,减少由升温所造成的代谢副产物过多的现象,防止产生过量的高级醇、酯类,同时有利于双乙酰的还原,并可以保证酒中CO_2的含量。啤酒中CO_2的含量和罐压、温度的关系为

$$CO_2(\%,m/m)=0.298+0.04p-0.008t$$

式中,p——罐压(压力表读数)(MPa);

t——啤酒品温(℃)。

⑤ 满罐时间。从第一批麦汁进罐到最后一批麦汁进罐所需时间称为满罐时间。满罐时间长,酵母增殖量大,产生代谢副产物α-乙酰乳酸多,双乙酰峰值高,一般在12～24 h,最好在20 h以内。

⑥ 发酵度,可分为低发酵度、中发酵度、高发酵度和超高发酵度。淡色啤酒发酵度的划分:低发酵度啤酒,其真正发酵度为48%～56%;中发酵度啤酒,其真正发酵度为59%～63%;高发酵度啤酒,其真正发酵度为65%以上;超高发酵度啤酒(干啤酒),其真正发酵度为75%以上。目前国内比较流行发酵度较高的淡爽性啤酒。

2.2　啤酒发酵原料预处理

一、麦芽制造的目的

(1)通过制造麦芽的操作,大麦中的酶活化并产生各种水解酶,并使大麦胚乳中的成分在酶的作用下达到适度的溶解。

(2)通过绿麦芽的干燥和焙焦除去多余的水分,去掉绿麦芽的生腥味,产生啤酒特有的色、香和风味成分,从而满足啤酒对色泽、香气、味道、泡沫等的特殊要求。

(3)制成的麦芽经过除根,使麦芽的成分稳定,便于长期贮存。

二、大麦的预处理的理论依据

原料大麦一般含有各种有害杂质,如杂谷、秸秆、尘土、砂石、麦芒、木屑、铁屑、麻绳及破粒大麦、半粒大麦等,均会妨碍大麦发芽,有害于制麦工艺,直接影响麦芽的质量和啤酒的风味,并直接影响制麦设备的安全运转,因此在投料前须经处理。利用粗选机除去各种杂物和铁,再经大麦精选机除去半粒麦和与大麦横截面大小相等的杂谷。因为原料大麦的麦粒大小不均,吸水速度不一,会影响大麦浸渍度和发芽的速度均匀性,造成麦芽溶解度不同。所以还要对精选后的大麦进行分级。

(一)粗选

1. 粗选的目的

粗选的目的是除去糠灰、各种杂质和铁屑。

2. 粗选的方法

粗选有风析和振动筛析两种方法。风析主要是除尘及其他轻微尘质,风机在振动筛上

面的抽风室将大麦中的轻微尘质吹入旋风分离器中进行收集。振动筛析主要是为了提高筛选效果,除去夹杂物。振动筛共设三层,第一层筛子 6.5 mm×20 mm,主要筛除砂石、麻绳、秸秆等大夹杂物。第二层筛子(3.5 mm×20 mm),筛除中等杂质。进入第三层筛子(2.0 mm×20 mm),筛除小于 2 mm 的小粒麦和小杂质。

3. 大麦粗选设备

大麦粗选设备包括去杂、集尘、除铁、除芒等机械。去杂、集尘常用振动平筛或园筒筛配离心鼓风机、旋风分离器进行。除铁用磁力除铁器,麦流经永久磁铁器或电磁除铁器除去铁质。脱芒用除芒机,麦流经除芒机中转动的翼板或刀板,将麦芒打去,吸入旋风分离器而被去除。

4. 分离的原理

粗选机是通过圆眼筛或长眼筛除杂。圆眼筛是根据横截面的最大尺寸,即种子的宽度进行分离的;长眼筛是根据横截面的最小尺寸,即种子的厚度进行分离的。

(二)精选

1. 精选的目的

精选的目的是除去与麦粒腹径大小相同的杂质,包括荞麦、野豌豆、草籽、半粒麦等。

2. 分离的原理

分离的原理是利用种子的不同长度进行的,使用的设备为精选机(又称杂谷分离机)。

3. 精选机的主要结构

精选机由转筒、蝶形槽和螺旋输送机组成。转筒直径为 400～700 mm,转筒长度为 1～3 m,其大小取决于精选机的能力,转筒转速为 20～50 r/min,精选机的处理能力为 2.5～5 t/h,最大可达 15 t/h,转筒钢板上冲压成直径为 6.25～6.5 mm 的窝孔,分离小麦时,取 8.5 mm。

4. 操作

粗选后的麦流进入精选机转筒,转筒转动时,长形麦粒、大粒麦不能嵌入窝孔,升至较小角度即落下,回到原麦流中,嵌入窝孔的半粒麦、杂谷等被带到一定高度才落入收集槽道内,由螺旋输送机送出机外被分离。合格大麦与半粒麦、杂谷之间的分离界限,可通过窝眼大小和收集槽的高度来调节。过高易使杂粒混入麦流,导致质量下降;过低又会将部分短小的大麦带入收集槽,造成损失。此外,还要根据大麦中夹杂物的多少,调节进料流量,以保证精选效果。

(三)分级

1. 分级的目的

分级的目的是得到颗粒整齐的麦芽,为浸渍均匀、发芽整齐及获得粗细均匀的麦芽粉创造条件,并可提高麦芽的浸出率。

2. 分级的原理

大麦的分级原理是把粗精选后的大麦,按腹径大小用分机筛分级。

3. 分级的标准

一般将大麦分成 3 级,其标准见表 2-1-5。

表2-1-5　大麦分级标准

分级标准	筛孔规格/mm	麦粒厚度/mm	用途
Ⅰ级大麦	2.5×25	2.5以下	制麦芽
Ⅱ级大麦	2.2×25	2.2以下	食用
Ⅲ级大麦	—	2.2以下	饲用

4. 分级筛

分级筛有圆筒分级筛和平板分级筛两种。

(1)圆筒分级筛。在旋转的圆筒分级筛上分布着不同孔径的筛面,一般设置为2.2 mm×25 mm和2.5 mm×25 mm两组筛。麦流先经2.2 mm筛面,筛下小于2.2 mm的粒麦,再经2.5 mm筛面,筛下2.2 mm以上的麦粒,未筛出的麦流从机端流出,即2.5 mm以上的麦粒,从而将大麦分成2.5 mm以上、2.2 mm以上和2.2 mm以下三个等级。为了防止与筛孔宽度相同腹径的麦粒被筛孔卡住,滚筒内安装有一个活动的滚筒刷,用以清理筛孔。

(2)平板分级筛。重叠排列的平板分级筛用偏心轴转动(偏心轴距45 mm,转速120~130 r/min),筛面振动,大麦均匀分布于筛面。平板分级筛由三层筛板组成,每层筛板均设有筛框、弹性橡皮球和收集板。筛选后的大麦,经两侧横沟流入下层筛板,再分选。上层为四块2.5 mm×25 mm筛板,中层为两块2.2 mm×25 mm筛板,下层为两块2.8 mm×25 mm筛板。麦流先经上层2.5 mm筛,2.5 mm筛上物流入下层2.8 mm筛,分别为2.8 mm以上的麦粒和2.5 mm以上的麦粒,2.5 mm筛下物流入中层2.2 mm筛,分别为小粒麦和2.2 mm以上的麦粒。

三、具体操作流程

(1)设备检查:查看粉碎机内是否有杂质,磨盘、电线、其他附件是否正常,如果无异常,则准备粉碎。

(2)原料检查:麦芽粉碎前仔细检查麦芽外观质量,有无霉烂现象,大麦啤酒:大麦芽60 kg。特别注意:大麦芽应当即粉即用,不宜长时间保存,更不可过夜。

(3)润水:粉碎前,提前5~10 min,加入适量水湿润大麦表面,达到麦芽粉“破而不碎”的要求。

(4)粗细粒之比:在粉碎过程中,随时取样检查麦芽粉碎情况,根据麦芽粉的粗细,适当调整手轮和进料量,粗细比为1∶2.5。

(5)后处理:粉碎结束后,切断电源,回收内存物件,清理设备上的粉尘及地面卫生。

2.3　麦芽汁的糖化及过滤

一、糖化的目的与要求

糖化是指利用麦芽本身所含有的酶(或外加酶制剂)将麦芽和辅助原料中的不溶性高分

子物质(淀粉、蛋白质、半纤维素等)分解成可溶性的低分子物质(如糖类、糊精、氨基酸、肽类等)的过程,由此制得的溶液称为麦芽汁。麦芽汁中溶解与水的干物质称为浸出物,麦芽汁中的浸出物对原料中所有干物质的比称为无水浸出率。糖化的目的就是要将原料(包括麦芽和辅助原料)中的可溶性物质尽可能多地萃取出来,并且创造有利于各种酶的作用条件,使很多不溶性物质在酶的作用下变成可溶性物质而溶解出来,制成符合要求的麦芽汁,得到较高的麦芽汁收得率。

二、糖化时主要酶的作用

糖化过程中酶的来源主要为麦芽,有时为了补充酶活力的不足,也外加酶制剂。这些酶以水解酶为主,有淀粉酶(包括 α-淀粉酶、β-淀粉酶、界限糊精酶、R-酶、麦芽糖酶、蔗糖酶)、蛋白酶(包括内肽酶,羧基肽酶,氨基肽酶、二肽酶)、β-葡聚糖酶(内 β-1,4 葡聚糖酶、内 β-1,3 葡聚糖酶、β-葡聚糖溶解酶)和磷酸酶等。

(一)淀粉酶

1. α-淀粉酶

α-淀粉酶是对热较稳定、作用较迅速的液化型淀粉酶,可将淀粉分子链内的 α-1,4 葡萄糖苷键任意水解,但不能水解 α-1,6 葡萄糖苷键,其作用产物为含有 6~7 各单位的寡糖。作用直链淀粉时,生成麦芽糖、葡萄糖和小分子糊精;作用支链淀粉时,生成界限糊精、麦芽糖、葡萄糖和异麦芽糖。淀粉水解后,糊化醪的黏度迅速下降,碘反应迅速消失。

2. β-淀粉酶

β-淀粉酶是一种耐热性较差、作用较缓慢的糖化型淀粉酶。β-淀粉酶可从淀粉分子的非还原性末端的第二个 α-1,4 葡萄糖苷键开始水解,但不能水解 α-1,6 葡萄糖苷键,而能越过此键继续水解,生成较多的麦芽糖和少量的糊精。

3. R-酶

R-酶又称异淀粉酶,它能切开支链淀粉分支点上的 α-1,6 葡萄糖苷键,将侧链切下成为短链糊精、少量麦芽糖和麦芽三糖。此酶虽然没有成糖作用,却可协助 α-淀粉酶和 β-淀粉酶作用,促进成糖,提高发酵度。

4. 界限糊精酶

界限糊精酶能分解界限糊精中的 α-1,6 葡萄糖苷键,产生小分子的葡萄糖、麦芽糖、麦芽三糖和直链寡糖等。因为 α-淀粉酶和 β-淀粉酶不能分解界限糊精中的 α-1,6 葡萄糖苷键,所以界限糊精酶可以补充 α-淀粉酶和 β-淀粉酶分解的不足。

5. 蔗糖酶

蔗糖酶主要分解来自麦芽的蔗糖,产生葡萄糖和果糖。虽然其作用的最适温度低于淀粉分解酶,但在 62~67 ℃条件下仍具有活性。

(二)蛋白分解酶

蛋白分解酶是分解蛋白质和肽类的有效物质,其分解产物为脉、胨、多肽、低肽和氨基酸。其按分子量大小可分为高分子氮、中分子氮和低分子氮,所占比例的大小取决于分解温度的高低,并对啤酒的质量产生重要的影响。蛋白分解酶类主要包括内肽酶、羧肽酶、氨肽酶和二肽酶。

(三)β-葡聚糖酶

麦芽中β-葡聚糖酶的种类较多,但在糖化时最主要的是内切型β-葡聚糖酶和外切型β-葡聚糖酶。它是水解含有β-1,4葡萄糖苷键和β-1,3葡萄糖苷键的β-葡聚糖的一类酶的总称,可将黏度很高的β-葡聚糖降解,从而降低醪液的黏度,提高麦汁和啤酒的过滤性能及啤酒的风味稳定性。

三、过滤的目的

糖化结束后,应尽快地把麦汁和麦糟分开,以得到清亮和较高收得率的麦汁,避免影响半成品麦汁的色香味。麦糟中含有多酚物质,如果浸渍时间长,则会给麦汁带来不良的苦涩味和麦皮味,麦皮中的色素浸渍时间长,会增加麦汁的色泽,微小的蛋白质颗粒,可破坏泡沫的持久性。麦芽汁过滤分为两个阶段:首先对糖化醪过滤得到头号麦汁;其次对麦糟进行洗涤,用78～80 ℃的热水分2～3次将吸附在麦糟中的可溶性浸出物洗出,得到二滤和三滤洗涤麦汁。

四、麦汁过滤方法(过滤槽法)

过滤槽既是最古老的又是应用最普遍的一种麦汁过滤设备。过滤槽是一圆柱形容器,槽底装有开孔的筛板,过滤筛板即可支撑麦糟,又可构成过滤介质,醪液的液柱高度为1.5～2.0 m,以此作为静压力实现过滤。

利用过滤槽过滤麦芽汁,与其他过滤过程相同,筛分、滤层效应和深层过滤效应综合进行,其过滤速度受以下各种因素的影响。

(1)穿过滤层的压差:麦汁表面与滤板之间的压力差。压差大,过滤的推动力大,滤速快。

(2)滤层厚度:滤层厚,相对过滤阻力增大,滤速降低。它与投料量、过滤面积、麦芽粉碎的方法及粉碎度有关。

(3)滤层的渗透性:麦汁渗透性与原料组成、粉碎方式、粉碎度及糖化方法有关。渗透性小,阻力大,会影响过滤速度。

(4)麦汁黏度:麦汁黏度与麦芽溶解情况、醪液浓度及糖化温度有关。麦芽溶解不良,胚乳细胞壁的β-葡聚糖、戊聚糖分解不完全,醪液黏度大。温度低、浓度高,黏度亦大。如果过大则会造成过滤困难。相反,如果浓度低,温度高,则黏度低。

(5)过滤面积:相同质量的麦汁,过滤面积越大,过滤所需时间越短,过滤速度越快。反之,所需时间越长,过滤速度越慢。

五、具体操作规程

(一)麦芽糖化操作流程

(1)检查设备:检查煮沸锅、过滤槽(小型设备糖化,煮沸为一体锅)、管件、阀门、仪表及水、电气供应是否异常,若无异常,则清洗干净,准备投料。

(2)制备投料水:在煮沸锅中加自来水300 kg开始加热,在电加热过程中要开启旋涡阀和麦汁泵3～5 min,以便混合均匀,升温至68 ℃后停止加热;打开有关阀门,启动麦汁泵,将投料水自过滤槽底部泵入176 kg。

(3)投料55 ℃:先启动过滤槽搅拌,将大麦芽投入过滤槽内,搅拌均匀后停止搅拌,开始计时。

(4)杀菌:煮沸锅内继续加水至300 kg,开始加热,升温至80 ℃以上后停止加热,将麦芽汁管路和换热器麦汁出口及糖化管路的杀菌循环口连接,启动麦汁泵,控制泵的流量,防止形成旋涡;循环杀菌20 min,杀菌时稍微打开充氧阀,对充氧管同时杀菌;杀菌结束,关闭阀门。

(5)制备兑醪水:煮沸锅内升温至100 ℃,停止加热;开启有关阀门,准备兑醪。

(6)兑醪66 ℃(淀粉糖化):启动过滤槽进行搅拌,把醪液搅起,搅拌的同时把100 ℃的热水从过滤槽底部泵入,兑醪温至66 ℃后停止进水。

(7)清洗煮沸锅:打开排污阀,将煮沸锅内的残余热水倒掉,用清水清洗掉锅内的水垢等污物后,关闭所有阀门,等待煮沸。

(8)静置:糖化结束,启动过滤槽搅拌5～8 min,待醪液均匀后,静置10～15 min,等待回流过滤。

(二)麦汁过滤操作流程

(1)麦汁回流:注意静止时间,要及时回流,开启有关阀门,将麦汁在过滤槽系统内回流5～10 min,观察槽内麦汁清亮后,切换回流阀到过滤阀,将麦汁泵入煮沸锅。

(2)测头遍麦汁:过滤20 min后,取样原麦汁,测浓度。

① 热麦汁处理:从煮沸锅内取一测量筒麦汁,慢慢将其放入事先备好的自来水的筒内,降温至30 ℃以下,摇匀,放稳。

② 糖度测量:取量程为0～20 BX的糖度表一只,将有水银包的一端慢慢插入,接近预计读数值时再松手,5 min后读取麦汁凹液面处糖度表的数值。轻轻取糖度表,检查表上麦芽汁温度值,对应查出糖度修正值,获得麦汁浓度值,糖度计要轻拿轻放,用后用清水冲洗干净,擦干,妥善保管。

(3)洗槽:原麦汁过滤至将近露出槽面时进行洗槽,依据原麦汁浓度估算洗槽水量,加水洗槽,一般洗槽2～3次。

(4)混合浓度:洗槽1～2次,混合麦汁浓度达到9.0～9.5 BX时,停止过滤,排槽,清洗过滤槽。

2.4 麦芽汁的灭菌及入灌

一、麦芽汁煮沸灭菌的目的与作用

糖化后的麦汁必须经过强烈的煮沸,并加入酒花制品,成为符合啤酒质量要求的定型麦汁。

(1)蒸发多余水分,使混合麦汁通过煮沸、蒸发、浓缩到规定的浓度。

(2)破坏全部酶的活性,防止残余的α-淀粉酶继续作用,稳定麦汁的组成成分。

(3)通过煮沸,消灭麦汁中存在的各种有害微生物,保证最终产品的质量。

(4)浸出酒花中的有效成分(软树脂、单宁物质、芳香成分等),赋予麦汁独特的苦味和香味,提高麦汁的生物稳定性和非生物稳定性。

(5)使高分子蛋白质变性和凝固析出,提高啤酒的非生物稳定性。

(6)降低麦汁的 pH,麦汁煮沸时,水中钙离子和麦芽中的磷酸盐起反应,使麦芽汁的 pH 降低,利于球蛋白的析出和成品啤酒 pH 的降低,对啤酒的生物稳定性和非生物稳定性的提高有利。

(7)还原物质的形成,在煮沸过程中,麦汁色泽逐步加深,形成一些成分复杂的还原物质,如类黑素等,对啤酒的泡沫性能及啤酒的风味稳定性和非生物稳定性的提高有利。

(8)挥发出不良气味,把具有不良气味的碳氢化合物,如香叶烯等随水蒸气的挥发而逸出,提高麦汁质量。

二、麦芽汁煮沸过程中的变化

1. 水分蒸发

麦汁经过煮沸使水分蒸发,麦汁浓度亦随之增大。蒸发的快慢与麦汁的煮沸强度有关,煮沸强度大,水分蒸发就快,反之就慢。此外,蒸发的快慢还与煮沸时间有关,煮沸时间长,说明洗糟水使用量大,需要蒸发的水分多,在一定煮沸强度下,意味着消耗的热能多,尽管洗糟水多会在一定程度上提高浸出物收得率,但并不经济,这是需要认真考虑的问题。一般啤酒厂家将混合麦汁浓度控制在低于终了麦汁浓度的2%～3%。

2. 蛋白质的凝聚析出

蛋白质的凝聚是麦汁在煮沸过程中最重要的变化。蛋白质的凝聚质量直接影响麦汁的组成,进而影响酵母发酵及啤酒的口味、醇厚性和稳定性。蛋白质的凝聚可分为蛋白质的变性和变性蛋白质的凝聚两个过程。麦汁中的蛋白质在未经煮沸前,外围包有水合层,有秩序地排列着,具有胶体性质,处于一定的稳定状态。当麦汁被煮沸时,由于温度、pH、多元酚和多价离子的作用,蛋白质外围失去了水合层,由有秩序状态变为无秩序状态,仅靠自身的电荷维持其不稳定的胶体状态。当带正电荷的蛋白质与带负电荷的蛋白质相遇时,两者聚合,先以细小的形式,继而不断增大而沉淀出来,使麦汁中的可凝固性蛋白质变性并凝聚析出。

3. 麦汁酸度增加

煮沸时形成的类黑素和从酒花中溶出的苦味酸等酸性物质,以及磷酸盐的分离和 Ca^{2+}、Mg^{2+} 的增酸作用,使麦汁的酸度上升,pH 下降,其下降幅度与麦芽溶解度、麦芽焙焦温度及酿造用水有关,一般下降幅度为0.1～0.2。pH 的降低,有利于丹宁蛋白质复合物的析出,可使麦汁色度上升,使酒花苦味更细腻、纯正,它有利于酵母的生长,但会使酒花苦味的利用率降低。

4. 灭菌、灭酶

在糖化过程中,一些细菌会进入麦汁中,如果不杀灭这些细菌,一旦进入发酵罐会使麦汁变酸,麦汁煮沸过程可以杀灭麦汁中残留的所有微生物。

5. 还原物质的形成

麦汁在煮沸过程中,生成了大量还原性物质,如类黑素、还原酮等。还原物质的生成量与煮沸时间成正相关增加。因为还原性物质能与氧结合而防止氧化，所以对保护啤酒的非生物稳定性起着重要的作用。

6. 酒花组分的溶解和转变

酒花中含有酒花树脂、酒花苦味物质、酒花油和酒花多酚物质。α-酸通过煮沸被异构化，形成异α-酸，而比α-酸更易溶解于水，煮沸时间越长，α-酸异构化得率越高。β-酸在麦汁煮沸时部分溶解于麦汁中，溶解度及苦味力均较α-酸弱，但其氧化产物赋予啤酒以可口的香气。酒花油的溶解性很小、挥发性很强，在煮沸的初期就有80%以上的酒花油损失，煮沸时间越长，酒花油挥发量就越大。为使酒花油发挥作用，一般在麦汁煮沸结束前15～20 min加入酒花油或香型酒花。

三、具体操作规程

1. 糖化锅内麦汁煮沸操作流程

(1)加热：过滤麦汁盖加热夹套或电热管后，开始加热升温，电加热过程中每隔10 min打开旋涡阀，开启麦汁泵1～2 min。

(2)麦汁煮沸：麦汁煮沸时开始计时，煮沸时间为60 min，麦汁始终处于沸腾状态，控制麦汁沸腾浓度，9.5～10.5 BX，若在规定时间内未达到9.5 BX，则可适当延时。

(3)添加酒花：麦汁煮沸开锅5 min和沸终前5 min，分别添加苦型和香型酒花，加量分别为120g和60g。

2. 糖化锅内麦汁旋涡沉淀操作规程

开启煮沸锅回旋管路及各阀门，将麦汁在煮沸锅内打旋3～5 min，静置沉淀30 min，然后排掉热凝固物，进行麦汁冷却。

3. 麦汁的冷却

(1)检查：检查换热器管件、阀门、仪表及冰水、自来水、氧气供应是否正常。

(2)冷却：依次开启自来水、冰水阀和冰水泵，然后开启麦汁阀、麦汁泵、氧气阀，进行麦汁冷却。

(3)排残留洗液：麦汁冷却初期，必须用麦汁将换热器内的残留洗液完全顶出后，方可将麦汁通过发酵罐。

(4)充氧：麦汁冷却的同时，对麦汁进行不间断充氧，剂量为麦汁量的1～2倍。

(5)回收：麦汁冷却完毕，用氧气把管道中的麦汁顶入发酵罐，关闭发酵罐物料阀。然后，用水冲洗糖化锅、过滤槽及所用管路、换热器10 min。

4. 冰水罐操作

(1)检查：制冷机安装完毕，试机，正常运转后进行下一步工作。

(2)洗罐：打开罐底排污阀，用软管引自来水将罐内壁、蒸发器清洗干净，排净污水后，关闭排污阀。

(3)加冷媒：选择工业酒精或食用酒精(不得含Cl^-)，用自来水稀释到25%浓度，液位高度为蒸发器最上层铜管。

(4)控温：冰水泵控制开关推到“自动”位置，温度设定为(−6±0.2)℃，启动制冷机控制开关。

2.5　啤酒发酵后处理

一、啤酒发酵的基本理论

冷麦汁接种啤酒酵母后，发酵即开始进行。啤酒发酵是在啤酒酵母体内所含的一系列酶类的作用下，以麦汁所含的可发酵性营养物质为底物而进行的一系列生物化学反应。通过新陈代谢最终得到一定量的酵母菌体和乙醇、CO_2 及少量的代谢副产物，如高级醇、酯类、连二酮类、醛类、酸类和含硫化合物等发酵产物。这些发酵产物影响到啤酒的风味、泡沫性能、色泽、非生物稳定性等理化指标，并形成啤酒的典型性。啤酒发酵分为主发酵（旺盛发酵）和后熟两个阶段。在主发酵阶段，进行酵母的适当繁殖和大部分可发酵性糖的分解，同时形成主要的代谢产物乙醇和高级醇、醛类、双乙酰及其前驱物质等代谢副产物。后熟阶段主要进行双乙酰的还原使酒成熟、完成残糖的继续发酵和 CO_2 的饱和，使啤酒口味清爽，并促进啤酒的澄清。

（一）发酵主产物——乙醇的合成途径

麦汁中可发酵性糖主要是麦芽糖，还有少量的葡萄糖、果糖、蔗糖、麦芽三糖等。单糖可直接被酵母吸收而转化为乙醇，寡糖则只有分解为单糖后才能被发酵。由麦芽糖生物合成乙醇的生物途径如下。

总反应式为

$$1/2C_{12}H_{22}O_{12}+1/2H_2O \rightarrow C_6H_{12}O_6+2ADP+2Pi \rightarrow 2C_2H_5OH+2CO_2+2ATP+226.09KJ$$

理论上每 100 g 葡萄糖发酵后可以生成 51.14 g 乙醇和 48.86 g CO_2。实际上，只有 96%的糖发酵为乙醇和 CO_2，2.5%生成其他代谢副产物，1.5%用于合成菌体。发酵过程是糖的分解代谢过程，是放能反应。每 1 mol 葡萄糖发酵后释放的总能量为 226.09 mol，其中有 61 mol 以 ATP 的形式贮存下来，其余以热的形式释放出来，因此发酵过程中必须及时冷却，避免发酵温度过高。葡萄糖的乙醇发酵过程共有 12 步生物化学反应，具体可分为以下四个阶段。

第一阶段：葡萄糖磷酸化生成己糖磷酸酯。

第二阶段：磷酸己糖分裂为两个磷酸丙酮。

第三阶段：3-磷酸甘油醛生成丙酮酸。

第四阶段：丙酮酸生成乙醇。

（二）发酵过程的物质变化

1. 糖类的发酵

麦芽汁中糖类成分占 90%左右，其中葡萄糖、果糖、蔗糖、麦芽糖、麦芽三糖和棉子糖等称为可发酵性糖，为啤酒酵母的主要碳素营养物质。麦芽汁中麦芽四糖以上的寡糖、戊糖、异麦芽糖等不能被酵母利用称为非发酵性糖。啤酒酵母对糖的发酵顺序为葡萄糖>果糖>蔗糖>麦芽糖>麦芽三糖。葡萄糖、果糖可以直接透过酵母细胞壁，并受到磷酸化酶作用而被磷酸化。蔗糖只有被酵母产生的转化酶水解为葡萄糖和果糖后才能进入细胞内。麦芽糖和麦芽三糖只有通过麦芽糖渗透酶和麦芽三糖渗透酶的作用输送到酵母体内，再经过水解才能被利用。当麦汁中葡萄糖质量分数在0.2%～0.5%时，葡萄糖就会抑制酵母分泌麦芽糖渗透酶，从而抑制麦芽糖的发酵，当葡萄糖质量分数降到0.2%以下时抑制才被解除，麦芽糖才开始发酵。此外，麦芽三糖渗透酶也受到麦芽糖的阻遏作用，麦芽糖质量分数在1%以上时，麦芽三糖也不能发酵。不同菌种分泌麦芽三糖渗透酶的能力不同，在同样麦芽汁和发酵条件下发酵度也不相同。

啤酒酵母在含一定溶解氧的冷麦汁中进行以下两种代谢，总反应式为

有氧下：

$$C_6H_{12}O_6+6O_2+38ADP+38Pi \rightarrow 6H_2O+6CO_2+38ATP+281KJ$$

无氧下：

$$1/2C_{12}H_{22}O_{12}+1/2H_2O \rightarrow C_6H_{12}O_6+2ADP+2Pi \rightarrow 2C_2H_5OH+2CO_2+2ATP+226.09KJ$$

啤酒酵母对糖的发酵都是通过EMP途径生成丙酮酸后，进入有氧TCA循环或无氧分解途径。酵母在有氧下经过TCA循环可以获得更多的生物能，此时无氧发酵被抑制，称为巴斯德效应。但在葡萄糖(含果糖)质量分数在0.4%～1.0%时，氧的存在并不能抑制发酵，有氧呼吸却大受抑制，称为反巴斯德效应。实际酵母接入麦汁后主要进行的是无氧酵解途径(发酵)，少量为有氧呼吸代谢。

2. 含氮物质的转化

麦芽汁中的α-氨基氮含量和氨基酸组成对酵母和啤酒发酵有重要影响，酵母的生长和繁殖需要吸收麦汁中的氨基酸、短肽、氨、嘌呤、嘧啶等可同化性含氮物质。啤酒酵母接入冷麦汁后，在有氧存在的情况下通过吸收麦汁中的低分子含氮物质，如氨基酸、二肽、三肽等用于合成酵母细胞蛋白质、核酸等，进行细胞的繁殖。酵母对氨基酸的吸收情况与对糖的吸收相似，发酵初期只有A组八种氨基酸(天冬酰氨、丝氨酸、苏氨酸、赖氨酸、精氨酸、天冬氨酸、谷氨酸、谷酰氨)很快被吸收，其他氨基酸缓慢吸收或不被吸收。只有上述八种氨基酸浓度下降50%以上时，其他氨基酸才能被输送到细胞内。当合成细胞时需要八种氨基酸以外的氨基酸时，细胞外的氨基酸不能被输送到细胞内，这时酵母就通过生物合成所需的氨基酸。麦汁中含氮物质的含量及所含氨基酸的种类、比例不同对酵母的生长、繁殖和代谢副产物高级醇、双乙酰等的形成都有很大影响。一般情况下，麦汁中含氮物质占浸出物的4%～6%，含氮量800～1 000 mg/L左右，α-氨基氮含量为150～210 mg/L左右。在啤酒发酵过程中，含氮物质约下降1/3，主要是部分低分子氮(α-氨基氮)被酵母同化用于合成酵母细胞，另外有部分蛋白质由于pH和温度的下降而沉淀，少量蛋白质被酵母细胞吸附。发酵后期，酵母细胞向发酵液分泌多余的氨基酸，使酵母衰老和死亡，衰老或死亡的细胞中的蛋白酶被活化后，分解细胞蛋白质形成多肽，通过被适当水解的细胞壁进入发酵液，此现象称为酵母自溶，其对啤酒风味有较大影响，会造成“酵母臭”。

3. 其他变化

在发酵过程中，麦芽汁的含氧量越高，酵母的繁殖越旺盛，酵母表面及泡盖中吸附的苦味物质就越多。有30%～40%的苦味物质在发酵过程中损失。另外，啤酒的色度随着发酵液pH的下降，溶于麦汁中的色素物质被凝固析出，单宁与蛋白质的复合物及酒花树脂等吸

附于泡盖、冷凝固物或酵母细胞表面，使啤酒的色度也有所下降。此外，啤酒酵母在整个代谢过程中将不断产生 CO_2，一部分以吸附、溶解和化合状态存在于酒液中，另一部分 CO_2 被回收或逸出罐外，最终成品啤酒的 CO_2 质量分数为 0.5%左右。从总体来看，CO_2 在酒液中的产生、饱和及逸出等变化，对提高啤酒质量是具有重要作用的。具体的情况将在后续的相关内容中再做介绍。

二、具体操作规程

1. 检查

检查发酵罐管件、阀门、仪表及冰水、氧气供应是否正常，如果无异常则准备洗涤、进料。

2. 洗涤(4 步法)

(1)水洗：发酵罐进料前，先用自来水间歇冲洗 15 min。

(2)火碱洗：排净残留水后，用 45～50 ℃、浓度 5%的火碱溶液循环清洗 20 min(碱液浓度降低时要及时补充)，循环完毕，回收碱液。CIP 碱罐添加比例：每 100 L 水加纯碱 5.2 kg 溶解后加热升温至 45～50 ℃，无加热装置时使用糖化锅热水。

(3)水洗：排净残留碱液后，再用自来水间歇冲洗 15 min。

(4)双氧水洗：排净残留水后，再用浓度 0.5%的双氧水循环清洗 20 min，将罐内残余双氧水排放干净，关闭排气阀、进出料阀和出酒阀。

注意：洗涤期间，必须打开出酒阀；发酵罐洗涤禁止用热水、次氯酸、氯气等含有 Cl^- 的消毒剂杀菌。

3. 接种

发酵罐进麦汁前，先加酵母泥，剂量为麦汁量的 1%(干酵母为 0.1%)。

特别注意：使用干酵母，必须在麦汁冷却前 30 min 活化完毕，活化器具必须用开水或双氧水严格消毒，确保无菌，并封闭。

4. 充氧

麦汁在冷却过程中，必须从换热器充氧口不断充氧。罐内压力始终保持 0.03 MPa 至封罐。

5. 排杂

投料后第二天排冷凝固物，慢开物料阀，杂质排出即可。

6. 测糖

投料后第二天取样测糖(至封罐前每天必测)。

(1)处理发酵液：先排出酒管内杂质，取一测量筒发酵液，用两杯子反复倾倒 100 次(杯间距不低于 50 cm)，倒入测量筒，放稳。

(2)测量糖度：取一支量程为 0～10 BX 的糖度表，将有水银包的一端慢慢插入麦汁，其他同原麦汁浓度“B 糖度测量”法。

7. 前发酵

(1)酵母泥：大麦啤酒保持温度(9.0±0.2) ℃、压力 0～0.03 MPa 至封罐，时间为 3～4 天，小麦酒保持温度(13.0±0.2) ℃、24 h 后升至 18 ℃、压力 0～0.03 MPa 至封罐，时间为 2～3 天。

(2)干酵母:大麦酒接种温度[11.0～(12.0±0.2)]℃,发酵温度保持温度(11±0.2)℃、压力0.01至封罐,时间为3～4天;小麦酒保持温度(18.0±0.2)℃、压力0～0.03 MPa至封罐,时间为2～3天。

8. 封罐

(1)大麦啤酒:糖度降到(4.2±0.2) BX时,自然升温至12℃并保持,同时封罐、压力升至0.14 MPa并保持,时间为4天。

(2)小麦啤酒:糖度降到(4.2±0.2) BX时,保持18℃,同时封罐、升压至0.14 MPa,并保持,时间为4天。

(3)检查双乙酰:封罐3～4天后,取样品尝,若无明显的双乙酰味,则可降温;若有明显的双乙酰味,则可推迟1～3天降温。

特别注意:若发酵罐内压力降低,可充CO_2至0.14 MPa,充CO_2前,必须用75%的酒精擦洗、杀菌所用充气头、软管、阀门。

9. 后发酵(贮酒)

还原结束后,应当在24 h内按规定降温至0℃(表温2℃)并保持,同时保持罐内压力0.14 MPa,时间:大麦啤酒3～5天,小麦啤酒1～3天。

特别注意:降温规定,在贮酒过程中,以0.5～0.7℃/h的速率降温;5℃以后,以0.1～0.3℃/h的速率降温至0℃(表温2℃)。

10. 酵母处理

啤酒降至2℃时,酵母可回收使用。使用前,将最先排出的约1 L酵母排放地沟,酵母的使用袋数不超过6袋;储酒时间超过1周时,每天排放酵母1次。若不使用酵母,则啤酒降至2℃时应排掉。

11. 发酵罐的自动控制

(1)温度:按照上述3～9项的工艺要求,和XMT、AL-501T、PCL操作规程的要求设定。

(2)压力:按照工艺要求,及时将电接点压力表上下限设置到规定值。

三、作业

(1)完成实验记录与分析。

(2)结合啤酒的酿造实训,写一篇不少300字的心得体会。

实验3 酱油酿造综合实训

一、实验目的

(1)了解传统酱油的发酵机理。

(2)学习酱油种曲的培养和发酵工艺及其操作管理。

(3)学习并掌握各项控制指标的检测原理和方法。

二、实验原理

酱油起源于中国，是我国的传统调味品。酱油是以大豆和小麦为主要原料，经过微生物酶解作用，发酵生成多种酸、醇、糖、酚、氨基酸等，并以这些物质为基础，再经过复杂的生物化学变化，形成的具有特殊色泽、香气、滋味和体态的调味液。

三、实验器材

1. 材料

豆粕、麸皮、酱油曲精、食盐等。

2. 仪器

混料盘(盆)、曲盒(竹制或木制)、不锈钢罐(1 500 mL)高压灭菌锅、电热鼓风干燥箱、恒湿恒温培养箱、分光光度计、酸度计、离心机、天平、电炉等。

四、实验步骤

(一)操作方法

1. 工艺流程

原料处理→混合→润水→蒸料→玲却→大曲制作→接种酱油曲精→控温→培养→成曲→发酵管理→拌盐水制醪→控温发酵→成品加工→酱醅→浸出→灭菌→成品勾兑→沉淀过滤→包装。

2. 原料处理

(1)原料配比：豆粕∶麦麸为6∶4，原料加水比为1∶1.2，称取豆粕1 200 g，麦麸800 g，水2 400 mL。

(2)原料润水：在豆粕中加入70～80 ℃热水拌匀，焖25 min后加麦麸充分拌匀后再焖15 min。

(3)高压蒸煮：将原料装入布袋后放入高压锅内，升温加压蒸煮，充分排气，压力升至0.1MPa(视料的多少待定)保持35min，自然降压。取出后装于不锈钢罐中冷却。熟料要求：香气纯正，呈浅黄色，疏松不粘手，水分控制在48%～50%。

3. 接种制曲

(1)曲精接种：待熟料品温冷却至30～32 ℃(冬季35 ℃)，以投料量1%的麦麸先干蒸消毒后冷却至35 ℃以下，按原料0.03%的比例加入酱油曲精；将酱油曲精与麸皮充分拌匀，而后迅速接入冷却的熟料中搓拌均匀，装盒呈堆积状；在料的中部插一支温度计(因涉及制曲的质量，此道工序必须严密快速)，用蒸煮后的布袋覆盖，入恒湿恒温培养箱30 ℃培养。

(2)大曲培养：堆积保温使酱油米曲霉孢子快速发芽，4～6 h后料温开始呈逐渐升高的趋势，待品温升至36 ℃进行第一次翻曲，即将匾中曲料搓散，散热；继续摊平培养6 h后，进行第二次翻曲，至曲料接近干燥。有黄色孢子包裹曲料时，成曲培养成功。将曲料摊平，其厚度为4～5 cm(此时要注意保潮，环境湿度最好在85%以上)，继续培养，记录每小时的温度变化。

(3)翻曲控制：当培养至12 h左右，曲料上生出许多小白点且品温已达36 ℃时，进行第一次翻曲，即将盒中曲料搓散(以达到散热和均匀的目的)；继续摊平培养，每 30 min 记录一次品温变化，控制品温在 36 ℃以下、湿度 85%以上，温度高时，采取敞门或调换曲盒的位置的方法，以达到及时降温的目的；待 6 h 后进行第二次翻曲，操作和管理与第一次翻曲等同。直至曲料表面明显出现裂痕，曲料疏松，菌丝密集，孢子呈黄绿色则培养结束。分析成曲蛋白酶的活力，每克(干基)不得低于 1 500 单位(Folin 法)、水分 26%～33%。

4. 制醅发酵

(1)酱醅制作：在成曲中加入 12°Be 左右、50 ℃的热盐水，加入量占原料总量的 65%左右，最终以酱醅含水量为 52%～53%、食盐含量为 6%～7%为宜。将翻拌均匀的醅料装入 2 L的不锈钢罐中，然后在醅料表面加盖两层保鲜膜，其边缘缝隙压盖一些食盐(以防止氧化和细菌的侵入)，放入恒温箱中密闭发酵。

(2)控温发酵：在恒温箱(43±1) ℃中密闭发酵，待发酵 15 天时倒罐一次(或充分搅拌均匀)；然后盖好保鲜膜与封口盐，放入 46 ℃恒温箱中继续发酵 7 天，补加浓盐水，均匀倒入上层使酱醅含盐量达 15%，同时放入 30 ℃恒温箱中再经 8 天酱醅成熟。

(3)酱油浸出：采用三套循环淋油法，将水加热至 70～80 ℃，注入成熟酱醅中，加入数量一般为豆料用量的 5 倍。温度保持在 55～60 ℃，浸泡 20 h，滤出头油调节含盐量在 16%以上；向头渣中加入 80～85 ℃的热水，浸泡 8～12 h，滤出二油；再用热水浸泡酱渣 2 h，滤出三油。二油、三油用于下一批的浸醅提油。

(4)加热及配制：将滤出的油加热至 65～70 ℃维持 30 min，并按照国家标准或根据不同需要进行配制。

酱油的配制主要控制产品的全氮、氨基酸、无盐固形物三项理化指标。氨基酸生成率的计算公式为

$$\text{氨基酸生成率}(\%)=\text{氨基酸态氮含量}/\text{全氮含量}\times 100\%$$

(5)沉淀过滤：经过加热杀菌及配兑合格的酱油成品进行静置澄清，其时间一般应不少于 7 天。对澄清后的酱油进行分析、成品包装。

(二)分析方法

1. 熟料水分的测定

取洁净的蒸发皿，内加 10.0 g 海砂及一根小玻璃棒，置于 95～105 ℃干燥箱中，干燥 0.5～1.0 h 后取出，放入干燥器内冷却 0.5 h 后称量，并重复干燥至质量恒定。然后精密称取 5～10 g 样品，置于蒸发皿中，用小玻璃棒搅匀放在沸水浴上蒸干，并随时搅拌，擦去皿底的水滴，置于 95～105 ℃干燥箱中干燥 4 h 后盖好取出，放入干燥器内冷却 0.5 h 后称量，再放入 95～105 ℃干燥箱中干燥 1 h 左右至质量恒定后，以下依法操作。

2. 大曲蛋白酶活力的测定

酶液的制备：准确称取 2 g 曲料，用蒸馏水定容至 100 mL，置于 40 ℃水浴中浸提 30 min，用纱布过滤，以下按照 Folin 法操作。

3. 酱醅中全氮含量的测定

称取约 0.50 g 已研磨均匀的样品置于烧杯中，加入 50 mL 水，充分搅拌(必要时加热)，移入 100 mL 容量瓶中，用少量水分次洗涤烧杯，洗液并入容量瓶中，并加水至刻度，混匀。吸取

试样 2.00 mL 于干燥的定氮瓶中,以下按照 GB 18186—2000《酿造酱油》中的方法操作。

4. 酱醅中氨基酸态氮含量的测定

吸取上述稀释液 10.0 mL,置于 200 mL 烧杯中,加入 60 mL 水,以下按照 GB/T 5009.39—2003《酱油卫生标准的分析方法》中的方法操作。

5. 酱醅中食盐含量的测定

吸取 2.00 mL 稀释液(吸取 5.0 mL 样品,置于 200 mL 容量瓶中,加水至刻度,摇匀)于 250 mL 锥形瓶中,加入 100 mL 水及 1 mL 铬酸钾溶液,混匀。在白色瓷砖的背景下用 0.1 mol/L硝酸银标准溶液滴定至初显橘红色。同时做空白试验。

6. 酱醅中可溶性无盐固形物含量的测定

吸取上述稀释液 5.00 mL 置于已烘至质量恒定的称量瓶中,移入(103±2) ℃电热恒温干燥箱中,将瓶盖斜置于瓶边。4 h 后,将瓶盖盖好,取出,移入干燥器内,冷却至室温(约需 0.5 h),称量;再烘 0.5 h,冷却,称量,直至两次称量差不超过 1 mg,即质量恒定。所得质量为酱醋中的总固形物含量,减掉酱醅中的食盐含量,即得到酱醅中的无盐固形物含量值。

(三)样品评价

1. 感官指标

样品呈鲜艳的深红褐色,有光泽;酱香浓郁,无不良气味;滋味鲜美醇厚,咸味适口;体态澄清。

2. 理化指标

可溶性无盐固形物≥20.00 g/100 mL,全氮(以氮计)≥1.60 g/100 mL,氨基酸态氮(以氮计)含量≥0.80 g/100 mL。

3. 评价方法

按照 GB 18186—2000《酿造酱油》中的方法操作。

酿造酱油的感官特性见表 2-1-6。

表 2-1-6　酿造酱油的感官特性

项目	要求							
	高盐稀态发酵酱油(含固稀发酵酱油)				低盐固态发酵酱油			
	特级	一级	二级	三级	特级	一级	二级	三级
色泽	红褐色或浅红褐色,色泽鲜艳,有光泽		红褐色或浅红褐色		鲜艳的深红褐色,有光泽	红褐色或棕褐色,有光泽	红褐色或棕褐色	棕褐色
香气	浓郁的酱香及酯香气	较浓的酱香及酯香气	有酱香及酯香气		酱香浓郁,无不良气味	酱香较浓,无不良气味	有酱香,无不良气味	微有酱香,无不良气味
滋味	味鲜美、醇厚、鲜、咸、甜适口		味鲜,咸、甜适口	鲜咸适口	味鲜美,醇厚,咸味适口	味鲜美,咸味适口	味较鲜,咸味适口	鲜咸适口
体态	澄清							

酿造酱油的理化性质：可溶性无盐固形物、全氮、氨基酸态氮应符合表 2-1-7 的规定。

表 2-1-7　酿造酱油的理化性质

项目	指标							
	高盐稀态发酵酱油（含固稀发酵酱油）				低盐固态发酵酱油			
	特级	一级	二级	三级	特级	一级	二级	三级
可溶性无盐固形物，g/100 mL≥	15.00	13.00	10.00	8.00	20.00	18.00	15.00	10.00
全氮（以氮计），g/100 mL≥	1.50	1.30	1.00	0.70	1.60	1.40	1.20	0.80
氨基酸态氮（以氮计），g/100 mL≥	0.80	0.70	0.55	0.40	0.80	0.70	0.60	0.40

五、实验结果

表 2-1-8　大曲培养记录

时间/h	品温/℃	中性蛋白酶酶活力/（U/mL）	水分含量/（g/100 g）	签名
0				
8	8 h 后每小时测定一次品温	8 h 后每 4 h 测定一次中性蛋白酶酶活力	8 h 后每 4 h 测定一次水分	每次测定后都要签字
…				
28				

表 2-1-9　酱油发酵记录

时间/d	水分含量/（g/100 g）	全氮	氨基酸态氮含量/（g/100 g）	可溶性无盐固形物含量/（g/100 g）	签名
0					
4					
7					
10					
15					
20					

六、作业

（1）如何评价本实验的酱油质量？

（2）一级酱油的出品率可达到多少？

(3)在酱油制作过程中,主要参与发酵的微生物有哪些？分别有什么作用？

(4)低盐固态酿造酱油工艺的特点是什么？

参考文献：

[1] 吴根福,发酵工程实验指导[M].2版.北京:高等教育出版社,2013.

[2] 刘金锋,杨革.发酵工程与设备实验实训[M].北京:化学工业出版社,2018.

[3] 姜伟,曹云鹤.发酵工程实验教程[M].北京:科学出版社,2016.

第2章 生物制剂综合实训

实验1 分子生物技术综合实训

实验1.1 总蛋白质相对分子质量的测定 ——SDS-聚丙烯酰胺凝胶电泳法

一、实验目的

(1)学会SDS-聚丙烯酰胺凝胶电泳法原理。
(2)掌握用SDS-聚丙烯酰胺凝胶电泳法测定蛋白质相对分子质量的操作技术。

二、实验原理

聚丙烯酰胺凝胶电泳是以聚丙烯酰胺凝胶为载体的一种区带电泳。该凝胶由丙烯酰胺(acr)和交联剂N,N-甲叉双丙烯聚酰胺(bis)聚合而成。聚丙烯酰胺凝胶电泳利用电泳和分子筛的双重作用分离物质。arc和bis单独存在或混合在一起时是稳定的,但在具有自由基团体系时就能聚合。引发自由基团的方法有化学法和光化学法两种。化学法的引发剂是过硫酸铵Ap,催化剂是四甲基乙二胺(TEMED);光化学法是以光敏感物核黄素来代替过硫酸铵,在紫外光照射下引发自由基团。采用不同浓度的arc、bis、Ap、TEMED使之聚合,(产生不同孔径的凝胶,因此可以按分离物质的大小、形状来选择凝胶浓度。聚丙烯酰胺凝胶电泳(PAGE)有圆盘(disc)和垂直板(vertical slab)型之分,但两者的原理完全相同。由于垂直板型具有板薄、冷却、分辨率高、操作简单、便于比较和扫描等优点,因而为大多数实验室采用。

十二烷基硫酸钠(SDS)是一种阴离子表面活性剂,加入电泳系统中能使蛋白质的氢键、疏水键打开,并结合到蛋白质分子上(在一定条件下,大多数蛋白质与SDS的结合比为1.4g SDS/1g蛋白质),使各种蛋白质:SDS复合物都带上了相同密度的负电荷,其数量远远超过蛋白质分子原有的电荷量,从而掩盖了不同种类蛋白质原有的电荷差别。这样就使电泳迁移率只取决于分子大小这一因素,于是根据标准蛋白质相对分子质量的对数和迁移率所绘制的标准曲线,可求得未知物的相对分子质量。

三、实验试剂与材料

(1)30% Arc-Bis贮存液:30 g Arc,0.8 g Bis,用去离子水定容到100 mL,过滤除去不

溶性物质，将其用棕色瓶储存放置在4℃冰箱中。

(2)Tris－HCL 1.0M pH＝6.8、Tris－HCL 1.5M pH＝8.8。

(3)10%过硫酸铵溶液；

(4)TEMED(商品试剂)。

(5)2×SampLe Loading Buffer：1.52 g Tris，甘油20 mL，SDS 2.0 g，2.0 mL 2－巯基乙醇，1 mg溴酚蓝，用1MHCI调节pH至6.8，加蒸馏水稀释到100 mL。

(6)电泳缓冲液(Tris－Glycine缓冲液)：Tris 6.0 g，甘氨酸28.8 g，SDS1.0 g，用去离子水溶解加入盐酸调节pH＝8.3，再定容至1L。

(7)考马斯亮蓝染色液：0.25 g考马斯亮蓝R－250，加入454 mL 50%甲醇溶液(用乙醇溶液替代)和46 mL冰醋酸。

(8)脱色液：75 mL冰醋酸、875 mL水和50 mL甲醇混匀。

(9)Protein Marker：PageRuLer Prestained Protein Ladder。

(10)牛血清白蛋白(BSA)，相对分子质量69.293 kDa。

四、实验步骤与结果记录

(一)、安装垂直电泳槽

(1)将厚玻璃板和薄玻璃板洗净，将薄玻璃板与厚玻璃板对齐，放置在固定夹中，在桌面上对齐玻璃板下端，然后锁定固定夹。

(2)将固定夹整体放置于制胶架的胶条上，确保薄玻璃板朝外胶条干净无尘，制胶架保持水平，厚玻璃板上端用夹子压紧。向玻璃板缝隙中注入1 mL左右去离子水，检查是否漏液，液面是否水平。若无误则倒出去离子水。将制胶架置于水平桌面上。垂直电泳槽见图2－2－1。

图2－2－1　垂直电泳槽

(二)制备凝胶板

(1)制备分离胶：取容量为50 mL的小烧杯，按表2－2－1依次定量加入溶液。

表2－2－1　分离胶的制备

试剂	用量
30% Arc－Bis	2.5 mL
1.5M Tris－HCL pH＝8.8	1.5 mL
H_2O	2 mL
10% AP	60 μL
TEMED	10 μL

(2)加入TEMED之后用枪头充分搅拌，使分离胶均匀，尽快取1mL移液枪吸取液态分离胶，将其加入玻璃板中间的缝隙中，加胶高度距样品模板梳齿下端约1 cm。然后向缝隙中

轻轻添加 1 mL 蒸馏水。确认溶液分层界面平整没有气泡。等待约 10 min 使分离胶凝固，观察小烧杯中的剩余分离胶凝固时即可。

(3)倒出分离胶上层的水，用滤纸条深入缝隙内吸干水分。

(4)浓缩胶的制备：取 50 mL 小烧杯，按表 2－2－2 依次定量加入溶液。

表 2－2－2　浓缩胶的制备

试剂	用量()
30% Arc－Bis	0.4 mL
1.5M Tris－HCL pH＝8.8	0.75 mL
H_2O	1.8 mL
10% AP	50 μL
TEMED	10 μL

(5)加入 TEMED 之后用枪头充分搅拌，使分离胶均匀，尽快取 1mL 移液枪吸取液态分离胶，将其加入玻璃板中间的缝隙中，至液体到达薄玻璃板顶端。

(6)尽快取模板梳从顶端插入玻璃板之间的缝隙中，至上端与玻璃板上端卡紧。检查梳齿之间是否有气泡。静置等待约 10 min 待浓缩胶凝固。检查小烧杯中的剩余凝胶即可。

(三)样品处理

Prestained Protein Ladder 不需要处理，BSA 已经经过 SampLe Loading Buffer 预处理。

(四)组装电泳槽并加样

(1)取下制备好的凝胶板，将其安装到电泳槽的支撑架上，对侧用塑料板同样固定。

(2)向内槽加入电泳缓冲液至没过薄玻璃板上端，轻轻将模板梳向上垂直取出，确保取出过程中不要在加样空中产生气泡。

(3)取蛋白质 Marker 和已处理过的 BSA 蛋白样品，按表 2－2－3 依次向每孔加入指定样本(由于某些加样孔变形没有加样)

表 2－2－3　加样表

孔	1	2	3	4	5	6	7	8	9	10
样本	Marker	—	BSA	BSA	—	—	—	BSA	—	BSA
体积	2 uL	—	5uL	5uL	—	—	—	5uL		5uL

(4)将电泳支撑架缓缓放入电泳槽中，注意电极方向。向电泳槽外槽中加入电泳缓冲液至与内槽同样高度。盖上电泳槽盖，打开直流稳压电泳仪。

(五)电泳

(1)开始时调节电泳仪电压为 80～100 V，保持电流略大于 20 mA，观察样品浓缩成一条直线。当样品到达分离胶和浓缩胶的分界线时调高电压到 120～150 V，保持电流在 20 mA 以上。

(2)等待 30～40 min，观察最前端的溴酚蓝染色液跑到凝胶的底部，Marker 的条带已经清晰地分离开时即可停止电泳。关闭电泳仪,拆卸电泳槽。

(六)染色与脱色

(1)取下凝胶板,用塑料撬片从上端缝隙深入略微用力将两块玻璃板撬开,凝胶保持黏附在厚玻璃板上。使用撬片沿浓缩胶与分离胶的交界处垂直按下切断凝胶,弃去浓缩胶。

(2)用撬片划开分离胶与玻璃板两侧的链接,用撬片深入凝胶与厚玻璃板之间,用大拇指轻按凝胶提起。将其转移到盛有足够多考马斯亮蓝染液的饭盒中,微波炉高火加热1 min,然后在摇床上染色2～3 min。

(3)回收考马斯亮蓝染剂,向饭盒中加入适量的预先配制的脱色液。放入微波炉中高火加热1 min脱色,然后摇床上脱色2～3 min。重复本脱色步骤3～4次,至样本与Marker条带清晰地呈现出来。将凝胶置于白瓷板上拍照保存图片。

五、结果

观察结果并与预期结果进行比较分析。

六、作业

(1)用SDS-凝胶电泳法测定蛋白质相对分子质量时为什么要用巯基乙醇?

(2)是否所有的蛋白质都可以用SDS-PAGE测定其相对分子质量?

注:液态的acr和bis均为神经毒剂,对皮肤黏膜有刺激作用,实验时应戴手套、口罩操作。制备凝胶时必须注意每步都不可以有气泡产生,否则电泳时蛋白样品流经气泡将导致条带参差不齐。

实验1.2　聚合酶链式反应

一、实验目的

(1)掌握聚合酶链式反应(Polymerase chain Reaction,PCR)的基本原理。

(2)了解PCR的优化条件和PCR的应用。

(3)掌握PCR产物纯化的方法。

二、实验原理

DNA的半保留复制是生物进化和传代的重要途径。双链DNA在多种酶的作用下可以变性解旋成单链,在DNA聚合酶的参与下,根据碱基互补配对原则复制成同样的两分子拷贝。在实验中发现,DNA在高温时也可以发生变性解链,当温度降低后又可以复性成为双链。因此,通过温度变化控制DNA的变性和复性,加入设计引物,DNA聚合酶、dNTP就可以完成特定基因的体外复制。但是,DNA聚合酶在高温时会失活,因此,每次循环都得加入新的DNA聚合酶,不但操作烦琐,而且价格昂贵,制约了PCR技术的应用和发展。耐热DNA聚合酶—Taq酶的发现对于PCR的应用有里程碑的意义,该酶可以耐受90 ℃以上的高温而不失活,不需要在每个循环中加酶,使PCR技术变得非常简捷、同时也大大降低了成本,PCR 技术得以大量应用,并逐步应用于临床。

PCR 技术的基本原理类似 DNA 的天然复制过程,其特异性依赖与靶序列两端互补的寡核苷酸引物。PCR 由变性—退火—延伸三个基本反应步骤构成。①模板 DNA 的变性:模板 DNA 经加热至 93 ℃左右一定时间后,使模板 DNA 双链或经 PCR 扩增形成的双链 DNA 解离,使之成为单链,以便它与引物结合,为下轮反应做准备;②模板 DNA 与引物的退火(复性):模板 DNA 经加热变性成单链后,温度降至 55 ℃左右,引物与模板 DNA 单链的互补序列配对结合;③引物的延伸:DNA 模板—引物结合物在 72 ℃、DNA 聚合酶(如 TaqDNA 聚合酶)的作用下,以 dNTP 为反应原料,以靶序列为模板,按碱基互补配对与半保留复制原理,合成一条新的与模板 DNA 链互补的半保留复制链,重复循环变性—退火—延伸三过程就可获得更多的"半保留复制链",而且这种新链又可成为下次循环的模板。每完成一个循环需 2~4 min,2~3 h 就能将待扩目的基因扩增放大几百万倍。

PCR 是一种用于放大扩增特定的 DNA 片段的分子生物学技术,它可看作生物体外的特殊 DNA 复制,PCR 的最大特点是能将微量的 DNA 大幅增加。因此,无论是化石中的古生物、历史人物的残骸,还是几十年前凶杀案中凶手所遗留的毛发、皮肤或血液,只要能分离出一丁点儿的 DNA,就能用 PCR 加以放大,进行比对。这也是"微量证据"的威力。1983 年,美国 Mullis 首先提出设想,1985 年由其发明了 RCR 即简易 DNA 扩增法,意味着 PCR 技术的真正诞生。1976 年,中国科学家钱嘉韵发现了稳定的 Taq DNA 聚合酶,为 PCR 技术发展做出了基础性贡献。2013 年,PCR 已发展到第三代技术。

PCR 是利用 DNA 在体外 95°高温时变性会变成单链,低温(经常是 60 ℃左右)时引物与单链按碱基互补配对的原则结合,再调温度至 DNA 聚合酶最适反应温度(72 ℃左右),DNA 聚合酶沿着磷酸到五碳糖(5′—3′)的方向合成互补链。基于聚合酶制造的 PCR 仪实际就是一个温控设备,能在变性温度、复性温度、延伸温度之间很好地进行控制。PCR 的具体过程如下。

(1)将 PCR 反应体系升温至 95 ℃左右,双链的 DNA 模板就解开成两条单链,此过程为变性。

(2)将温度降至引物的 T_m 值以下,3′端与 5′端的引物各自与两条单链 DNA 模板的互补区域结合,此过程称为退火。

(3)将反应体系的温度升至 72 ℃时,耐热的 Taq DNA 聚合酶催化四种脱氧核糖核苷酸,按照模板 DNA 的核苷酸序列的互补方式依次加至引物的三端,形成新生的 DNA 链。每次循都会环使反应体系中的 DNA 分子数增加约一倍。理论上循环 n 次,就增加 2 倍。当经 30 次循环后,DNA 产量达 109 个拷贝。

三、实验仪器、材料与试剂

1. 仪器

PCR 仪、台式高速离心机、离心管架、微量移液器、1.5 mL 离心管、8 连或 12 连 PCR 管(或者 PCR 板)、枪头、冰盒等。

2. 材料与试剂

DNA 模板(单链或双链)、引物(正向/反向各一条)、10×PCR Buffer、2 mmol dNTP 混

合物(含 dATP、dCTP、dGTP、dTTP 各 2 mmol)、Taq 酶、Mg2t、灭菌 ddH2O。

四、实验步骤

(1)在 0.2mL Eppendorf 管内依次混匀下列试剂,配制 20 p μL 反应体系,见表 2-2-4。

表 2-2-4 Eppendorf 试管内加入的试剂及体积

组成	用量/μL
10×PCR 缓冲液	2
ddH_2O	7.8
MgCl(15 mmol/L)	2
上游引物 27F	2
下游引物 1492R	2
DNA 模板	2
dNTP(2.5 mmol/L)	2
TaqDNA 聚合酶(5U/μL)	0.2
总体积	20

(2)按表 2-2-5 的循环程序进行扩增。

表 2-2-5 循环程序

程序阶段	程序名称	温度/℃	时间	循环数
1	预变性	94	3 min	1
2	变性	94	30 s	30
	退火	52	30 s	
	延伸	72	30 s	
3	保温	4	∞	1

(3)扩增结束后,取 10 μL 扩增产物进行凝胶电泳实验检测。

(4)凝胶电泳实验。

实验器材:电泳槽、电泳仪、制胶板、胶带、微波炉、凝胶成像系统、移液枪。

实验试剂:琼脂糖、Tris. base、冰乙酸、EDTA、DNA MAKER(D2000 PLUS)。

实验步骤如下。

① 配电泳液(TAE 缓冲液):称量 Tris 24.2 g,Na2EDTA. 2H2O 1.86 g 于烧杯中;向烧杯中加入约 80 mL 的去离子水,充分搅拌均匀;加入 5.71 mL 的冰乙酸,充分溶解;用 NaOH 调 pH 至 8.3,加去离子水定容至 100 mL 后,室温保存。使用时稀释 50 倍即 1X TAE Buffer。

② 配胶:先用胶带将制胶板两头封严,称量 0.9%琼脂糖(即 30 mL 胶加入 0.27 g 琼脂糖)凝胶(用电泳液配),一个制胶板约 30 mL 凝胶。用微波炉溶胶,待冷却一阵加入荧光染

料 2 μL 混匀，倒胶，立即插上梳子。约 20 min 后即可用，轻轻拔出梳子，将板放入电泳槽。

③ 点样：将待跑样品加 1 μL loading buffer 点入点样孔，最后点 2 μL DNA Marker。

④ 跑胶：连接电泳槽（图 2-2-2），注意正负极，DNA 从负极向正极跑，110 V 跑 30 min。

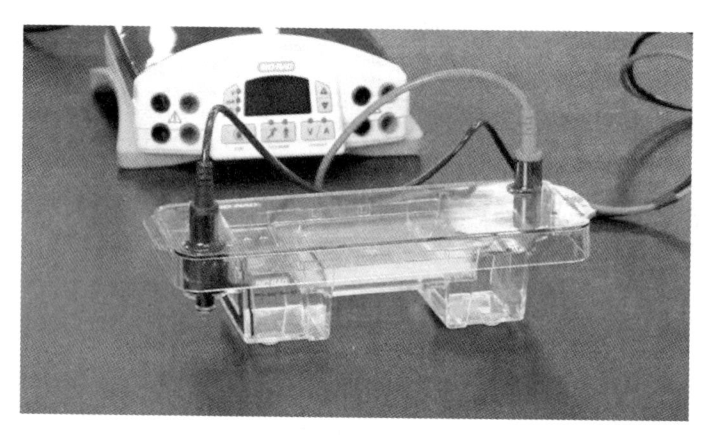

图 2-2-2 连接电泳槽

⑤ 成像：将胶小心地从胶版上拿起，放在紫外灯下照射拍照。

五、实验结果与分析

（1）根据电泳结果是否出现目标条带，DNA marker 判断扩增片段大小，从而分析结果为阴性或阳性。

（2）根据条带的宽度和亮度，判断 PCR 产物扩增量的多少。

（3）分析结果有无假阴性、假阳性、引物二聚体及非特异性扩增产物。

六、注意事项

（1）戴一次性手套，若不小心溅上反应液，则立即更换手套。

（2）使用一次性吸头、严禁与 PCR 产物分析室的吸头混用，吸头不要长时间暴露于空气中，避免受到气溶胶污染。

（3）避免反应液飞溅，打开反应管时为避免此种情况，开盖前稍离心收集液体于管底。若不小心溅到手套或桌面上，应立刻更换手套并用稀酸擦拭桌面。

（4）操作多份样品时，制备反应混合液，先将 dNTP、缓冲液引物和酶混合好，然后分装，这样既可以减少操作，避免污染，又可以增加反应的精确度。

（5）加入反应模板，加入后盖紧反应管。

（6）操作时设立阴阳性对照和空白对照，既可以验证 PCR 的可靠性，又可以协助判断扩增系统的可信性。

（7）尽可能用可替换或可高压处理的加样器。由于加样器最容易受产物气溶胶或标本 DNA 的污染，最好使用可替换或高压处理的加样器。如果没有这种特殊的加样器，至少 PCR 操作过程中加样器应该专用，不能交叉使用，尤其是 PCR 产物分析所用加样器不能拿到其他两个区。

(8)重复实验,验证结果,慎下结论。

七、作业

(1)PCR 反应的原理是什么?

(2)如何确定 PCR 反应中的退火温度和延伸时间?

全血基因组 DNA 的提取及鉴定

一、实验目的

(1)掌握人的基因组 DNA 的抽提方法。

(2)了解 DNA 的基本理化性质。

(3)初步了解 DNA 琼脂糖电泳鉴定的方法。

(4)了解 Biodropsis 超微量核酸蛋白分析仪的使用方法。

二、实验原理

从不同组织细胞或血细胞中提取高质量的 DNA 是进行基因诊断的先决条件。基因组 DNA 可以从任何有核细胞中提出,人外周血中的淋巴细胞是抽提基因组 DNA 最方便的材料。因为 DNA 在细胞核内是以与蛋白质形成复合物的形式存在的,所以提取过程中必须将其中的蛋白质除去,SDS 可将细胞膜、核膜破坏,并将组蛋白从 DNA 分子中分离,使核蛋白上的核酸游离。EDTA 可抑制细胞中 DNase 的活性。蛋白酶 K 可以用于消化细胞核膜及核内蛋白质,RNase 除去核酸中的 RNA。再用苯酚氯仿抽提,可进一步使蛋白质变性而与核酸分开,再经无水乙醇沉淀,最后可得到比较纯净的 DNA。

Ezup 柱式血液基因组 DNA 抽提试剂盒对经典血液基因组 DNA 抽提方法进行了改良,使用高浓度的蛋白变性剂,当血液体积≤100 mL 时,无须红细胞裂解,简化了操作流程,大大缩短了裂解的时间。从 100L 含无核红细胞的血液样品可以获得 1~31 μg DNA。处理大量(>100 μL)血液样品时,须先用红细胞裂解液(Buffer TBP)处理,可一次获得大量血液基因组 DNA,*OD*260/*OD*280 比值一般为 1.7~1.9。抽提出的 DNA 可用于酶切、PCR、文库构建、Southern blot 等相关实验。核酸具有吸收紫外光线的能力,在波长为260 nm的条件下具有吸收峰值,而蛋白质在 280 nm 时具有吸收峰值。根据经验数据,纯核酸溶液 OD260 为 1.8~2.0 时,认为已达到所要求的纯度。

三、实验仪器、材料与试剂

1. 仪器

小型高速离心机(最大离心力≥12 000 g)、水浴锅、涡旋振荡仪器。

2. 材料与试剂

Ezup 柱式血液基因组 DNA 抽提试剂盒,人外周血等,移液器,Tip 头,1.5 mL

Eppendorf 管，TE 溶液(pH 为 8. 0)，0. 9%NaCl 溶液，75%乙醇、无水乙醇，ddH2O，RNase A(10 mg/mL)。试剂盒初次开启时，按瓶身标签说明在 CW1 Solution. CW2 Solution 中加入相应量的无水乙醇，混匀后在瓶身做好标记，于室温下密封保存(13 mL CW1 Solution 中加入 17 mL 无水乙醇，9 mL CW2 Solution 中加入 21 mL 无水乙醇，26 mL CW1 Solution 中加入 34 mL 无水乙醇，18 mL CW2 Solution 中加入 42 mL 无水乙醇)。每次使用前请检查 Buffer CL 是否出现沉淀，如果有沉淀，则请于 56 ℃溶解沉淀后使用。

四、实验流程

DNA 提取的流程如下所示：

细胞裂解→加入蛋白酶→吸附柱离心收集→CE Buffer 洗脱收集 DNA

五、实验步骤

(1)样品处理：含无核红细胞的血液样品(如人血液)：取 50～100 μL 含无核红细胞的血液样品加入 1. 5 mL 离心管中，再加入 150～ 100 μL PBS Solution，使总体积为 200 prL，混匀。

(2)加入 20 μL Proteinase K，混匀。再加入 200 μL Buffer CL，振荡混匀，56 ℃水浴 10 min。

(3)向上述离心管中加入 200 μL 的无水乙醇，充分颠倒混匀。

(4)将吸附柱放入收集管中，用移液器将溶液和半透明纤维状悬浮物全部加入吸附柱中，静置 2 min，再从 10 000 r/min 转速室温下离心 1 min，倒掉收集管中的废液。

(5)将吸附柱放回收集管中，向吸附柱中加入 500 μL CW1 Solution，以 10 000 r/min 转速离心 30 s，倒掉废液。

(6)将吸附柱放回收集管中，向吸附柱中加入 500 μL CW2 Solution，以 10 000 r/min 转速。

(7)将吸附柱重新放回到收集管中，于 12 000 rpm 室温离心 1 min，离心 30 s，倒掉废液。去除残留的 CW2 Solution。

(8)将吸附柱口打开，室温放置 10 min，使无水乙醇挥发待尽。

(9)取出吸附柱，放入新的 1. 5 mL 离心管中，加入 50 mL CE Buffer 静置 3 min，12 000 rpm 室温离心 2 min，收集 0～A 即可进行下一步操作。

六、实验结果与分析

取 8～10 μL 基因组 DNA，并加入缓冲液，混匀，加样到 1%琼脂糖凝胶点样孔中，电泳。具体实验步骤可参照实验 1. 1 凝胶电泳法。

七、注意事项

(1)因为 DNA 的一级结构是分子生物研究的基础，所以应尽量保证 DNA 的完整性。

(2)尽量去除多余杂质，如蛋白、脂类、多糖、有机溶剂等，以确保下游实验的顺利进行。

(3)试剂盒于常温下运输，室温(15～25 ℃)下保存，有效期见包装，4 ℃下保存时间更长。

(4)该试剂盒中含有刺激性的化合物,操作过程中应穿上实验服,戴好乳胶手套,避免沾染皮肤、眼睛和衣服,防止吸入口鼻。沾染皮肤或眼睛后,请立即用清水或生理盐水冲洗,必要时寻求医生的帮助

知识链接:

人的DNA的提取通常用于构建文库、Southern杂交(包括RFLP)及PCR分离基因等。利用DNA较长的特性,可以将其与细胞器或质粒等小分子DNA分离。加入一定量的异丙醇或乙醇,大分子DNA即沉淀形成纤维状絮团飘浮于其中,可用玻棒将其取出,而小分子DNA则只形成颗粒状沉淀附于壁上及底部,从而达到提取的目的。在提取过程中,染色体会发生机械断裂,产生大小不同的片段,因此分离DNA时应尽量在温和的条件下操作,如尽量减少酚/氯仿抽提、混匀时要轻缓,以保证得到较长的DNA。一般来说,构建文库时,初始DNA长度必须在100 kb以上,否则酶切后两边都带合适末端的有效片段很少。进行RFLP和PCR分析时,DNA长度可短至50 kb,在该长度以上,可保证酶切后产生RFLP片段(20 kb以下),并可保证包含PCR所扩增的片段(一般在2 kb以下)。

不同生物(植物、动物、微生物)的DNA的提取方法有所不同;不同种类或同一种类的不同组织因其细胞结构及所含的成分不同,分离方法也有差异。在提取某种特殊组织的DNA时必须参照文献和经验建立相应的提取方法,以获得可用的DNA大分子。尤其是组织中的多糖和酶类物质对随后的酶切、PCR反应等有较强的抑制作用,因此用富含这类物质的材料提取DNA时,应考虑除去多糖和酚类物质。

实验2　微生物检测综合实训

实验2.1　化妆品中的微生物检测

一、实验目的

(1)学会化妆品中菌落总数及霉菌、酵母总数的检测方法及检测原理。
(2)检测市场上一些化妆品的微生物是否超标。

二、实验原理

任何一种化妆品或药物,在生产、保存、运输和使用过程中,由于各种不同的原因,其产品质量可能发生质变。这些原因其一就是由微生物造成的,微生物是一群形体极微小的生物,它一般包括细菌、酵母菌、霉菌和病毒等。化妆品或药物受到微生物的污染,可引起产品物理性状(如色泽、气味等)变化,改变产品有效成分,有的还会引起致敏、毒素和病毒感染,因此必须严格控制化妆品或药物中的微生物。

菌落总数是指检样经过处理,在一定条件下培养后(如培养基成分、培养温度、培养时

间、pH 值、需氧性质等),1 g(1 mL)检样中所含菌落的总数。所得结果只包括一群本方法规定的条件下生长的嗜中温的需氧性菌落总数。霉菌和酵母菌总数是指检样在一定条件下培养后,1 g 或 1 mL 化妆品中所污染的活的霉菌和酵母菌菌落总数,借以判明化妆品被霉菌和酵母菌污染程度及其一般卫生状况。本方法根据霉菌和酵母菌特有的形态和培养特性,在虎红培养基上,置于 28 ℃培养 72 h,计算所生长的霉菌和酵母菌数。

三、实验试剂与材料

1. 培养基

牛肉膏蛋白胨琼脂培养基(菌落总数)、红培养基(检测霉菌及酵母总数)、卵磷脂、吐温 80、营养琼脂培养基。

2. 仪器或其他用具

90 mL 装无菌生理盐水、9 mL 装无菌生理盐水、9 cm 灭菌平板、锥形瓶、玻璃涂布器、移液枪、培养箱、水浴锅、无菌棉签、超净工作台、高压蒸汽灭菌锅等。

四、实验步骤

(一)化妆品的微生物学污染状况检测

1. 样品采集

按无菌方法随机抽取各种品牌牙膏、成人护肤品(膏、霜、洗面奶、爽肤水、粉饼等)、婴幼儿用护肤品(面霜等)。

2. 样品预处理

在化妆品中通常都加入了防腐剂,使化妆品能较长时间使用而不腐败变质,因此在进行化妆品卫生细菌学检验时,必须消除化妆品中的防腐剂,使长期处于濒死状态或半损伤状态的细菌被检出,从而得出正确的检验结果。消除防腐剂抑菌作用,常用的方法有以下两个。

(1)稀释法:用稀释液和培养基将样品稀释到一定浓度,使其抑菌成分的浓度减少到无抑菌作用的程度,再进行检验。

(2)中和法:在供试液或培养基中加入中和剂,以中和防腐剂的抑菌效果。防腐剂种类不同,所用的中和剂也不同。本实验采用吐温 80+卵磷脂来做中和剂。

3. 样品制备

(1)液体样品。水溶性的液体样品,量取 10 mL 加到 90 mL 灭菌生理盐水中,混匀后,制成 1∶10 检液晶油性液体样品,取样品 10 mL,先加 5 mL 灭菌液体石蜡混匀,再加 10 mL 灭菌的吐温 80,在 40~44 ℃水浴中振荡混合 10 min,加入灭菌的生理盐水 75 mL(在 40~44 ℃水浴中预温),在 40~44 ℃水浴中乳化,制成 1∶10 的悬液。

(2)膏、霜、乳剂半固体状样品

① 亲水性的样品,称取 10 g,加到装有玻璃珠及 90 mL 灭菌生理盐水的三角瓶中,充分振荡混匀,静置 15 min。取其上清液作为 1∶10 的检液。日疏水性样品,称取 10 g,放到灭菌的研钵中,加 10 mL 灭菌液体石蜡,研磨成黏稠状,再加入 10 mL 灭菌吐温 80,研磨待溶解后,加 70 mL 灭菌生理盐水,在 40~44 ℃水浴中充分混合,制成 1∶10 检液。

(3)固体样品,称取 10 g,加到 90 mL 灭菌生理盐水中,充分振荡混匀,使其分散混悬,静置后，取其上清液作为 1∶10 的检液。如有均质器，可将上述水溶性膏，霜，粉剂等，称 10 g 样品加入 90 mL 灭菌生理盐水，均质 1～2 min；疏水性膏、霜及眉笔、口红等，称 10 g 样品，加 10 mL 灭菌液体石蜡、10 mL 灭菌吐温 80、70 mL 灭菌生理盐水，均质 3～5 min。

4. 菌落总数检验

(1)用灭菌吸管吸取 1∶10 稀释的检液 2 mL，分别注入两个灭菌平皿内，每皿 1 mL。另取 1 mL 注入 9 mL 灭菌生理盐水试管中(注意勿使吸管接触液面)，更换一支吸管，并充分混匀，制成 1∶100 检液，各吸取 1 mL，分别注入两个灭菌平皿内。如果样品含菌量高，则还可再稀释成 1∶1 000，1∶10 000 等，每种稀释度应换 1 支吸管。

(2)将融化并冷至 45～50 ℃的卵磷脂吐温 80 营养琼脂培养基倾注到平皿内，每皿约 15 mL，随即转动平皿，使样品与培养基充分混合均匀，待琼脂凝固后，翻转平皿，置 37 ℃培养箱内培养 48 h。另取一个不加样品的灭菌空平皿，加入约 15 mL 卵磷脂吐温 80 营养琼脂培养基，待琼脂凝固后，翻转平皿，置 37 ℃培养箱内培养 48h，为空白对照。

5. 霉菌和酵母菌数检测

取 1∶10 的检液各 1 mL 分别注入 2 个灭菌平皿内，(若菌量较多时可顺序再做 10 倍稀释)，另取 1 个灭菌空平皿(作空白对照)，每皿分别注入融化并冷至 45 ℃左右的虎红培养基约 15 mL，充分摇匀。凝固后，翻转平板，置 28 ℃培养箱，培养 3 天，计数平板内生长的霉菌和酵母菌数。若有霉菌蔓延生长，为避免影响其他霉菌和酵母菌的计数时，于 48 h 应及时将此平板取出计数。

6. 菌落计数方法

(1)菌落总数技术。先用肉眼观察，点数菌落数，然后用放大 5～10 倍的放大镜检查，以防遗漏。记下各平皿的菌落数后，求出同一稀释度各平皿生长的平均菌落数。若平皿中有连成片状的菌落或花点样菌落蔓延生长时，该平皿不宜计数。若片状菌落不到平皿中的 1/2，而其余 1/2 中菌落数分布又很均匀，则可将此半个平皿菌落计数后乘以 2，以代表全皿菌落数。

(2)霉菌和酵母菌菌落计数。先点数每个平板上生长的霉菌和酵母菌菌落数，求出每个稀释度的平均菌落数。判定结果时，应选取菌落数在 20～100 个范围之内的平皿计数，乘以稀释倍数后，即为每克(或每毫升)检样中所含的霉菌和酵母菌数。其他范围内的菌落数报告应参照菌落总数的报告方法报告之。每克(或每毫升)化妆品含霉菌和酵母菌数以 CFU/g(mL)表示。

五、实验结果与处理

化妆品的微生物学质量应符合下述规定。

(1)眼部、口唇、口腔黏膜用化妆品及婴儿和儿童用化妆品细菌总数不得大于 500 cfu/mL 或 500 cfu/g。

(2)其他化妆品细菌总数不得大于 1 000/mL 或 1 000/g。

六、作业

从你所检测的化妆品和药物的各指标的结果来看，是否符合国家的卫生标准？如果有超标情况，你认为主要由哪些因素造成？

注意事项：

(1)所采集的样品应具有代表性，一般视每批化妆品数量大小，随机抽取相应数量的包装单位。检验时，应分别从两个包装单位以上的样品中共取 10 g 或 10 mL。包装量小的样品，取样量可酌减。

(2)供检样品应严格保持原有的包装状态。容器不应有破裂，在检验前不得开启，以防再污染。

(3)制成供试液后，应尽快稀释，注皿。一般稀释后应在 1 h 内操作完毕。

(4)注意抑菌现象。由于防腐剂未被中和，往往使平板计数结果受影响，如低稀释时菌落少，而高稀释度时菌落数反而增大。

(5)在检验过程中，从开封到全部检验操作结束，均须防止微生物的再污染和扩散，所用器皿及材料均应事先灭菌，全部操作应在无菌室内进行。或在相应条件下，按无菌操作规定进行。

实验 2.2　牛奶中微生物的检测

一、实验目的

(1)学会牛奶中菌落总数的检测方法及检测原理。

(2)检测市场上一些牛奶的微生物是否超标。

二、实验原理

牛奶中微生物的含量是评价牛奶质量的一个重要指标，对于所有乳制品来说，微生物含量对最终产品质量也是十分重要的。因为牛奶含有碳水化合物、蛋白质、脂肪、无机盐和维生素，pH 约为 6.8，所以牛奶极易被微生物利用和分解。生奶中正常情况下存在着少量的乳酸杆菌、微杆菌、微球菌和链球菌等类细菌。如果在采奶或运输装罐等过程中不重视严格消毒，牛奶就会很快会被微生物污染，细菌数量大大增加，甚至被病原菌污染。细菌总数高，其中的致病菌就容易产生非常耐热的毒素，这些毒素经过超高温处理后仍有少量残留，消费者饮用该牛奶后会导致中毒；而且大量的细菌繁殖会加速产酸，从而引起牛奶酸度增加，蛋白质热稳定性下降。生奶经巴斯德法消毒处理后，可杀死所有的病原微生物，并使其他细菌也大大减少，从而保证了饮用的卫生和安全。

本试验采用标准平板计菌法及显微镜下直接计菌法对不同品质的牛奶中的细菌总数进行检测。与此同时，还采用选择性很强的鉴别培养基去氧胆酸盐琼脂平板对牛奶中可能存在的粪便污染指示菌大肠菌群进行检测。这种培养基可抑制绝大多数非大肠菌群细菌的生长，大肠菌群细菌还可发酵培养基中的乳糖产酸，在培养基内指示剂的作用下菌落呈红色，而不发酵乳糖的其他细菌则呈白色，因此很容易加以鉴别并进行计数。

牛奶中的微生物在贮存过程中可不断增殖，同时降低了溶解氧浓度，使氧化还原电位大大下降。我们可用美蓝还原酶试验来检测这一变化，当牛奶因微生物大量增殖而处于厌氧还原环境时，氧化还原指示剂美蓝即被脱色。通过测定牛奶样品中美蓝被还原脱色的速度，即可得知所测牛奶的质量。

三、实验物品

(1)培养基。

肉膏蛋白胨琼脂培养基：牛肉膏 0.3 g、蛋白胨 1 g、氯化钠 0.5 g、琼脂 2 g、自来水 100 mL、pH 为 7.0～7.2、灭菌 22 min。

去氧胆酸盐琼脂培养基：蛋白胨 10.0 g、乳糖 10.0 g、去氧胆酸钠 1.0 g、NaCl 5.0 g、K2HP04 2.0 g、柠檬酸铁 1.0 g、柠檬酸钠 1.0 g、中性红(1%溶液 3 mL)0.03 g、琼脂 20.0 g、pH 为 7.3。

(2)不同质量的生乳各 10 mL。

(3)显微镜、试管架、水浴锅、铁丝架。

(4)灭菌移液管、灭菌 9 mL 稀释水试管、载玻片、血球计数移液管、载玻片、无菌带塞试管。

(5)试剂：二甲苯、95%酒精、1∶25 000 美蓝溶液。

四、实验方法

1. 牛奶巴斯德消毒法

取生乳 5 mL 装试管内，放在 61.7 ℃的水浴锅内加热 30 min，水平面必须高于牛奶的平面。注意处理时间必须准确，水浴温度要始终一致，并不时摇动试管，使管内牛奶均匀受热。

2. 标准平板计菌法

(1)取未经消毒的生奶，充分摇混，使样品呈均匀状态。以十倍稀释法，将生奶稀释成 10^{-1}、10^{-2}、10^{-3}、10^{-4}、10^{-5}系列。

(2)从最大稀释度开始，各取 1 mL 10^{-3}、10^{-4}、10^{-5}的生奶稀释液，分别放入已标记好的培养皿内；将肉膏蛋白胨琼脂培养基融化，待冷至 45 ℃左右时，在火焰旁倒入培养皿内，迅速盖好，放在桌面上轻轻摇转，使稀释的样品与培养基均匀混合，待平板冷却固化后，倒置，于 30 ℃培养 2 天。

(3)同上方法，吸取 1 mL 10^{-1}、10^{-2}、10^{-3}样品稀释液至灭菌培养皿中，分别倾入加热融化并冷至 45 ℃的去氧胆酸盐琼脂培养基，冷凝后倒置，30 ℃培养 2 天。

(4)对经巴斯德消毒法的牛奶进行同样的检测，其中细菌总数检测可取 10^{-2}、10^{-3}样品稀释液，大肠菌群检测可取 10^{-1}、10^{-2}样品稀释液。

(5)所有平板在 30 ℃培养 2 天后，以每皿出现 30～300 个菌落的稀释度为准，计算出每毫升牛奶中含细菌总数；根据在去氧胆酸盐琼脂平板上呈红色的菌落数，计算出牛奶中大肠菌群细菌数。

3. 显微镜下直接计菌法

(1)取洁净载玻片，在其上刻好 1 cm^2 面积数块，或用白纸画好 1 cm^2 的面积，将载片放于其上，载片上写好待测样品名称。

(2)用无菌的血球计数移液管，准确吸取 0.01 mL 待测样品，方法为用嘴吸取样品至 0.01 mL 刻度线略微超过一些，然后用吸水滤纸接触吸管的管尖，借助毛细管的作用，吸去多余样品液，使之准确地到达 0.01 mL 刻度线处，然后慢慢将样品液吹至载玻片 1 cm^2 面积的中央。

(3)用接种针将样品均匀地涂布在 1 cm^2 的面积内，气干，将载片放在铁丝架上，铁丝架置于沸水锅内，用蒸汽加热固定 5 min。

(4)将已固定的样品载片放入二甲苯缸内 1 min 以除去牛奶中的脂肪，然后将载片取出，再放至 95%乙醇缸内除去二甲苯，最后将载片放在蒸馏水内除去酒精。

(5)用 1∶25 000 美蓝溶液染色 2 min。

(6)用水缓慢冲洗样品载片，置空气中干燥后在显微镜(油镜)下计数。

(7)计算 30 个视野中细菌的数目，求出每个视野中平均细菌数，乘以常数 500 000 即每础样品所含细菌数的近似值。一般显微镜油浸物镜每个视野的直径为 0.16 mm，每个视野的面积为 0.000 2 cm(0.02 mm^2)，1 cm^2 中的视野数＝1.0/0.000 2＝5 000，由于以 0.01 mL 样品均匀涂布在 1 cm^2 面积内，每个视野所覆盖的样品量为 1/100×5 000，亦 1/500 000 mL 牛奶，因此视野每个细菌代表着每毫升牛奶中可有 500 000 个细菌。

(四)美蓝还原酶测定法

(1)分别用 10 mL 无菌移液管从已混匀的待测样品中吸取 10 mL 牛奶，放入带塞的无菌试管中(体积 15 mL)，不同样品各用 1 支试管，每种样品同用 1 支移液管，用记号笔编号。

(2)每个样品试管内各加入 1∶25 000 美蓝溶液 1 mL，塞上瓶塞后充分摇匀，置于 37 ℃ 的水浴内，记录培养时间。

(3)每隔 30 min 观察一次，记录各管美蓝脱色时间，根据表 2-2-6，判断待测牛奶的质量等级。

表 2-2-6　美蓝脱色时间与牛奶质量等级的关系

牛奶等级	美蓝脱色时间/小时
上等奶	6～8
中等奶	2～6
下等奶	0.5～2
劣等奶	少于 0.5

五、结果与分析

将以上检测结果填入表 2-2-7。

表 2-2-7　牛奶消毒效果检测记录表

<table>
<tr><th colspan="2" rowspan="2">样品名称</th><th colspan="2">标准平板计数(菌落数/mL)</th><th rowspan="2">显微镜直接计数(菌数/mL)</th><th rowspan="2">美蓝脱色时间/h</th></tr>
<tr><th>细菌总数</th><th>大肠菌群数</th></tr>
<tr><td rowspan="3">未经消毒生奶(不同产地或不同保存方式)</td><td>1</td><td></td><td></td><td></td><td></td></tr>
<tr><td>2</td><td></td><td></td><td></td><td></td></tr>
<tr><td>3</td><td></td><td></td><td></td><td></td></tr>
<tr><td colspan="2">巴斯德法消毒后牛奶</td><td></td><td></td><td></td><td></td></tr>
</table>

实验 3　抗生素的制备及检测综合实训

实验 3.1　金霉素链霉菌培养基的制备

一、实验目的

(1)学会金霉素链霉菌培养基的配制。
(2)掌握灭菌方法。

二、实验原理

金霉素链霉菌(*Streptomyces aureofaciens*)亦称金色链霉菌,放线菌门(Actinobacteria),放线菌纲(Actinobacteria),放线菌目(Actinomycetales),链霉菌科(Streptomycetaceae),链霉菌属(Streptomyces)。因在固体培养基上产生金色色素,故名金霉素链霉菌。它的菌落为草帽型,菌落直径一般为 3～5 mm,表面较平坦,中间有隆起。菌落开始为白色,长孢子后变为青色,在显微镜下可以看到短杆状的菌丝。抗生素工业上用以生产金霉素。放线菌是一类介于细菌与真菌之间的单细胞微生物。放线菌在土壤中分布最多,大多数生活在含水量较低、有机质丰富和微碱性的土壤中。多数情况下,泥土中散发出的"泥腥味"就是由放线菌中链霉菌产生的土腥素造成的。放线菌大多好氧,属于化能异养,菌丝纤细,分枝,常从一个中心向周围辐射生长。因其生长具有辐射状,故名放线菌。放线菌能像真菌那样形成分枝菌丝,并在菌丝末端产生外生的分生孢子,有些种类甚至形成孢子囊,因而曾被误认是真菌。但其菌落较小而致密,不易挑取。不少菌种在医药、农业和工业上被广泛应用,可产生抗菌素,现已发现和分离出的由放线菌产生的抗生素多达 4 000 种,其中,有 50 多种抗生素已经被广泛地得到应用,如链霉素、红霉素、土霉素、四环素、金霉素、卡那霉素、氯霉素等用于临床治疗人的多种疾病;有些可生产蛋白酶、葡萄糖异构酶;有的用于农业生产,如灭瘟素、井冈霉素、庆丰霉素等。四环素类抗生素是由链霉菌生产或经半合成制取的一类广谱抗生素。抗菌谱极广,包括革兰氏阳性和阴性菌、立克次体、衣原体、支原体和螺旋体。品种主要包括金霉素、四环素和土霉素。

三、实验材料

(1)器材:1 mL 移液枪、铝锅、电炉。
(2)试剂:NaBr 母液(100 g/L)、KC1 母液(100 g/L)、M -促进剂母液(2.5 g/L)。

四、实验步骤

1. 种子培养基

种子培养基(g/L):可溶性淀粉 40 g,黄豆饼粉 20 g,酵母粉 5 g,蛋白胨 5 g,$CaCO_3$ 4g,

$(NH_4)_2SO_4$ 3g，$MgSO_4 \cdot 7H_2O$ 0.25g，KH_2PO_4 0.25 g。先称取黄豆饼粉 20 g，单独煮沸 10 min，加入少量凉水降温，用 4 层纱布压榨取汁，与其他称好的各成分混合，定容至 1 L。每 50 mL 分装到 250 mL 三角瓶中，每组 2 瓶。

2. 定向发酵培养基

发酵培养基(g/L)：可溶性淀粉 100 g，黄豆饼粉 40 g，蛋白胨 15 g，$CaCO_3$ 5 g，酵母粉 2.5 g，$(NH_4)_2SO_4$ 3 g，$MgSO_4 \cdot 7H_2O$ 0.25 g，α-淀粉酶 0.1 g。配制方法同种子培养基，配好后分装到 500 mL 三角瓶中，每瓶 100 mL，分别加入如下成分，比较它们对四环素产量的影响。

(1)对照(不加其他成分)。

(2)加入 NaBr 母液至终浓度为 2 g/L。

(3)加入 KCl 母液至终浓度为 2 g/L。

(4)加入 NaBr 母液至终浓度为 2 g/L 及 M—促进剂母液至终浓度为 0.025 g/L，每两组配一套。

3. 灭菌

将封好口的培养基 121 ℃灭菌 30 min。同时灭 1 mL 剪口移液枪头、1.5 mL 离心管(总过程：称量—溶化—定容—分装—封口—灭菌)。

注意事项：

(1)黄豆饼粉煮沸取汁。

(2)培养基封口最好用 8 层纱布或棉花塞，最好不用橡胶塞，以增加透气性。

(3)灭菌时锅内要补足水分。由于灭菌锅较大，升温排气一定要充分(10 min)。

知识拓展：

工业发酵中利用生产菌发酵得出最终产物是一个逐级放大的过程，各个不同的阶段对于营养成分的要求也各有特点。根据发酵不同阶段的要求，培养基可分为孢子培养基、种子培养基和发酵培养基三种。

1. 孢子培养基

孢子培养基是供菌种繁殖孢子的一种常用固体培养基，对这种培养基的要求是能使菌体迅速生长，产生较多优质的孢子，并要求这种培养基不易引起菌种发生变异。因此，对孢子培养基的基本配制要求如下。第一，营养不要太丰富(特别是有机氮源)，否则不易产孢子。例如，灰色链霉在葡萄糖—硝酸盐—其他盐类的培养基上都能很好地生长和产孢子，但若加入 0.5%酵母膏或酪蛋白后，就只长菌丝而不长孢子。第二，所用无机盐的浓度要适量，否则会影响孢子量和孢子颜色。第三，要注意孢子培养基的 pH 和湿度。生产上常用的孢子培养基有麸皮培养基、小米培养基、大米培养基、玉米碎屑培养基，以及由葡萄糖、蛋白胨、牛肉膏和食盐等配制成的琼脂斜面培养基。大米和小米常用作霉菌孢子培养基，因为它们含氮量少，疏松、表面积大，所以是较好孢子培养基。

2. 种子培养基

种子培养基是供孢子发芽、生长和大量繁殖菌丝体，并使菌体长得粗壮，成为活力强的“种子”，所以种子培养基的营养成分要求比较丰富和完全，氮源和维生素的含量也要高，但总浓度以略稀薄为好，这样可达到较高的溶解氧，供大量菌体生长繁殖。种子培养基的成分要考虑在微生物代谢过程中能维持稳定的 pH，其组成还要根据不同菌种的生理特征而定。一般种子培养基用营养丰富而完全的天然有机氮源，因为有些氨基酸能刺激孢子发芽。因为无机氮源容易被利用，有利于菌体迅速生长，所以在种子培养基中常包括有机氮源及无机氮源。最后一级的种子培养基的成分最好能较接近发酵培养基，这样可使种子进入发酵培养基后能迅速适应，快速生长。

3. 发酵培养基

发酵培养基是供菌种生长、繁殖和合成产物之用。它既要使种子接种后能迅速生长，达到一定的菌丝浓度，又要使长好的菌体能迅速合成需产物。因此，发酵培养基的组成除有菌体生长所必需的元素和化合物外，还要有产物所需的特定元素、前体和促进剂等。但若因生长和生物合成产物需要的总的碳源、氮源、磷源等的浓度太高，或者生长和合成两个阶段各需的最佳条件要求不同时，则可考虑培养基用分批补料来加以满足。

实验 3.2　金霉素链霉菌的定向发酵

一、实验目的

(1)学习和掌握无菌操作技术。

(2)掌握定向发酵四环素的原理。

二、实验原理

定向发酵是指通过改变培养基组分（加入某些物质）改变微生物代谢途径，使发酵按主观要求产生较多的产物。金霉素、四环素和土霉素的化学结构极为相似。

金霉菌原是产生金霉素(Chlortetracycline)的菌种，但因为金霉素比四环素只多一个氯离子，所以只要在发酵液中加入某些物质，阻止氯离子进入四环素分子，即可使菌种产生较多的四环素。另外，金色链霉菌在 30 ℃以下时，合成金霉素的能力较强；当温度超过 35 ℃时则只合成四环素。

在本实验中，利用溴离子在生物合成过程中对氯离子有竞争性抑制剂作用的原理，以及加入 2-硫醇基苯并噻唑（即 M-促进剂，分子式：$C_7H_5NS_2$，通常作为橡胶硫化促进剂）抑制氯化酶的作用，从而增加四环素的产量。

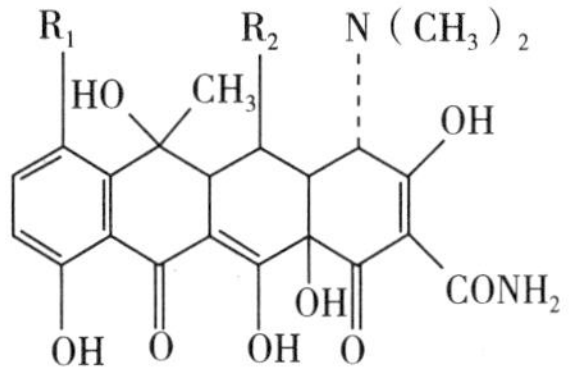

	R1	R2
金霉素	Cl	H
土霉素	H	OH
四环素	H	H

图 2-2-3　金霉菌分子式

三、实验材料和试剂

金霉素链霉菌金霉菌分子式（图 2-2-3）购于中国微生物菌种保藏管理委员会普通微生物中心（菌种保藏号：CGMCC4.1043）。

四、实验步骤

(1)前期准备工作:配制斜面培养基(可选 1 号培养基由中国微生物菌种保藏管理委员会普通微生物中心提供)。

(2)麸皮 36.0 g、K_2HPO_4 0.2 g、$MgSO_4 \cdot 7H_2O$ 0.1 g、$(NH_4)_2HPO_4$ 3 g、琼脂 15~20 g定容至 1 L,pH=7。

(3)可溶性淀粉 20 g,KNO_3 1 g、K_2HPO_4 0.5 g、$MgSO_4 \cdot 7H_2O$ 0.5 g、NaCl 0.5 g、$FeSO_4 \cdot 7H_2O$ 0.01 g、定容至 1 L,pH 7.2~7.5。

(4)制备斜面孢子:将保藏的菌种的比例接种于液体培养基中(不加琼脂的斜面培养基),28 ℃培养 5~7 天,待孢子长成灰色,于 4 ℃冰箱中保藏。

(5)种子培养:在斜面上用接种铲挑取 1 cm^2左右生长良好的菌体接入装有 50 mL 四环素种子培养基的 250 mL 锥形瓶中,230 r/min,28 ℃下振荡培养 20~24 h。

(6)发酵培养:以剪口移液枪头取 10 mL 种子液接入装有 100 mL 发酵培养液的 500 mL 锥形瓶中(注意:同一处理组用同一瓶种子液接种),230 r/min 28 ℃下振荡培养 5 天用于后面的测定效价和薄层层析实验。

3.1 四环素的提取和精制

一、实验目的

(1)掌握采用沉淀法精制四环素的原理、方法和基本操作技术。

(2)熟悉 pH 的控制与产量、质量的关系。

二、实验原理

四环素为两性化合物,其等电点为 5.4。当溶液 pH 等于等电点时,四环素呈游离碱形式,从水溶液中沉淀出来。利用四环素的这一性质,可将四环素从发酵液中提取出来。在连续结晶过程中,pH 的高低对产量、质量都有一定的影响。四环素的等电点为 5.4,pH 为 4.5~7.5,游离碱在水中的溶解度几乎不变。若 pH 控制在接近等电点时,沉淀结晶虽然比较完全,收率也高,但此时会有大量杂质同时析出,影响产品的色泽和质量;若 pH 控制得较低,对提高产品质量虽有好处,但沉淀结晶不够完全,收率会低,影响产量。因此,在选择沉淀结晶 pH 时,就必须同时考虑到产量、质量的效果。在正常情况下,工艺上控制 pH 为 4.8 左右。若沉淀结晶质量较差,则 pH 可控制得稍低,有利于结晶质量的改善,但不能低于 4.5,否则收率低,影响产量。

四环素的提取和精制分为酸化、纯化、过滤、结晶和淋洗五个步骤。

(1)酸化。加入草酸,使积聚在菌丝体内的四环素尽可能多地成为可溶性盐,而转入液相。四环素在酸性条件下较稳定,并且草酸与钙离子反应生成不溶性的草酸钙,析出的草酸钙能促进蛋白质的凝固,提高滤液的纯度和过滤速度。

(2)纯化。纯化剂(黄血盐、硫酸锌和硼砂)与草酸一起混合作用,可以除去发酵液中大量酸溶性蛋白质、铁离子和其他多种离子色素及其他杂质，从而使滤液纯净，并减少发酵液的黏度，利于过滤。其中纯化剂黄血盐能与发酵液中的铁离子作用，生成普鲁士盐而除去铁离子。

(3)过滤。通过过滤，四环素溶液与菌丝体及其他杂质分离，再经过复滤、精滤，进一步提高滤液质量，得到澄清的滤液。

(4)结晶。将滤液的 pH 调节到等电点，在较低温度下析出纯净的四环素。

(5)淋洗。虽然发酵液经酸化后大部分四环素已溶入溶液中，但仍有部分残存在菌渣中，并且过滤不可能十分彻底。因此，用酸水淋洗，以提高收率。

三、实验试剂和仪器

1. 试剂

300 g/L 草酸溶液、200 g/L 黄血酸钾溶液、200 g/L 硫酸锌溶液、200 g/L 硼砂溶液、浓氮水、3 g/L 草酸溶液。

2. 仪器

1 000 mL 烧杯、搅拌器、布氏漏斗、抽滤瓶、滤纸、量筒、pH 试纸、酸度计、温度计、水泵、表面皿。

四、实验步骤

1. 酸化

取 600 mL 四环素发酵液，置入装有机械搅拌的 1 000 mL 烧杯中，开始搅拌，待发酵液温度降至 20 ℃以下时，缓缓加入草酸溶液，草酸加入量为 27～35 g/L，并不时测定发酵液的 pH。当发酵液 pH 为 1.7～1.8 时(用酸度计测定)，酸化完毕。

2. 纯化

在酸化反应的烧坏中，按酸化的发酵液净体积，搅拌下依次缓慢加入纯化剂(黄血酸钾溶液、硫酸锌溶液、硼砂溶液)，每种溶液终浓度均为 2 g/L，加入时间间隔 15 min，以便作用完全。

3. 过滤

将布氏漏斗装于抽滤瓶上，铺好滤纸，开启水泵，用少量水将滤纸湿润，并使滤纸紧贴布氏漏斗。将纯化后的溶液缓缓倒入布氏漏斗中，过滤滤液应完全澄清，否则必须重新过滤，直到完全澄清。

4. 结晶

将抽滤瓶中的滤液倒入装有机械搅拌的 1 000 mL 烧杯中，开动搅拌，并用水或冰水冷却。待滤液温度冷至 5～7 ℃时，徐徐加入经过滤的浓氨水，并随时用 pH 试纸测定溶液的 pH，当 pH 达到 4.6～4.8 时(用酸度计测定)，停止加入氨水，并继续搅拌 2 h 使结晶完全。

装好布氏漏斗后，将上述液缓缓倒入布氏漏斗中，过滤。将结晶液全部倒入后，抽干。用 35～45 ℃的热水充分洗涤粗碱 3 次，抽干，再用 0.3%草酸洗涤、抽干。

五、注意事项

(1)搅拌时间不应少于 2 h,溶液温度保持在 15 ℃以下。
(2)pH 要调准确。

六、结果与讨论

(1)计算四环素的得率。
(2)讨论影响四环素的得率和纯度的因素。

3.2 金霉素的薄层层析鉴定

一、实验目的

掌握薄层层析的原理、四环素族抗生素的定性鉴定方法。

二、实验原理

层析(chromatography)是相当重要且相当常见的一种技术,在把微细分散的固体或附着于固体表面的液体作为固定相,把液体(与上述液体不相混合的)或气体作为移动相的系统中(根据移动相种类的不同,分为液相层析和气相层析两种,使试料混合物中的各成分边保持向两相分布的平衡状态边移动,利用各成分对固定相亲和力不同所引起的移动速度差,将它们彼此分离开的定性与定量分析方法,称为层析,亦称色谱法。用作固定相的有硅胶、活性炭、氧化铝、离子交换树脂、离子交换纤维等,或者在硅藻土和纤维素那样的无活性的载体上附着适当的液体。将作为固定相的微细粉末状物质装入细长形圆筒中进行的层析称为柱层析(column chromatography),在玻璃板上涂上一层薄而均的支持物(硅胶、纤维素和淀粉等)作为固定相的称为薄层层析(thin layer chromatography),或者用滤纸作为固定相的纸上层析。层析根据固定相与溶质(试料)间亲和力的差异分为吸附型层析、分配型层析、离子交换型层析等类型。但这并不是很严格的,有时常见到其中间类型。此外,近来也应用亲和层析,即将与基质类似的化合物(通常为共价键)结合到固定相上,再利用其特异的亲和性沉淀与其对应的特定的酶或蛋白质。

分配层析在支持物上形成部分互溶的两相系统,一般是水相和有机溶剂相。常用支持物是硅胶、纤维素和淀粉等亲水物质,这些物质能储留相当量的水。被分离物质在两相中都能溶解,但分配系数不同,展层时就会形成以不同速度向前移动的区带。一种溶质在两种互不混溶的溶剂系统中分配时,在一定温度下达到平衡后,溶质在固定相溶剂和流动相溶剂中的浓度之比为一个常数,称为分配系数。当欲被分离的各种物质在固定相和流动相中的分配系数不同时,它们就能被分离开。分配系数大的移动快(阻力小)。

薄层层析以薄层材料为支持物,在密闭容器中,样品在其上展开。当斑点不易为肉眼观察时,可利用适当的显色剂,或通过紫外灯下产生荧光的方法进行观察。通过这种展开操作,各成分呈斑点状移动到各自的位置上,再根据 Rf 值的测定进行鉴定。薄层色谱法具有分离与鉴定的双重功能，通过薄层图谱与对照品的图谱相比较，除了能鉴出有效成分或特征成分外，还以完整的色谱图为一个整体对制剂加以鉴别。薄层色谱分析法由于简便、快速，能有效地、直观地反映药品的真实性、稳定性，现已成为药物制剂的鉴别和质量控制的行之有效的方法之一。薄层层析是鉴别抗生素的方法之一，层析后进行显色，并绘制层析图谱，根据层析图谱对抗生素进行鉴定。本实验以四环素、金霉素标准品溶液为对照对发酵液进行鉴定。

三、实验仪器和试剂

1. 仪器

(1)玻璃层析缸。

(2)层析板。

(3)毛细玻璃管或微量注射器。

(4)紫外投射仪。

2. 试剂

四环素、金霉素标准品用 0.01 M 盐酸溶解定容，4 ℃冰箱保存（可使用 7 天）。展开剂：正丁醇：醋酸：水(4：1：5)2 L；凡士林。

四、实验步骤

1. 层析板处理

层析板 105 ℃烘烤过夜，均匀喷上 0.1 mol/L 磷酸盐缓冲液(pH 为 4.5)，于空气中晾干、备用。

2. 点样

选取两种定向发酵液加草酸酸化至 pH 为 1.5～2.0，取上清约 1.2 mL 与 1.5 mL 离心管中，10 000 r/min，离心 5 min，备用。在距层析板底边 2.5～3 cm 起始线上（用铅笔画线，做出点样点记号），用毛细玻璃管在薄层层析板上点四环素标准品和金霉素标准品溶液 3 次，发酵液上清点 8～10 次，点样点不大于 0.4 cm，每次都要吹干后再点（一般效价在 1 000 U/mL以上点 3 次，500～1 000 U/mL 点 4 次，200～500 U/mL 点 5 次）。剩余的发酵液上清于 4 ℃冰箱中保存。

3. 层析（展开）

用正丁醇：醋酸：水(4：1：5)的上相作为展开剂。层析前须预先用展开剂预平衡层析缸，可在缸中倒入 2 cm 高的展开剂，密闭，一般保持 15～30 min。然后将层析板置于盛有展开剂的层析缸中，在室温下展层 6～8 h（与温度有关）。若封口不严，则可涂抹凡士林。

4. 荧光显影

待溶剂前沿展至板的 1/2 以上时将层析板取出，标出溶剂前沿，于通风橱中晾干，用氨水熏数秒后即可在紫外灯下显影，画出黄色斑点，分别计算出 Rf 值（四环素标准品慢和金霉素标准品快）。无水四环素在波长 365 nm 下显黄色荧光，根据与标准对照可定性测定。

注意事项：

因四环素能和钙盐形成不溶性化合物，故发酵液中的四环素浓度不高，预处理时通常用草酸将发酵液酸化至 pH 为 1.5～2.0，使四环素尽量溶解。

点样时必须注意勿损伤薄层表面。要控制好点样量，若样品太少，则斑点不清楚，难以观察，但样品量太多时往往出现斑点太大或拖尾现象。

若样品溶液太稀，可重复点样，但应待前次点样的溶剂挥发后方可重新点样，以防样点过大，造成拖尾、扩散等现象，而影响分离效果。

作为展开剂中极少量强极性溶剂(0.5%)或 pH 的改变可显著改善拖尾现象。

3.3 四环素的效价测定

一、实验目的

(1)了解抗生素效价的表示方法。

(2)学习抗生素的测定方法。

二、实验原理

实验利用比色法测定四环素和金霉素的效价(titer 或 titre)。效价是评价抗生素效能的标准，它代表抗生素对微生物的抗菌效力，也是衡量发酵液中抗生素含量的尺度，人们以 1 μg金霉素或四环素标准品为 1 个单位，以 0.6 μg 青霉素 G 钠盐为 1 个单位。四环素和金霉素在酸性条件下加热，可产生黄色的脱水金霉素和脱水四环素，其色度与含量成正比，其分子式见图 2-2-4。

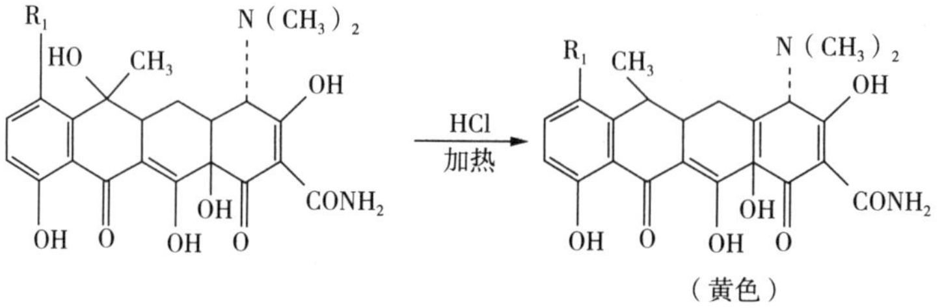

HCl 加热

（黄色）

图 2-2-4　R_1=H 脱水四环素，R_1=Cl 脱水金霉素分子式

在碱性条件下，四环素较稳定，而金霉素则生成无色的异金霉素，其分子式见图 2-2-5。

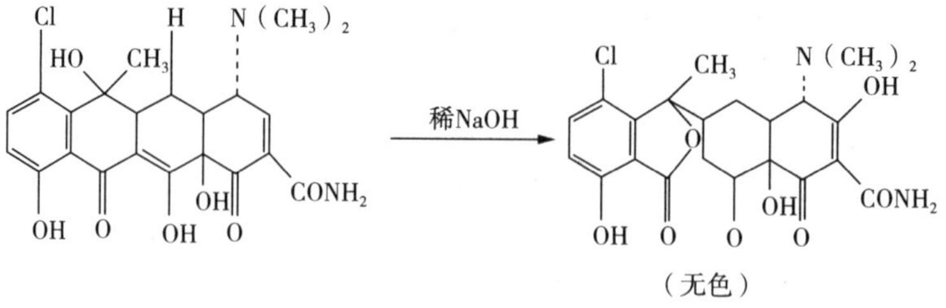

稀NaOH

（无色）

图 2-2-5　异金霉素分子式

根据上述原理，可以在酸性条件下，利用比色法测定四环素、金霉素混合液的总效价；而四环素效价的测定可在碱性条件下，使金霉素生成无色的异金霉素，然后在酸性条件下，使四环素生成黄色的脱水四环素，经比色测得四环素的效价。总效价与四环素的效价二者之差即金霉素的效价。本实验只测定四环素的效价。

因四环素能和钙盐形成不溶性化合物，故发酵液中的四环素浓度不高，预处理时通常用草酸将发酵液酸化至 pH 为 1.5～2.0，使四环素尽量溶解。在发酵液中，因为杂质的干扰，将影响比色的正确性，所以加入乙二胺四乙酸二钠盐（EDTA）作为螯合剂，掩饰金属离子的干扰，改变四环素脱水条件（降低酸度或延长加热时间），可以减少杂质对比色反应的干扰。

三、实验步骤

取上述保存的处理发酵液上清 1 mL（效价约为 1 000 U/mL）于 50 mL 容量瓶中，加入 1 mL浓度为 1 g/100 mL EDTA 溶液，加蒸馏水 9 mL，再加入 1 mL 浓度为 3 mol/L 的 NaOH，在 20～25 ℃下保温 15 min 后，加入 2.5 mL 浓度为 6 mol/L 的 HCl，煮沸 15 min 后，冷却，稀释至刻度，在分光光度计上于 440 nm 处测定其吸光度值（紫外波长为 100～390 nm，可见光波长为 380～780 nm，根据波长选择石英比色池或玻璃比色池，否则玻璃对于紫外光有吸收）。对照样品（不加诱导剂）的前处理方法与上述步骤一样，只是在加入 HCl 后不加热，稀释至刻度，作为测定样品的空白对照，调零。

四环素标准品（1 000 U/mL）取 1 mL 于 50 mL 容量瓶中，加 1 mL 浓度为 6 mol/L 的 HCl，水浴煮沸 15 min 后，冷却，稀释至 50 mL，380 nm 测吸光度（以蒸馏水为空白测定）。以定向发酵培养基中的对照组为空白对照，测定其他三个处理组的吸光度（有时可能因对照组处理不当，使其他组的读数为负值，这时可以蒸馏水作为空白）。

四、实验结果

根据测定的吸收值，代入公式中计算发酵液中四环素的效价。

发酵液中四环素的效价＝发酵液 OD 值/四环环素标准品 OD 值×四环素标准品的效介

实验 4　免疫血清的制备及效价测定综合实验

一、实验目的

（1）掌握抗原抗体反应的原理。

（2）掌握免疫血清的制备流程。

二、实验原理

抗体是机体接受抗原刺激后产生的一种具有免疫特异性的球蛋白。在免疫学实践中，为制备抗体常以抗原性物质(细菌、病毒、类毒素、血清及其他蛋白质)给动物注射。经过一定时间后,动物血清中可以产生大量的特异性抗体。这种含有特异性抗体的血清称为免疫血清或者抗血清。

免疫血清的制备是一项常用的免疫学技术,高效价、高特异性的免疫血清可作为免疫学诊断的试剂(如用于制备免疫标记抗体等),也可供特异性免疫治疗用。免疫血清的效价高低取决于实验动物的免疫反应性及抗原的免疫原性。例如,以免疫原性强的抗原刺激高应答性的机体,常可获得高效价的免疫血清。使用免疫原性弱的抗原免疫时,则须同时加用佐剂以增强抗原的免疫原性。免疫血清的特异性主要取决于免疫用抗原的纯度。因此,如果欲获得高特异性的免疫血清,必须先纯化抗原。此外,抗原的剂量、免疫途径及注射抗原的时间间隔等,也是影响免疫血清效价的重要因素,因此人们应予以重视。

本实验采用ELISA法和凝集反应的原理来测定免疫血清的效价:ELISA测定的原理是利用标记技术将酶标记到抗体(抗原)上,使待检物中相应的抗原(抗体)与酶标记抗体(抗原)发生特异性反应。

在遇到相应的酶底物时,酶能高效、专一催化、分解底物,生成有颜色的产物。根据颜色的深、浅,可以判断待检物中有无特异的抗原(抗体)及量的大小。该方法可对待检样品进行定性分析和定量分析,同时具有微量、特异、高效、经济、简便等优点,因此是一种广泛被应用于生物领域和医学领域的微量测定技术。凝集反应是一种经典的抗原抗体反应,也是高等医学院校学生免疫学实验的重要内容之一,它是指可溶性抗原及其相应抗体在一定条件下出现肉眼可见的沉淀物的现象。凝集反应包括直接凝集反应和间接凝集反应两大类。直接凝集反应可利用已知抗血清鉴定未知细菌,优点是极端快速,为诊断肠道传染病时鉴定病人标本中肠道细菌的重要手段;间接凝集反应是一种定量法,已发展成微量滴定凝集法,它可利用已知抗原测定人体内抗体的水平(效价),也是诊断肠道传染病的重要方法。免疫血清的效价高低取决于实验动物的免疫反应性及抗原的免疫原性。机体的特异性免疫反应是指机体受抗原物质刺激后产生体液免疫(抗体)和细胞免疫(致敏的T淋巴细胞及其产物多种淋巴因子)的过程。这种结合反应的特异性可能是生物学中已知的最特异的反应。

三、实验材料、试剂、用具

1. 实验材料

24h培养的大肠杆菌斜面,8~12周龄的健康小鼠、兔子。

2. 实验试剂

硫柳汞,0.5%石碳酸生理盐水,生理盐水,小鼠红细胞等抗原溶液,HRP-羊抗兔IgG,兔抗鼠IgG,小鼠抗兔IgG抗血清,HRP-兔抗鼠IgG,包被缓冲液,洗涤液,稀释液,底物溶液,2 mol/L H_2SO_4。

3. 实验用具

McFarland比浊管,乙醇棉花,碘酒棉花,消毒干棉花,灭菌吸管,毛细滴管,小试管,大试管与离心管,1mL注射器(灭菌),灭菌的离心管、微量滴定板,玻片,微量吸管(20~80 μL),微量吸管的吸嘴,接种环、滴管、湿盒、酶标测定仪等。

四、实验方法

1. 血细胞抗原的制备

采取兔子静脉血 0.2 mL，用肝素抗凝。低速离心，收集血细胞，用 0.9% NaCl 调整细胞浓度至 4×10^7 个/mL。

2. 大肠杆菌抗原的制备

吸取灭菌的 0.5%石碳酸生理盐水 5 mL，将其注入大肠杆菌斜面培养物上，将菌苔洗下。用无菌毛细滴管吸取洗下的菌液，注入无菌小试管。将此含有菌液的小试管放入 60 ℃的水浴箱中 1h，并不时摇动。取一个与比浊管同质量的小试管，加菌液 1 mL，再加石碳酸生理盐水 4 mL(或更多，视原菌液浓度而定)，混匀后与各比浊管比浊，假若与第 3 管的浊度相等，则此菌液每毫升的细菌数为

$$5\times900\ 000\ 000=4\ 500\ 000\ 000(45\text{亿})$$

附：McFarland 比浊管配制法(取同质量同大小的试管 10 支)：用 0.5%石碳酸生理盐水将菌液稀释至每毫升含 9 亿个细菌。将已稀释好的菌悬液接种少量于肉汤培养基中，培养 24～28 h，观察有无细菌生长，如果无细菌生长，即可放入冰箱备用。

3. 免疫小鼠

先将此试验所需的试剂准备好。向两只小鼠的腹腔分别注射 0.5 mL 的灭活的大肠杆菌，向另外 2 只小鼠的腹腔内分别注射 0.2 mL 的血清。每隔 15 天重复注射作加强免疫，共重复 2 次。

五、实验结果

1. 血清效价测定

ELISA 法：在酶标滴定板内加入 0.05 mL 抗原，置湿盒内 4 ℃过夜，去抗原溶液，用洗涤液重复洗 3 次，每次 3 min。然后去洗涤液，加入 0.05 mL 待测样品，置于湿盒内，37 ℃，放置 1 h，同时设阴、阳性对照。1 h 后用洗涤液重复洗 3 次，每次 3 min。然后加入 0.05 mL HRP-羊抗鼠 IgG，置湿盒内，37 ℃，放置 1 h。1 h 后用洗涤液重复洗 3 次，每次 3 min。然后加入 0.05 mL 新配底物溶液，置于湿盒内，37 ℃，放置 30 min，然后加入 0.05 mL 终止反应液。观察各孔的颜色，用酶标测定仪测定 OD490 光吸收值。

2. 凝集反应

玻片凝集法(图 2-2-6)：在玻片的一端加入一滴 1∶10 大肠杆菌免疫血清，另一端加入一滴生理盐水。用接种环自大肠杆菌琼脂斜面上挑取少许细菌混入生理盐水内，并搅匀；采用同法挑取少许细菌混入血清内，搅匀。将玻片略为摆动后静置室温中，1～3 min 后即可观察到一端有凝集反应出现，另一端为生理盐水对照，仍为均匀浑浊。

微量滴定凝集法：在微量滴定板上标记 10 个孔，从 1～10。用移液枪于第 1 孔中加入 0.08 mL 生理盐水，其余各加入 0.05 mL。然后加入 0.02 mL 大肠杆菌抗血清于第 1 孔中。然后换一新的枪头，在第 1 孔中吸上，放下来回 3 次充分混匀，再吸 0.05 mL 至第 2 孔。换枪头，同样在第 2 孔吸上，放下，3 次后吸入 0.05 mL 至第 3 孔中，依次类推，一直稀释至第 9

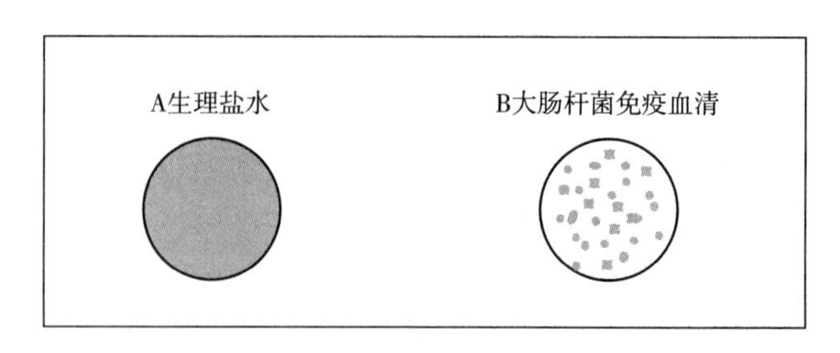

图 2-2-6 玻片凝集法

孔，混匀后弃去 0.05 mL。每孔加入大肠杆菌悬液 0.05 mL，将滴定板按水平方向摇动，以混合孔中内容物。然后将滴定板置湿盒内，35 ℃，1 h，再放冰箱过夜。最后观察孔底有无凝集现象。

3. 制备血清

在小鼠颈动脉采血，将采集的血液移入离心管中，尽量放成最大斜面，凝固后放入 4～6 ℃冰箱中，使其自然析出血清。用已灭菌的毛细滴管洗出血清。若血清中带有红细胞，则用离心沉淀法去掉红细胞。然后将血清分装于灭菌细口瓶中。加入防腐剂，使血清含有 0.01%硫柳汞。用蜡或胶带纸封瓶口，贴上标签，注明抗血清的名称、凝集效价及日期，放入冰箱备用。

实验 5　细胞融合实验

一、实验目的

(1)了解动物细胞融合的常用方法。
(2)学习化学融合的根本操作过程。
(3)观察动物细胞融合过程中细胞的行为与变化。

二、实验原理

细胞融合是指在自发或者诱导条件下，两个或两个以上细胞合并为双核细胞或者多核细胞的过程。目前人们已经发现有很多方法可以诱导细胞融合，包括病毒诱导融合、化学诱导融合和电激诱导融合。

1. 病毒诱导融合

仙台病毒、牛痘病毒、新城鸡瘟病毒和疱疹病毒等可以介导病毒同宿主的细胞的融合，也可介导细胞与细胞的融合。用紫外线灭活后，这些病毒即可诱导细胞发生融合。

2. 化学诱导融合

很多化学试剂能够诱导细胞融合，如聚乙二醇(PEG)、二甲基亚砜、山梨醇、甘油、溶血性卵磷脂、磷脂酰丝氨酸等。这些物质能够改变细胞膜脂质分子的排列，在去除这些物质之后，细胞膜趋向于恢复原有的有序构造。在恢复过程中想接触的细胞由于接口处脂质双分子层的相互亲和与外表力，细胞膜融合，胞质流通，发生融合。化学诱导方法操作方便，诱导融合的概率比拟高，效果稳定，适用于动、植物细胞，但对细胞具有一定的毒性。PEG 是广泛使用的化学融合剂。

3. 电激诱导融合

电激诱导融合包括电诱导、激光诱导等。其中，电诱导是先使细胞在电场中极化成为偶极子，沿电力线排布成串，再利用高强度、短时程的电脉冲击破细胞膜，细胞膜的脂质分子发生重排，由于外表力的作用，两细胞发生融合。电诱导方法具有融合过程易控制、融合概率高、无毒性、作用机制明确、可重复性高等优点。

三、实验步骤

本次实验采用的是化学诱导融合的方法，利用 PEG 使鸡血红细胞发生融合，具体实验步骤如下。

(1)取鸡血 2 mL+2 mL Alsever 液，再掺加 6 mL Alsever 液，混匀后制悬液，4 ℃保存。

(2)取(1)中悬液 1 mL+4 mL 的 0.85%的 NaCl 溶液，进行以下三次离心处理。

① 在 1200 r/min 下离心 5 min，去掉上清液，再掺加 0.85%的 NaCl 溶液至 5 mL。

② 1 000～1 200 r/min 下离心 5 min，去掉上清液，再掺加 0.85%的 NaCl 溶液至 5 mL。

③ 1 000～1 200 r/min 下离心 7 min。

(3)将离心后的沉降血球，去上清，加入 GKN 至 1～2 mL，使之成为 10%的细胞悬液。

(4)取上述 10%的血球悬液 1 mL，掺加 3 mL GKN 液，使每毫升含血球 15 000 000 个。

(5)分别取 1 mL+0.5 mL 50% PEG、0.5 mL+0.5 mL 50% PEG、0.5 mL+1.0 mL 50% PEG，混匀滴片，编号分别为①、②、③号溶液。在常温下 2～3 min 后，显微镜下观察。

四、实验结果

实验中可观察到两个和多个细胞发生质膜融合现象，可看到不同融合状态的细胞。

(1)两个细胞的细胞膜相互接触、黏连。

(2)接触局部的细胞膜崩解，两个细胞的细胞质一样，形成一个细胞质的通道，呈现哑铃状。

(3)通道扩大，两个细胞连成一体，呈现一个长椭圆形细胞。

(4)细胞融合完成形成含有双核或者多核的细胞，呈圆形。

比拟典型的细胞融合时的形态如图 2-2-7 所示。

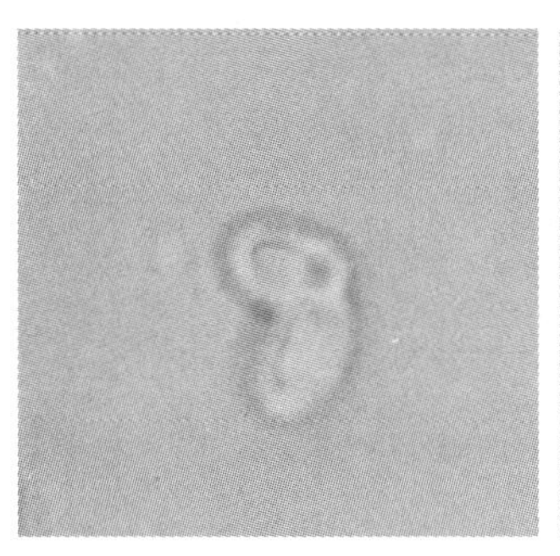

(a) 初步接触融合

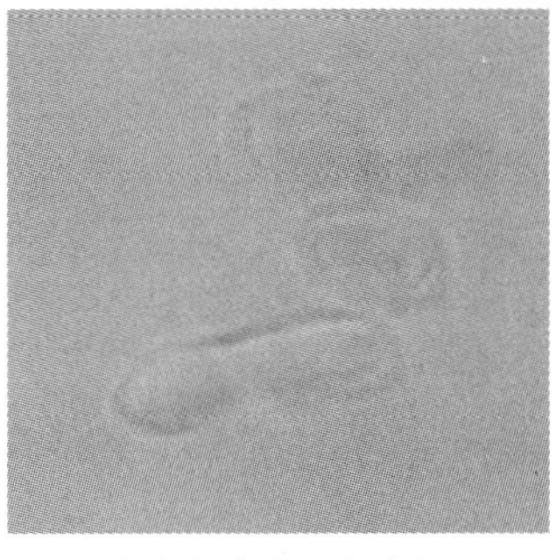

(b) 细胞进一步融合

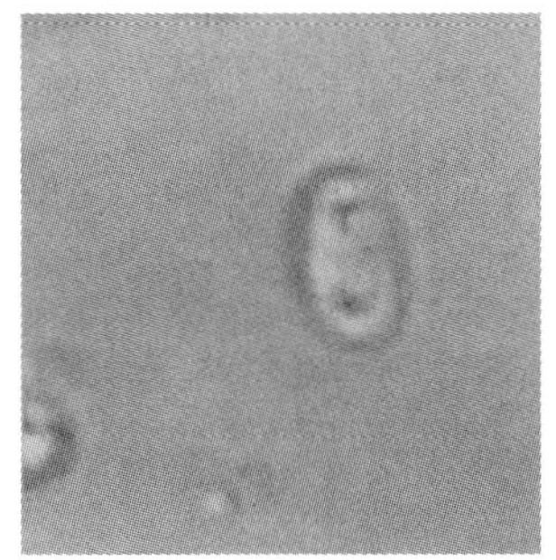

(c) 融合完成

图 2-2-7　细胞融合步骤

五、讨论与结论

1. 实验结果

经过 PEG 的介导融合,鸡血红细胞中有局部细胞发生了融合,并且多处于融合刚开场的阶段。大局部细胞仍处于离散状态,视野中还发现有细胞聚集成团的现象。另外,本实验进行了细胞悬液三个不同浓度的融合实验,即 1 mL+0.5 mL 50% PEG、0.5 mL+0.5 mL 50% PEG,0.5 mL+1.0 mL 50% PEG,前两组的细胞融合率明显没有第三组的细胞融合率高,因此可以得出结论:在一定范围内,PEG 的浓度越高,细胞融合率越高。另外,因为本实验中的细胞悬液浓度偏低,所以无法直观地对前两组进行融合率的比拟,但从理论上分析,在 PEG 浓度一定时应该是细胞浓度高的融合率高。

2. 结果分析

本次细胞融合实验采用的是鸡血红细胞,鸟类红细胞存在细胞核,并且细胞体积较大,易于实验观察。本实验由于时间关系只进行了一次离心,而正常实验过程是要进行三次离心,目的是充分清洗细胞外表,使细胞接触面积到达最大,有利于细胞间的融合。每次离心前都要将样品小心混匀,有可能出现聚集成团的细胞。假设视野中出现聚集成团的细胞,还有一种可能,即制备的鸡血红细胞悬液浓度过高。视野中经常会看到两个或多个细胞接触在一起,此时不一定就是融合的细胞,需要转动细准焦螺旋对接触局部进行观察,通过观察接触部位细胞膜的有无,判断其为融合细胞还是重叠在一起的细胞。

本实验采用的是 PEG 介导,融合效果受到以下几个因素的影响:PEG 分子的分子量和浓度、PEG 作用时间、融合温度、pH。在一定范围内适当调节这些条件,可以将融合率提高。但在进行科研时还应考虑到 PEG 分子对细胞存活的影响,因此取分子量 800~1 000 较适合。

参考文献:

[1] 陈丽梅. 分子生物学实验:实用操作技术与应用案例[M]. 北京:科学出版社,2017.

[2] 李太元,许广波. 微生物学实验指导[M]. 北京:中国农业出版社,2016.

第3章　细胞工程综合实训

实验1　原代细胞及传代细胞的培养

一、实验目的

初步掌握哺乳动物细胞的原代培养与传代培养的基本操作过程，为生物工程在医学上的应用打下基础。

二、实验原理

从生物体中取出某种组织或细胞，模拟体内生理条件，在人工培养条件下使其生存、生长、繁殖或传代，这一过程称为细胞培养。细胞培养技术的最大优点是使我们得以直接观察活细胞，并在有控制的环境条件下进行实验，避免了体内实验时的许多复杂因素，还可以与体内实验互为补充，可同时提供大量生物性状相同的细胞作为研究对象，耗费少，比较经济，因此细胞培养成为生物学研究的重要手段。近年来，在体细胞遗传、分化、胚胎发生、肿瘤发生、免疫学、细胞工程、放射生物学及老年学等一系列的研究领域中得到广泛的应用，并取得了丰硕的成果。

细胞培养可分为原代培养和传代（继代）培养。直接从体内获取的组织细胞进行首次培养称为原代培养；当原代培养的细胞增殖达到一定密度后，则需要做再培养，即将培养的细胞分散后，从一个容器以1∶2或其他比率转移到另一个或几个容器中扩大培养称为传代培养，传代培养的累积次数就是细胞的代数。细胞培养是一项程序复杂、要求条件多而严格的实验性工作。所有离体细胞的生长都受温度、渗透压、pH、无机盐的影响，消毒、配液等均有严格的规范和要求，特别是无菌操作是细胞培养成败的关键。

三、实验用品

（1）材料：乳兔、HeLa细胞（人宫颈癌细胞）、手术器械、平皿、培养瓶、吸管、离心管（灭菌后备用）、酒精灯、烧杯、超净工作台、二氧化碳培养箱、倒置显微镜。

（2）试剂：含有5%胎牛血清的MEM培养液、0.01 mol/L PBS，0.25%胰蛋白酶，0.02% EDTA混合消化液，75%乙醇。

（3）器材和液体的准备：细胞培养用的玻璃器材，如培养瓶、吸管等在清洗干净以后，装在铝盒和铁筒中，120 ℃，2 h干烤灭菌后备用；手术器材、瓶塞、配制好的PBS液用灭菌锅15

磅(1 磅=0.454 kg),20 min 蒸气灭菌;DMEM 培养液、小牛血清、消化液用 G6 滤器负压抽滤后备用。

四、实验步骤

1. 原代细胞培养

细胞培养是模拟机体内生理条件,将细胞从机体中取出,在人工条件下使其生存、生长、繁殖和传代,进行细胞生命过程、细胞癌变、细胞工程等问题的研究。近年来,细胞培养被广泛地应用于分子生物学、遗传学、免疫学、肿瘤学、细胞工程等领域,发展成一种重要生物技术,并取得显著成就。原代培养细胞离体时间短,性状与体内相似,适用于研究。一般说来,幼稚状态的组织和细胞,如动物的胚胎、幼仔的脏器等更容易进行原代培养。

(1)取材。用颈椎脱位法使乳兔迅速死亡。然后,把整个动物浸入盛有 75%乙醇的烧杯中数秒消毒,取出后放在大平皿中携入超净台。用消过毒的剪刀剪开用碘酒和乙醇再次消毒后的皮肤,剖腹取出肝脏或肾脏,将其置于无菌平皿中。

(2)切割。用灭菌的 PBS 液将取出的脏器清洗三次,然后用眼科手术剪刀仔细将组织反复剪碎,直到成 1 mm^3 左右的小块,再用 PBS 清洗,洗到组织块发白为止。将其移入无菌离心管中,静置数分钟,使组织块自然沉淀到管底,弃去上清。

(3)消化、接种培养。吸取 0.25%胰蛋白酶、0.02%EDTA 混合消化液 1 mL,加入离心管中,与组织块混匀后,加上管口塞子,37 ℃水浴中消化 8~10 min,每隔几分钟摇动试管,使组织与消化液充分接触,静止,吸去上清,向离心管中加入 5~10 mL 含 5%小牛血清的 MEM 培养基,用吸管吹打混匀,移入 2 个培养瓶中,置于二氧化碳培养箱中培养。

细胞接种后一般几小时内就能贴壁,并开始生长,如接种的细胞密度适宜,5 天到一周即可形成单层。

2. 传代细胞培养

体外培养的原代细胞或细胞株要在体外持续地培养就必须传代,以便获得稳定的细胞株或得到大量的同种细胞,并维持细胞种的延续。细胞"一代"指从细胞接种到分离再培养的一段期间,与细胞世代或倍增不同。在一代中,细胞倍增 3~6 次。细胞传代后,一般经过三个阶段,即游离期、指数增生期和停止期。常用细胞分裂指数表示细胞增殖的旺盛程度,即细胞群的分裂相数/100 个细胞。一般细胞分裂指数介于 0.2%~0.5%,肿瘤细胞可达 3%~5%。细胞接种 2~3 天分裂增殖旺盛,是活力最好的时期,称为指数增生期(对数生长期),适宜进行各种试验。

(1)将长成单层的原代培养细胞或 HeLa 细胞从二氧化碳培养箱中取出,在超净工作台中倒掉瓶内的培养液,加入少许消化液(以液面盖住细胞为宜),静置 5~10 min。

(2)在倒置镜下观察被消化的细胞,如果细胞变圆,相互之间不再连接成片,这时应立即在超净台中将消化液倒掉,加入 3~5 mL 新鲜培养液,吹打,制成细胞悬液。

(3)将细胞悬液吸出 2 mL 左右,加到另一个培养瓶中,并向每个瓶中分别加入 3 mL 左右的培养液,盖好瓶塞,送回二氧化碳培养箱中,继续进行培养。

一般情况下,传代后的细胞在 2 h 左右就能附着在培养瓶壁上,2~4 天就可在瓶内形成单层,需要再次进行传代。

五、作业

(1)原代细胞和传代细胞培养有哪些区别?

(2)总结一下你自己的经验,怎样才能既迅速又保证无菌操作。

注意事项:

在无菌操作中,一定要保持工作区的无菌清洁。为此,在操作前要认真地洗手并用75%乙醇消毒。操作前20～30 min起动超净台吹风。操作时,严禁说话,严禁用手直接拿无菌的物品,如瓶塞等,而要用器械,如止血钳、镊子等去拿。培养瓶只有在超净台内才能打开瓶塞,打开之前用乙醇将瓶口消毒,打开后和加塞前瓶口都要在酒精灯上烧一下,打开瓶口后的操作全部都要在超净台内完成。操作完毕后,只有加上瓶塞,才能将培养瓶拿到超净台外。使用的吸管在从消毒的铁筒中取出后要手拿末端,将尖端在火上烧一下,戴上胶皮乳头,然后吸取液体。总之,在整个无菌操作过程中都应该在酒精灯的周围进行。

实验2　杂交瘤细胞与单克隆抗体的制备

一、实验目的

(1)了解动物细胞培养的相关实验器材及实验前器材的清洗与消毒、无菌室灭菌与消毒等基本方法,以建立无菌操作的概念。

(2)了解和掌握动物细胞原代培养的基本方法,熟悉组织块法和消化法培养的基本操作过程,初步掌握无菌操作技术。

(3)学习与了解细胞超低温冻存与复苏的基本原理,初步掌握培养细胞常规超低温冻存与复苏及玻璃化超低温冻存与复苏的方法。

(4)掌握ELISA测定抗体效价的方法、细胞的超低温冻存和复苏,以及MTT法测定细胞活性的方法。

(5)学习和掌握制备饲养层细胞的方法,为杂交瘤细胞的制备做准备。

(6)学习从脾脏组织制备免疫细胞的方法,从免疫脾脏中制备免疫细胞悬液,用于杂交瘤细胞的融合。

(7)学习和掌握动物细胞融合的基本方法,通过免疫脾细胞与骨髓瘤细胞融合制备杂交瘤细胞,并进行选择。

(8)学会细胞形态的观察和分析、细胞技术等细胞培养中常见的问题。

二、实验原理

1. 原代培养

原代培养首先用无菌操作的方法,从动物体内取出所需的组织或器官,切成一定大小的组织块,直接或经消化分散成单个游离的细胞,在人工培养条件下,使其不断地生长、繁殖。

2. 细胞活性测定——MTT法

MTT法是利用细胞线粒体呼吸链上的琥珀酸脱氢酶四氮唑蓝还原成难溶的蓝紫色结

晶——甲瓒，经二甲基亚砜(DMSO)溶解后，在490 nm处测吸收值，其吸收值可间接反映细胞的活性状态及活细胞数量。

3. 培养细胞的超低温冻存与复苏

为了保持细胞株(系)遗传的稳定性及非连续使用细胞的长期保存，建立了细胞超低温冻存与复苏技术。目前细胞超低温冻存技术主要有两种方法，即常规超低温冻存和玻璃化超低温冻存。活细胞在超低温下克服了分子间的热运动，因而可长期保存而不影响活力。在不加任何条件下直接冻存细胞时，细胞内和外环境中的水都会形成冰晶，能导致细胞内发生机械损伤、电解质升高、渗透压改变、脱水、pH改变、蛋白变性等，进而引起细胞死亡。如果向培养液中加入保护剂，则可使冰点降低。在缓慢地冻结条件下，能使细胞内的水分在冻结前透出细胞。贮存在−130 ℃以下的低温中能减少冰晶的形成。

4. 饲养层细胞的制备

在体外培养细胞实验中，对于难养的细胞或者数量较少的细胞，常常需要预先在培养瓶或培养板底部加入一些活的原代细胞或者静息的肿瘤细胞以辅助目的细胞的生长，这就是饲养层细胞。它可能在饲养层细胞的生长过程中释放一些细胞生长刺激因子或提供细胞接触的信号。

5. 免疫脾细胞的制备

小鼠经抗原多次免疫后，可从脾脏组织细胞分裂和分化出较多能分泌相应抗体的B淋巴细胞，脾脏内细胞连接不紧密可通过机械分离和过滤网筛选，将这些细胞制备成游离的单个细胞悬液。

6. 杂交瘤细胞的制备(细胞融合)

通过对免疫动物B细胞和某个永久细胞系进行融合，杂交后代称为杂交瘤。杂交瘤细胞可以将分泌特异性抗体B细胞的遗传特性和骨髓瘤细胞系体外增殖的遗传特性合二为一。一种淋巴细胞克隆只产生一种特异性抗体，细胞融合技术产生的杂交瘤细胞可以保持亲代双方的特性，通过筛选杂交瘤细胞，进行体外大量培养增殖，从而获得所需的抗体。

7. ELISA检测

使抗原或抗体结合到某种固相载体表面，并保持其免疫活性。使抗原或抗体与某种酶连接成酶标抗原或抗体，这种酶标抗原或抗体既保留其免疫活性，又保留酶的活性。在测定时，把受检标本(测定其中的抗体或抗原)和酶标抗原或抗体按不同的步骤与固相载体表面的抗原或抗体起反应。用洗涤的方法使固相载体上形成的抗原抗体复合物与其他物质分开，最后结合在固相载体上的酶量与标本中受检物质的量成一定的比例。加入酶反应的底物后，底物被酶催化变为有色产物，产物的量与标本中受检物质的量直接相关，故可根据颜色反应的深浅进行定性分析或定量分析。因为酶的催化频率很高，所以可极大地放大反应效果，从而使测定方法达到很高的敏感度。

三、实验内容

(一)动物细胞培养技术

1. 动物细胞培养实验器材的准备

无菌室：首次启用的无菌室一般可采用福尔马林熏蒸(5～6 m^2 无菌室用 $KMnO_4$ 50g，

倒入100 mL甲醛(用搪瓷盘)冒浓烟,24 h,氨水中和至无甲醛味),经常使用的无菌室在每次实验前必须开启紫外灯照射0.5～1 h,然后避光0.5～1 h后方可进入操作。

培养器材的消毒采用干热灭菌法:玻璃器皿、金属器具等的消毒方法,140～150 ℃,2～3 h;湿热灭菌法:橡胶制品、无菌衣、帽和口罩及除菌过滤器的清毒,高压蒸汽灭菌15磅20～30 min;紫外线照射灭菌法:多孔培养板的灭菌30 min。抽滤除菌:培养基等(培养基通过0.22过滤装置除去细菌)。

2. 杂交瘤技术与单克隆抗体的制备

(1)小鼠的免疫。

方法:脾脏直接注射,一般免疫后3～4天即可制备抗体。

其他途径注射:一般采用间隔免疫的方法,分3次,间隔2～3周进行免疫。

步骤:取绵羊静脉血0.2mL(加肝素或枸橼酸钠抗凝),用0.9%NaCl或PBS 1 000～1 500 r/min离心5 min涤洗3次,收集血细胞。

血球计数板计数,用0.9%NaCl或PBS调整细胞浓度至4×107个/mL(10个/小格)。

向小鼠腹腔注射血细胞悬液0.5 mL。每隔15天重复注射进行加强免疫,共重复2次,第2次加强免疫后10天,检测血清效价,若血清效价低,则要继续免疫。小鼠处死前2～3天加强免疫1次,以活化B淋巴细胞。

注:细胞计数:一个大方格被分成16个中方格。每个大方格边长为1 mm,盖上盖玻片后,载玻片与盖玻片之间的高度为0.1 mm,计数室的容积为0.1 mm^3。一个大方格被分成16个中方格。细胞浓度(个/mL)=细胞数/体积即细胞浓度(个/mL)=一个大格的细胞数×10^4。打入的免疫红细胞数要在一定范围内,细胞数量太多会免疫耐受,太少得到的免疫细胞数少。

(2)小鼠血清的制备。取五只没有免疫过的小鼠——每只小鼠眼球取血0.5 mL以上于1 mLEP管中,小鼠短颈处死后,放于装有75%酒精的烧杯中消毒灭菌,带入无菌室备用。取出血清放于37 ℃水浴保温30 min,2 000 r/min离心10 min,取上清于干净的离心管中,作为ELISA的阴性对照,取五只免疫过的小鼠,同上操作,取血清作为ELISA的阳性对照。

(3)单克隆抗体的制备流程。

① 骨髓瘤细胞的培养。选择生长旺盛、形态良好的细胞;将上清倒入离心管内,剩余贴壁的细胞用0.02%EDTA消化液消化细胞5 min后倒入同一离心管,1 000～1 500 r/min离心5 min,收集细胞。

加入6 mL含10%小牛血清的DMEM培养液悬浮细胞,分装于两个细胞培养瓶,5% CO_2培养箱37 ℃培养。

② 饲养层细胞的制备。每组1只小鼠,断颈处死后浸泡在75%乙醇中消毒5 min。在无菌室内小心剪开小鼠腹部皮肤,暴露腹腔,用注射器腹腔注射3～4 mL 1640培养液,按摩片刻。左手用镊子夹起小鼠腹腔肌肉,右手用剪刀剪开一个小口,小心用吸管吸出腹腔液体于离心管。低速离心洗涤细胞一次后,用12～15 mL 1640培养液悬浮细胞(5×10^4),取100～2001滴96孔板(一般用吸管滴2～3滴)。

③ 免疫脾细胞的制备。将免疫过并取完血清后浸泡在75%乙醇中的小鼠带入无菌室。小心剪开其腹腔,取出脾脏。用一次性注射器将脾脏刺几个洞,再吸3～4 mL PBS液吹打脾

脏。收集吹打的细胞悬液，经低速离心洗涤后将细胞悬浮在培养液。

④ 杂交瘤细胞的制备(细胞融合)。将骨髓瘤细胞(2×10^7)与脾细胞按 1∶10 的比例混合，低速离心后弃上清，用手指弹匀细胞。将 1 mL 50%的 PEG 在 1 min 内缓缓加到混合的细胞内，注意边滴加 PEG 边摇动离心管。PEG 作用 1 min 后，迅速滴加培养液终止 PEG 作用，低速离心洗涤细胞。

用 10 mLDEME 培养液悬浮融合细胞，按每孔 3 滴的量滴加到含滋养层的 96 孔板内，置 37 ℃ 5% CO_2 培养箱中培养。

(注：因为实验时间有限，我们只是操练单克隆抗体的制备方法和过程，并没有制备到单克隆抗体，但是单克隆抗体的制备过程和操作注意事项已经基本了解。)

3. 原代细胞的培养

(1)组织块法培养小鼠肝脏组织：取出肝脏，经 PBS 漂洗三次后，放在表面皿中。在表面皿中，用滴管加入少量 PBS(RPMI 1640 含 20%小牛血清、0.2%白蛋白、10 μg/mL 胰岛素、100 U 青霉素和链霉素)用锋利的剪刀将组织块剪成约 1 mm^3 的小块。

用弯头镊子将组织小块移入细胞瓶中，把它们排列成行，每块组织相距约 0.5 cm，每瓶细胞贴 20～30 小块，随即翻转细胞瓶，使贴组织块的一面朝上，然后加入培养液 3 mL。

将细胞瓶置于 37 ℃，5%CO_2 培养箱中静置 2～4 h，然后将瓶轻轻翻转，使组织块浸入培养液中，继续静止培养。72 h 后在显微镜下检查，若见细胞自组织边缘长出，则继续培养 3～5 天，再换部分或全部培养液，待多数组织块的生长晕相接时，可进行传代培养。

肝细胞培养的实验结果：若培养液显为淡黄且清澈，一般显示细胞生长良好。培养 3～5 天，在相差显微镜下观察，若见细胞自组织边缘长出，则更换部分或全部培养液，待多数组织块的生长晕相接，小心挑掉组织块，继续培养 3～4 天。7 天左右后，生长晕扩大到直径为 15 mm左右，小鼠肝脏细胞原代培养的生长晕是多角形上皮样细胞与梭形细胞混合的细胞群体。

24～48 h 后若培养液变成黄色且混浊，表示已被污染；若培养液变成紫色，一般细胞生长不好，则培养液 pH 过高。

(2)消化法培养小鼠肾细胞。将消毒过的小鼠剖腹取出肾脏，于放有 PBS 的培养皿中洗涤；尽量剪碎肾脏，用 PBS 洗涤 2～3 次。加入 5 mL 胰酶，37 ℃(30 min)。过筛，1 000 r/min 10 min，用 PBS 洗涤 2～3 次。加入培养液，计数至$(3\sim5)\times10^5$/mL；将配置好的细胞悬液装入细胞培养瓶中，每瓶约 3 mL，放入二氧化碳培养箱中。

(3)抗体 IgG ELISA 检测：取 0.2 mL 绵羊红细胞，加 6 mL PBS 1 000 r/min 离心 10 min 洗涤。重复一次。取下层红细胞，加入 1.2 mL 磷酸盐缓冲液(Na_2HPO_4 5 mmol/L，NaH_2PO_4 5 mmol/L，pH 为 7.6)混匀后，常温处理 20～25min，12000～1 3000 r/min 离心 15 min，去上清，重复一次。

取乳白色沉淀(血影)用包被液稀释后，按 50 g(教师制备)加入 96 孔酶标板内。放于湿盒 4 ℃冰箱过夜，备用。吸去孔中的抗原液(自制吸头，这样冲击力会小，不会使包被的抗原脱落)。用洗涤液先炼 3 次(将洗涤液沿孔壁注入 200 μL/孔。放置 3 min。甩去洗涤液，重新注入)，加封闭液(含 1%牛血清白蛋白的洗涤液)200 μL/孔，封闭 30min。甩去封闭液，用洗涤液 3 次。待测抗体作 1∶500、1∶1 000、1∶2 500、1∶5 000 稀释后，按每孔 100 μL 加入，置湿盒内于37 ℃作用1 h。同时设阴性、阳性、空白对照（调零孔）。用洗涤液3次。每孔加入适当稀释的酶标兔抗鼠IgG试剂100 μL，置湿盒内37 ℃作用1 h。用洗涤液3次。每孔加入100 μL新配制的底物溶液（TMB），暗处室温作用5～10 min。每孔加入100 μL 2M H_2SO_4 终止反应，检测。用酶联免疫检测仪测定 *OD*450 nm光吸收值，若试验孔的光吸收值比阴性孔的光吸收值大于或等于2.1，可判定为阳性。

注：TMB、2MH_2SO_4 操作时要戴手套，TMB中有过氧化氢对皮肤有腐蚀作用。酶标板在操作过程中不能用手接触其底部，否则会影响折光率，在测吸光值时板底的水要擦干。

(二)细胞的超低温冻存与复苏

小鼠断颈处死后，分别取肾脏（剪碎）、脾脏（注射器吹打）细胞，1 000～1 500 r/min离心5 min，收集细胞。用1640培养液悬浮细胞，计数，调整细胞密度至 5×10^6、2×10^7 个/mL，分装成3管，每管0.8 mL，经以下处理后－196 ℃（液氮）冻存过夜。

分组如下。A组：直接冻存；B组：细胞悬浮在10%DMSO－1640培养液中冻存；C组：细胞先经10%浓度的玻璃化保护剂处理（PVS2），4 ℃过渡5min，然后4 ℃ 1 000 r/min离心10 min，弃上清，再用100%PVS2保护剂，4 ℃过渡5min后冻存；

（注：为了MTT法测定细胞活性比较三种方法时减少误差，按C组平行离心A、B组。）

(三)MTT法测定细胞活性

从液氮中取出冻存管，直接投入37～40 ℃的水浴中，并不时摇动，使其快速（1 min之内）融化。转移到1.5 mL离心管后，加0.5 mL 1640培养液，1 500 r/min离心5 min，弃上清，收集细胞。用0.5 mL 1640培养液悬浮细胞后，再加80 μL MTT反应液，37 ℃水浴中培养3 h。1 500～2 000 r/min离心5 min，弃上清，收集细胞；再用800 μL DMSO溶解细胞，按每孔200 μL的量转移至96孔酶标板内，室温下放置10 min，并不时摇动，以溶解细胞。无细胞组为调零孔。选择570 nm波长，在酶联免疫检测仪上测定MTT反应孔的光吸收值（OD570）比较不同的处理方法下细胞的存活情况。

四、实验结果及分析

(1)细胞培养观察：培养液显为淡黄色且清澈，无污染现象；细胞呈球状，密集。

(2)细胞的超低温冻存与复苏后活性检测 *OD* 值。

1′－1：调零孔。

2′－1、2、3、4：肾细胞直接冻存。

3′－1、2、3、4：肾细胞加入10%DMSO冻存。

4′－1、2、3、4：肾细胞玻璃化冻存。

2′－5、6、7、8：脾细胞直接冻存。

3′－5、6、7、8：脾细胞加10%DMSO冻存。

4′－5、6、7、8：脾细胞加玻璃化冻存。

就结果而言，加入10%DMSO冻存的细胞存活率最高，而理论上是玻璃化冻存的细胞存活率最高。从液氮中取出时玻璃化冻存也结成冰晶，与理论不符，实验存在问题。

(3)ELISA检测。

1′－1：调零孔。

1′—2、3、4、5：阴性对照。

3′—5、6、7、8：1∶8 000。

1′—6、7：阳性对照。

4′—1、2、3、4：1∶16 000。

2′—1、2、3、4：1∶1 000。

4′—5、6、7、8：1∶32 000。

2′—5、6、7、8：1∶2 000。

5′—1、2、3、4：1∶64 000。

3′—1、2、3、4：1∶4 000。

5′—5、6、7、8：1∶128 000。

8′、9′、10′、11′与2′、3′、4′、5′相同。加入底物溶液（TMB）后，阳性孔呈蓝色，阴性孔无色；加入终止液后，阳性孔呈黄色，阴性孔无色。

注意事项：实验时加液可能存在的误差或不准确，使液面有高低，影响折光率，使实验数据不准确；实验时手碰到了酶标板底部，留有指纹等，影响折光率，使实验数据不准确。测OD值时酶标板底部有水，影响折光率，使实验数据不准确。

五、实验要点及讨论

（一）酶联反应常见问题

（1）显色步骤结束后，所有孔均无色，阳性对照不显色原因：错加、漏加试剂底物、显色剂；在洗板及加样过程中，酶标受污染失活，失去催化显色剂显色的能力；终止液误做洗涤液或底物溶液配制；蒸馏水有问题。

（2）所有孔均较淡。原因：加入试剂的体积和时间有误，或移液器枪头不洁；在洗板及加样过程中，酶标受污染失活，失去催化显色剂显色的能力；培养时间及温度未达到要求；洗板次数过多，或洗涤液不符合要求，洗涤冲击力太大，浸泡时间过久；底物作用时间不够。

（3）阴阳性对照正常，待测品未检出原因：样品高温放置过久，或反复冻融致待测物浓度下降。

（4）做阳性。原因：洗涤不充分，样品中有其他成分残留；血清标本处理不当；加酶量过多；培养温度超过37 ℃，或酶结合物反应时间或底物显色超时；底物或样品污染。

（二）细胞超低温冻存与复苏的要点

1. 冷冻速度

冷冻速度即降温速度，它与冷冻效果直接相关。冷冻速度、细胞收缩引起细胞膜和细胞器的变化是造成损伤的主要因素目。冷冻速度不同，细胞内的水分向细胞外流动的情况也会不同。如果冷冻速度过慢，细胞内水分外渗多，细胞脱水，体积缩小，同时细胞内溶质浓度增高，细胞内不发生结冰；冷冻速度过快，细胞内水分没有足够时间外渗，随着温度的下降，细胞内会发生结冰；如果冷冻速度非常快，细胞内形成的冰晶反而非常小或不结冰而呈玻璃状凝固（玻璃化冷冻）。

不同细胞的最适冷冻速度不同，主要取决于水分渗透过程是否与降温速度相匹配；同时还取决于细胞的表面积与体积之比，以及细胞膜的渗透率。一般来说，小细胞（如红细胞等）对水通透性强，适用于快冻，最佳冷冻速率较高，可达 103 ℃/min 或更高；相反，大的细胞或组织，如直径 100 μm 以上的胚胎，对水的通透性弱，则适于慢冻。此外，最佳冷冻速度还受到是否应用防冻剂、防冻剂的含量及培养的细胞所处的状态等多方面的因素影响。目前被人们普遍接受的是皮肤的低温保存中采用慢冻快复温，一般认为降温速率以 1～5 ℃/min 为最佳。

2. *复苏*

复温速度是指在细胞复苏时温度升高的速度。冷冻保存体外培养物，除了必须有最佳的冷冻速度、合适的冷冻保护剂和冻存温度，在复苏时也需要有最佳的复温速度，这样才能保证最佳冷冻保存效果。与冷冻过程相比，复温过程的研究显得薄弱得多。复温速度不当同样会造成细胞损伤，降低冻存细胞的存活率，其损伤发生非常快，持续时间也很短。

3. *冻存保护剂*

冻存保护剂是指可以保护细胞免受冷冻损伤的物质（常为溶液）。细胞悬液中加入冷冻保护剂可保护细胞免受溶液损伤和冰晶损伤。冷冻保护剂同溶液中的水分子结合，发生水合作用，弱化水的结晶过程使溶液的黏性增加从而减少冰晶的形成。同时冷冻保护剂可以通过在细胞内外维持一定的摩尔浓度，降低细胞内外未结冰溶液中电解质的浓度，使细胞免受溶质的损伤。

冷冻保护剂根据其是否穿透细胞膜可分为渗透性和非渗透性两类。渗透性冷冻保护剂多是一些小分子物质，可以透过细胞膜渗透到细胞内。该类保护剂主要包括二甲基亚砜（DMSO）、甘油、乙二醇、丙二醇、乙酰胺、甲醇等，其保护机制是在细胞冷冻悬液完全凝固之前渗透到细胞内，在细胞内外产生一定的摩尔浓度，降低细胞内外未结冰溶液中电解质的浓度，从而保护细胞免受高浓度电解质的损伤。同时细胞内的水分也不会过分外渗，避免了细胞过分脱水皱缩。在使用该类冷冻保护剂时，需要一定时间进行预冷，在细胞内外达到平衡以起到充分的保护作用。目前使用较多的是 DMSO、甘油、乙二醇和丙二醇等。

非渗透性冷冻保护剂一般是大分子物质，不能渗透到细胞内。该类保护剂主要包括聚乙烯吡咯烷酮（PVP）、蔗糖、聚乙二醇、葡聚糖、白蛋白及羟乙基淀粉等，其保护机制的假设很多，其中一种可能是，聚乙烯吡咯烷酮等大分子物质可以优先同溶液中的水分子相结合，降低溶液中自由水的含量，使冰点降低，减少冰晶的形成；同时，由于其分子量大，溶液中电解质浓度降低，从而减轻溶质损伤。

实验3　外源基因在原核生物中的表达

一、实验目的

（1）熟悉体外诱导、构建重组表达载体等相关原理。

（2）掌握外源基因的体外诱导、大肠杆菌包含体的分离与蛋白质纯化的操作。

二、实验原理

基因工程的最终目的是在一个合适的系统中，使外源基因高效地表达，从而生产出有重要价值的蛋白质产品。这包括外源基因的克隆、转录、翻译、加工、分离纯化等过程。基因工程的表达系统有原核表达系统和真核表达系统两大类。将克隆化基因插入合适的载体后导入大肠杆菌用于表达大量蛋白质的方法一般称为原核表达。这种方法在蛋白纯化、定位及功能分析等方面都有应用。大肠杆菌用于表达重组蛋白有以下特点：易于生长和控制，用于细菌培养的材料不及哺乳动物细胞系统的材料昂贵，有各种各样的大肠杆菌菌株及与之匹配的具有各种特性的质粒可供选择。但是，在大肠杆菌中表达的蛋白由于缺少糖基化、磷酸化等翻译后加工修饰过程，常形成包含体而影响表达蛋白的生物学活性及构象。表达载体在基因工程中具有十分重要的作用，原核表达载体通常为质粒，典型的表达载体应具有以下几种元件：①具有选择标志的编码序列；②可控转录的启动子；③转录调控序列(转录终止子，核糖体结合位点)；④一个多限制酶切位点接头；⑤宿主体内自主复制的序列。

原核表达一般程序如下：

获得目的基因→准备表达载体→将目的基因克隆到表达载体上(测序验证)转化到表达宿主菌→诱导靶蛋白的表达表达蛋白的分析扩增、纯化、进一步检测。

三、实验材料

(一)诱导表达材料

LB 培养基配方：酵母 5 g，蛋白胨 10 g，氯化钠 10 g，琼脂 1%～2%，蒸馏水 1 000 mL。

IPTG 贮备液：在 8 mL 蒸馏水中溶解 2 g IPTC，用蒸馏水定容至 10 mL，0. 22 μm 滤膜过滤除菌，分装成 1 mL/份，－20 ℃保存。

1×Loading Buffer 配方：50 mmol/L Tris. Cl(pH 为 6. 8)，50 mmoVL DTT，2% SDS(电泳级)，0. 1%溴酚蓝，10%甘油。

(二)大肠杆菌包含体的分离与蛋白纯化材料

1. 溶酶法

裂解缓冲液：①50 mmol/L Tris. Cl(pH 为 8. 0)，②1 mmol/L EDTA，③100 mmol/L NaCl；50 mmol/L 苯甲基磺酰氟(PMSF)；10 mg/mL 溶菌酶；脱氧胆酸；1 mg/mL DNase I。

2. 超声破碎法

(1)TE 缓冲液。

(2)2×SDS－PAGE Loading Bufer：①100 mmol/L Tris. CI(pH 为 8. 0)；②100 mmol/L DTT，③4% SDS，④0. 2%溴酚蓝，⑤20%甘油。

3. 包含体的分离

洗涤液 I：0. 5% Triton X－100，10 mmol/L EDTA(pH 为 8. 0)溶于细胞裂解液中。

4. 包含体的溶解和复性

(1)缓冲液 I：1 mmo/L PMSF、8 mmol/L 尿素、10 mmol/L DTT 溶于前述裂解缓冲液中。

(2)缓冲液 II：50 mmol/L KH2PO4，1 mmol/L EDTA(pH 为 8. 0)，50 mmol/L NaCl，

2 mmol/L还原型谷胱甘肽，1 mmol/L 氧化型谷胱甘肽。

(3)KOH 和 HCl，2×Loading Buffer。

三、实验方案

(一)外源基因的体外诱导

1. 获得目的基因

通过 PCR 方法：以含目的基因的克隆质粒为模板，按基因序列设计一对引物(在上游和下游引物分别引入不同的酶切位点，以便定向克隆)，PCR 循环获得所需基因片段。

通过 RT-PCR 方法：应用 Trizol 试剂，从细胞或组织中提取总 RNA，以 mRNA 为模板，逆转录形成 cDNA 第一链，以逆转录产物为模板进行 PCR 循环获得产物。

2. 构建重组表达载体

载体酶切：将表达质粒用限制性内切酶(同引物的酶切位点)进行双酶切，酶切产物行琼脂糖电泳后，用胶回收试剂盒回收载体大片段。PCR 产物双酶切后回收，在 T4 DNA 连接酶作用下连接入载体。

3. 获得含重组表达质粒的表达菌种

(1)将连接产物转化入大肠杆菌，根据重组载体的标志(抗 Amp 或蓝白斑)进行筛选，挑取单斑，碱裂解法小量抽提质粒，双酶切初步鉴定。

(2)测序验证目的基因的插入方向及阅读框架是否均正确，再进行下一步操作。

(3)将此重组质粒 DNA 转化到感受态细胞。

4. 诱导表达

(1)挑取含重组质粒的菌体单斑至 2 mL LB(含 Amp 50 μg/mL)中 37 ℃过夜培养。

(2)按 1∶50 比例稀释过夜菌，一般将 1 mL 菌加入含有 50 mL LB 培养基的 300 mL 培养瓶中，37 ℃振荡培养至一*OD* 值≈0.4～1.0(最好 0.6，大约需 3 h)。取部分液体作为未诱导的对照组，余下的加入 IPTG 诱导剂至终浓度 0.4 mmol/L 作为实验组，两组继续 37 ℃振荡培养 3 h。

(3)分别取菌体 1 mL，1 000 g 离心，1 min，收获沉淀，加 100 μL 1x Loading Bufer，100 ℃加热 3 min，上样进行 SDS-PAGE 检测。

(二)大肠杆菌包含体的分离与蛋白质纯化

1. 细菌裂解

(1)酶溶法：4 ℃，500 g 离心，15 min，收集诱导表达的细菌培养液(100 mL)。弃上清，约每克细菌加入 3 mL 裂解缓冲液，悬浮沉淀(冰上操作)。每克菌加入 3 μL 50 mmol/L 的蛋白酶抑制剂 PMSF 及 80 μL 溶菌酶，搅拌 20 min，边搅拌边每克菌加入 4 mg 脱氧胆酸(冰上操作)。溶液变得黏稠时加入每克菌 20 μL DNaseI(1 mg/mL)。室温放置至溶液不再黏稠。

(2)超声破碎法：4 ℃，500 r/min 离心 15 min，收集诱导表达的细菌(1 000 mL)。弃上清，约每克细菌加入 3 mL TE 缓冲液。按超声处理仪厂家提供的功能参数进行破菌。10 000 r/min离心，15 min，分别收集上清和沉淀。分别取少量上清和沉淀，加入等体积的 2x Loading Bufer 进行 SDS-PACE 电泳。

2. 包含体的分离

细胞裂解混合物 12 000 g，4 ℃离心 15 min。弃上清，沉淀用 9x 洗涤液悬浮。室温下放置 5 min。12 000 g,4 ℃离心 15 min。吸出上清,用 100 μL 水重新悬浮沉淀。分别取 10 μL 上清和重新悬浮的沉淀,加入 10 μL2x Loading Bufer,进行 SDS-PAGE 电泳。

3. 包含体的溶解和复性

用 100 μL 缓冲液 I 溶解包含体。室温下放置 1 h。加 9×缓冲液 I,室温放置 30 min,用 KOH 调 pH 到 10.7。用 HCI 调至 pH 到 8.0,在室温下放置至少 30 min 1 000 r 离心,15 min,室温。吸出上清液并保留,用 100 μL 2x Loading Buffer 溶解沉淀。取 10 μL 上清,加入 10 μL 2x Loading Buffer,与 20 μL 重新溶解的沉淀进行 SDS-PAGE 电泳。

4. 获得目的基因

原核表达一般利用 PCR 把目的基因克隆扩增出来。PCR 法的关键是设计引物,可以使用两个软件,即 Premier 或者 Oli2go 来分析。运用 PCR 方法获得的目的基因,是最容易导入错配碱基的。无论用什么办法获得目的基因,一定要进行双向测序分析。

5. 构建重组表达载体

将目的片段有效地插入表达载体中是原核表达中较为关键的步骤,一般构建的重组载体有插入重组和置换重组两种类型,优先考虑能产生黏性末端的限制性内切酶,以便高效连接。得到重组表达载体后,一定要分析所得到的克隆。在 293T 或类似细胞中表达所得到的克隆,用目的基因的抗体分析其是否表达、表达蛋白的分子大小等。这是下一步分析的基因。

四、关键因素及注意事项

(一)对表达载体的分析

(1)载体的选择:选择载体时我们通常关心质粒上的几个功能组件及所带来的问题:是否为诱导表达型载体,启动子的强弱,多克隆位点、限制性内切酶的位置,终止密码子的有无及位置,融合 Tag 的有无,筛选报告基因的位置等。所选载体一定要保持原来的遗传背景(有些载体经过多次交换已变异)。选择表达载体时,要根据所表达蛋白的最终应用考虑,如果为了方便纯化,可选择融合表达;如果为了获得天然蛋白,可选择非融合表达。融合表达时在选择外源 DNA 同载体分子连接反应时,对转录和转译过程中密码结构的阅读不能产生干扰。

(2)翻译的起始位点:要表达目的蛋白,在该基因的 5′端必须有一个起始位点,实际操作时要留意载体图谱上是否注明有起始密码子和终止密码子,若无,则须根据自己的实际情况加上。

(3)在起始密码子附近的 mRNA 二级结构:外源基因起始转录后,保持 mRNA 的有效延伸、终止及稳定存在是外源基因有效表达的关键,尤其是在起始密码子附近的 mRNA 二级结构可能会抑制翻译的起始或者造成翻译暂停,从而产生不完全的蛋白。如果利用 Premier 软件分析 DNA 或 RNA 结构上有柄(Stem)结构,并且结合长度超过 8 个碱基,这种结构会因为位点专十突变等因素而变得不稳定,影响正常的翻译。

(二)对目的片段的分析

(1)基因(或蛋白)的大小:原核表达的成功与否与所要表达的蛋白(或基因)大小有关,一般来说小于 5 kDa 或者大于 100 kDa 的蛋白是难以表达的。蛋白越小,越容易被内源蛋白水解酶降解。在这种情况下可以采取串联表达，在每个表达单位（即单体蛋白）间设计蛋白水解或者化学断裂位点。如果蛋白较小，那么加入融合标签GST、Trx、MBP或者其他较大的促进融合的蛋白标签就较有可能使蛋白正确折叠，并以融合形式表达。如果蛋白大于60 kDa，则建议使用较小的标签（如6xHis）。对于结构研究较清楚的蛋白可以采取截取表达，表达时根据目的进行截取，如果要进行抗体制备而截取，那么一定要保证截取的部位的抗原性较强。对于抗原性也可以利用软件分析，如Vector NTI Suite或者一些在线软件。

(2)表达序列的GC含量：表达序列中的GC含量超过70%的时候可能会降低蛋白在大肠杆菌中的表达水平。GC含量可以利用DNA STAR、Vector NTI Suite等软件进行预测。

附　　录

一、实验室管理总则

(1)实验室管理是所有实验人员共同的责任,每位实验人员都应对实验室的正常、高效运转尽自己的义务和责任,自觉遵守实验室的规章制度和管理办法。

(2)本章程为实验人员的行为规范,目的是使大家在一个有组织、有秩序的环境下工作,为大家提供一个能充分开展实验教学的空间,使大家养成良好的工作习惯,为获得良好的实验结果奠定基础。

(3)实验室的管理原则如下:

① 岗位责任制原则。实验室的每项管理工作都有明确的责任要求,并有专人负责。

② 规范化原则。管理制度化,从设备、器材、药品等的使用到实验方法、安全卫生都制定标准化的规范,大家都按照规范执行,以确保管理工作的有效性和连续性。

③ 记录监督原则。实验室管理的各方面都要求有及时、准确的记录,以保证实验室所有工作的可追溯性。

二、实验设备及器材管理

1. 实验设备管理

(1)实验设备按指定位置摆放,不得擅自改变仪器设备及其附件的存放位置。确需移动位置时,必须经管理人员同意,使用后应及时整理复原。

(2)精密仪器须专人负责管理,使用者经过培训合格后方能使用,对于没有按规定操作导致设备出现故障者,要追究其责任。

(3)严格遵守各种仪器的操作规程和登记制度,凡对拟使用的仪器的操作不熟悉者,务必先学习使用方法。发现仪器故障者,有义务立即向管理人员报告,以便及时维修。凡属于违反操作规程而损坏仪器者,视情况进行处罚。

(4)各通电设备在使用完毕后,应切断电源,以保证安全。

(5)必须严格执行仪器设备运行记录制度,记录仪器运行状况、开关机时间。

(6)使用前检查仪器清洁卫生,仪器是否有损坏,接通电源后,检查仪器是否运转正常。发现问题及时报告管理人员,并找上一次使用者问明情况,知情不报者追查当次使用者的责任。

(7)显微镜的目镜在使用前后必须用浸有乙醇(酒精)的透镜纸擦净。

(8)进行微生物实验后,实验室须立即收拾整洁、干净。如果有菌液污染,则须用3%来苏尔液或5%石炭酸液覆盖污染区30 min后擦去(含芽孢类菌液污染应延长消毒时间)。带菌工具(如吸管、玻璃棒等)在洗涤前须用3%来苏尔液浸泡消毒。

2. 实验器材管理

(1)使用玻璃器材时应轻拿轻放,严格按照其使用条件来使用。

(2)实验所用的玻璃仪器应按照标签存放于指定位置,使用后应及时将其洗涤干净并放回原处。

三、实验室人员行为规范

(1)严格遵守本单位对于实验室管理相关的各项规章制度。

(2)每位实验室成员都应以主人翁精神参与实验室的建设与管理,积极参加实验室的各种活动(包括公益劳动),自觉维护本实验室的声誉。

(3)对所有违规人员和行为,管理员将进行登记,屡教不改者,从重处理。

(4)实验室内严禁吸烟、喝酒和吃零食。

(5)不准在实验室大声喧哗、随地吐痰、打闹。

(6)未经许可,不得随意把其他无关人员带入实验室。

(7)爱护仪器设备,节约用水、电及实验材料等,注意安全。

(8)室内设备仪器不得擅自拆卸、挪动,与本人实验无关的设备不可随意开启。

(9)实验仪器的使用要严格遵守操作规程,并认真填写设备使用记录,设备存放应做到整洁有序,便于检查使用。

(10)必须注意实验安全,加强安全防范意识。

(11)注意公共卫生,不准随意丢弃杂物、废纸等,以免影响实验室环境卫生。

(12)高温、高压及易燃易爆实验,需要特别注意安全防范。

(13)最后离室者做好安全检查,检查仪器电源、空调、水、气瓶、门、窗等是否关好,并在最后离室登记簿上签名。

四、实验室药品管理

1. 药品试剂的使用、存放及购买

(1)对实验室内易燃、易爆、腐蚀性和剧毒性药品应分类管理并有相应的药品目录,使用时应做好领用记录(领用人、领用量、领用日期及用途)。

(2)所有药品必须有明显的标志。对于字迹不清的标签要及时更换,对于过期失效和没有标签的药品不准使用,并要进行妥善处理。

(3)使用强酸强碱等化学试剂时,应按规定要求操作和储存;使用有机溶剂和挥发性强的试剂时,应在通风良好的地方或通风橱内进行。

(4)同种药品或试剂使用完后再开启新瓶,药品使用完后放回原处。

(5)采购药品前应先盘查药品柜内的库存,然后按需购买。

2. 公用溶液的配制、存放及标记

(1)因实验需要而自行配制的公用溶液存放于指定位置的实验台面上。

(2)试验药剂容器都要有标签,标签上要注明溶液名称、浓度、配制者姓名、配制日期等信息;无标签或标签无法辨认的试剂都要当成危险物品重新鉴别后小心处理,不可随便乱扔,以免引起严重后果。

(3)实验室中摆放的药品如果长期不使用,则应放到药品储藏室,统一管理。

五、常见药品毒害的处理方法

常用药品毒害的处理方法见附录1。

附表1 常用药品毒害的处理方法

药品	处理方法
强酸 (致敏剂量 1 mL)	误吞时,立刻饮服 200 mL 氧化镁悬浮液,或者氢氧化铝凝胶、牛奶及水等,再至少食用十多个打溶的蛋作为缓和剂。因碳酸钠或碳酸氢钠会产生二氧化碳气体,故不要使用; 沾着皮肤时,用大量水冲洗 15 min(先不用碱中和),再用碳酸氢钠(或镁盐和钙盐)之类稀碱液或肥皂液进行洗涤; 沾草酸时,不用碳酸氢钠中和
强碱 (致命剂量 1 g)	误吞时,用 1%的醋酸水溶液将患部洗至中性,然后服 500 mL 稀的食用醋(1 份食用醋加 4 份水)或鲜橘子汁将其稀释; 沾着皮肤时,立刻脱去衣服,尽快用水冲洗至皮肤不滑为止,再用经水稀释的醋酸或柠檬汁等进行中和
卤素气	把患者转移到空气新鲜的地方,保持安静; 吸入氯气时,给患者嗅 1∶1 的乙醚与乙醇的混合蒸气; 若吸入溴气时,则给其嗅稀氨水
氰 (致命剂量 0.05 g)	应立刻处理,每隔 2 min,给患者吸亚硝酸异戊酯 15~30 s。吸入时,把患者移到空气新鲜的地方,使其横卧,然后脱去沾有氰化物的衣服,马上进行人工呼吸; 误吞时,用手指摩擦患者的喉头,使之立刻呕吐。决不要等待洗胃用具到来才处理
重金属	重金属的毒性主要由于它与人体内酶的 SH 基结合; 误吞重金属时,可饮服牛奶、蛋白或丹宁酸等,使其吸附胃中的重金属。用螯合物除去重金属也很有效。常用的螯合剂有乙二胺四乙酸钙二钠、二乙基二硫代氨基甲酸钠三水合物等
烃类化合物 (致命剂量 10~50 mL)	把患者转移到空气新鲜的地方,尽量避免洗胃或用催吐剂催吐,因为如果呕吐物进入呼吸道,会发生严重的危险事故
甲醇 (致命剂量 30~60 mL)	用 1%~2%的碳酸氢钠溶液充分洗胃,把患者转移到暗房,每隔 2~3 h 吞服 5~15 g 碳酸氢钠。在 3~4 天内,每隔 2 h,以 0.5 mL/kg 体重饮服 50%的乙醇溶液
乙醇 (致命剂量 300 mL)	用自来水洗胃,除去未吸收的乙醇,然后一点点地吞服 4 g 碳酸氢钠
酚类化合物 (致命剂量 2 g)	误吞时,饮自来水、牛奶或吞食活性炭,再反复洗胃或催吐,然后饮服 60 mL 蓖麻油及于 200 mL 水中溶解 30 g 硫酸钠制成的溶液。烧伤皮肤,先用乙醇擦去,用肥皂水及水洗涤

（续表）

乙二醇	用洗胃、服催吐剂或泻药等方法除去误吞食的乙二醇，再静脉注射 10 mL 10%的葡萄糖酸钙，同时对患者进行人工呼吸。聚乙二醇及丙二醇均为无害物质
乙醛（致命剂量 5 g） 丙酮	用洗胃或服催吐剂等方法，除去误吞食的药品，随后服下泻药。呼吸困难时要输氧。丙酮不会引起严重中毒
草酸（致命剂量 4 g）	饮 30 g 由 200 mL 水溶解的丁酸钙或其他钙盐制成的溶液和大量牛奶
氯代烃	使患者远离药品并躺下、保暖； 若误吞食时，用自来水充分洗胃，然后饮服 15%硫酸钠溶液。不要喝咖啡之类的兴奋剂。吸入氯仿时，将患者的头降低，使其伸出舌头，以确保其呼吸道畅通
苯胺（致命剂量 1 g）	沾到皮肤，用肥皂和水将其洗擦除净； 误吞，用催吐剂、洗胃及服泻药等方法将其除去
有机磷 （致命剂量 0.02～1 g）	吸入时，进行人工呼吸； 误吞时，用催吐或自来水洗胃等方法将其除去； 沾在皮肤、头发或指甲等地方的有机磷，要彻底洗去
甲醛 （致命剂量 60 mL）	误吞时，立刻饮食大量牛奶，再洗胃或催吐，然后服下泻药，还可以再服用 1%的碳酸铵水溶液
二硫化碳	给患者洗胃或催吐。让患者躺下并加强保暖，保持通风良好
一氧化碳 （致命剂量 1 g）	清除火源。将患者转移到空气新鲜的地方，使其躺下并加强保暖。 要保持安静； 要及时清除呕吐物，以确保呼吸道畅通，充分地进行输氧

六、微生物实验室菌种管理制度

1. 菌种的保存

（1）实验室全部菌种都应由菌种负责人记录在册并妥善保存，菌种上应贴上明显的标签，标明名称、编号、购买日期等。

（2）每天检查一次保存菌种的冰箱温度，并做记录，每周检查菌种管的棉塞是否松动、菌种外观及干燥状态，如果有异常应及时处理，并填写菌种检查记录。

（3）每次移植培养后，要与原种的编号、名称逐一核对，确认培养特征和温度无误后，再继续保存。

2. 菌种的传代、接种和使用

（1）实验室正在使用的菌种由各使用者自行纯化和更新斜面。使用者结束该菌种的使用后要将自己使用的菌株纯化后交给负责人保存，并填写使用记录。

（2）每株菌种应建立菌种使用及传代记录，斜面菌种应根据其特性决定传代时间间隔。

（3）实验人员传代时使用须核对名称、编号，传代代数及日期，所用培养基。

(4)任何人未经领导允许,不得私自将菌种带出实验室或给他人。

七、实验室安全卫生管理

1. 安全

(1)实验室规定在进行任何实验操作时都应穿着实验服(白大褂),若因违反此规定而导致的衣物损伤甚至人身伤害应自己负责。

(2)实验时小心仔细,全部操作应严格按照操作规程进行,禁止用嘴吸取菌液或试剂。如果遇到装有细菌的试管或烧瓶不慎打破、皮肤灼伤等意外情况发生时,应立即报告实验室管理人员,及时处理,切勿隐瞒。

(3)涉及挥发性、刺激性及有毒试剂的操作必须在通风橱内进行,对违规者追究其责任。进行有毒、有害、有刺激性物质或有腐蚀性物质的操作时,应戴好防护手套,在特定实验台上操作,不要污染其他工作台。

(4)在实验过程中,切勿使乙醇(酒精)、乙醚、丙酮等易燃药品接近火焰。如果遇火险,则应先关掉电源,再用湿布或沙土掩盖灭火,必要时用灭火器。

(5)消防器材要定时检测,放置在便于使用的地方,保证随时可用,并且其周围不可堆放其他物品、杂物。

(6)实验人员都必须熟悉实验室内水、电、气开关的分布情况,在遇到紧急情况的时候应立刻关闭相应的开关。还应该熟悉大楼的各种应急措施,包括灭火器和火情警铃按钮。

(7)火情紧急对策。若发现火情,应立即呼叫,并拨打 119 火警电话。

(8)实验室内严禁吸烟,加强对室内易燃品、易爆品、腐蚀性物品等的管理,严格按实验规程操作。

(9)实验室产生的工作废液应妥善处理。

(10)工作结束后,清理工作过的台面及区域,保持整洁。

(11)实验完毕后和下班离开实验室时,应切断电源(必须通电的除外)、水源、气源、清理实验场所、关好门窗后方能离开。所有实验需过夜的,应安排人员值守。

(12)钥匙为实验室工作人员进入实验室的通行证,不得转借。钥匙的持有者应对实验室的安全负责。

2. 卫生

实验室管理人员应定期彻底打扫实验室、无菌室,擦拭窗户、桌面、仪器、水池及地面。每日安排值日生负责垃圾和水池的清理。

(1)实验台。保持实验台的清洁卫生。用完的试剂应立即放回原处。养成良好的工作习惯,及时处理实验过程中使用过的器皿、废液、废物等。

(2)无菌室和超净台。使用无菌室和超净台的人员,在用完后,须及时使用 84 消毒液清洁无菌室和超净工作台。

(3)仪器设备。仪器使用完后,要及时清理,盖上仪器罩。保持仪器设备干净、无尘。

(4)水池及水池柜体内面和地面。每日值日生要负责清洁水池及水池柜体内面和地面。严禁将固形物(如固态培养基等)倒入水池。

(5)办公区。办公区应保持整洁。各种杂物和废弃物应及时清理。大家有责任保持环境整洁。合理使用办公区的仪器，节省耗材，自觉遵守其相关的规定。

八、实验室废弃物的安全管理

实验室废弃物是指实验过程中产生的三废（废气、废液、固体废物）物质、实验用剧毒物品、麻醉品、化学药品残留物、放射性废弃物、实验动物尸体及器官、病原微生物标本，以及对环境有污染的废弃物。科学、严格的分类回收处理是进一步加强实验室安全管理，创造安全良好的学习环境和科研环境的重中之重。实验室成员必须按照规定执行，否则不但会污染环境，而且可能造成严重的安全事故。实验室中的各种废弃物应按不同方式进行处理，不得随意丢弃和排放，不得混放性质互相抵触的废弃物。

1. 化学废液

(1)实验室产生的一般化学废液应自行分类，存放在专用废液桶中并加贴标签，桶口、瓶口要能良好密封，不要使用敞口或者有破损的容器。

(2)收集一般化学废液时，应详细记录倒入收集桶内化学废液的主要成分。倒入废液前应仔细查看该收集桶的记录，确认倒入后不会与桶内已有化学物质发生异常反应。如果有可能发生异常反应，则应将其单独暂存于其他容器中，并贴上详细的标签，做好记录。

(3)装废液的容器存放于实验室较阴凉处、远离火源和热源的位置。

(4)收集桶中的废液不应超过容器最大容量的 80%。

(5)不同种类的剧毒废液，应分别暂存在单独的容器中并做好详细记录，不能将几种剧毒废液混装在一个容器中。

2. 化学固体废弃物

化学固体废弃物是指实验室所产生的各类危险化学固态废物，包括固态、半固态的化学品和化学废物，原瓶存放的液态化学品，化学品的包装材料，废弃玻璃器皿等。

实验室应自行准备大小合适、中等强度的包装材料（如纸箱、编织袋等），包装材料要求完好、结实、牢固，纸箱要求底部加固。将废弃物收集于纸箱或编织袋中，贴上标签，定期集中送到学校实验室废弃物回收点，办理移交手续，由学校联系有资质的单位统一处理。

放置玻璃瓶、玻璃器皿等易碎废弃物的纸箱，要注意采取有效防护措施避免运输过程中物品破碎；瓶装化学品和空瓶不能叠放；每袋或每箱重量不能超过规定的承重力。

3. 生物废弃物

(1)生物安全实验室废弃物要按照国家的相关规定进行分类处理，处理原则是所有感染性材料必须在实验室内清除污染、高压灭菌灭活，然后交予校生物废弃物回收点。涉及感染性高的危险废物（含有病原体的培养基、标本和菌种、毒种保存液等）应当经高压蒸汽灭菌或化学消毒剂灭菌灭活处理后，再按感染性废物的管理要求收集在黄色医疗废弃物垃圾箱中。能够刺伤或割伤人体的损伤性废弃物（如注射针头、手术刀片、载玻片、玻璃安瓿等）收集在利器盒中。实验中使用的过期、淘汰、变质的药品（不包含化学试剂）收集在黄色医疗废弃物垃圾箱中。

(2)分类收集的医疗废弃物达到专用包装袋或容器的 3/4 时，应当将专用包装袋或容器严密封口，贴上标签，标签上标明医疗废弃物产生的部门（实验室）、产生日期、类别、备注等。